U0275333

丛 书 主 编：马克平

丛 书 编 委：曹　伟　陈　彬　冯虎元　郎楷永
李振宇　刘　冰　彭　华　覃海宁
田兴军　邢福武　严岳鸿　杨亲二
应俊生　于　丹　张宪春

本 册 主 编：何祖霞

本册副主编：严岳鸿　喻勋林　寿海洋

本 册 审 稿：喻勋林

技 术 指 导：刘　冰　陈　彬

FIELD GUIDE TO
WILD PLANTS OF CHINA

中国常见植物野外识别手册

Hengshan Mountain
衡山册

创于1897 商务印书馆 The Commercial Press

图书在版编目(CIP)数据

中国常见植物野外识别手册.衡山册/马克平主编;何祖霞本册主编.—北京:商务印书馆,2016(2024.6重印)

ISBN 978-7-100-11815-6

Ⅰ.①中… Ⅱ.①马…②何… Ⅲ.①植物—识别—中国—手册②衡山—植物—识别—手册 Ⅳ.①Q949-62

中国版本图书馆CIP数据核字(2015)第284915号

权利保留,侵权必究。

中国常见植物野外识别手册

衡山册

马克平 丛书主编

何祖霞 本册主编

商 务 印 书 馆 出 版

(北京王府井大街36号 邮政编码100710)

商 务 印 书 馆 发 行

北京新华印刷有限公司印刷

ISBN 978-7-100-11815-6

2016年3月第1版 开本 880×1240 1/48

2024年6月北京第6次印刷 印张 7¾

定价:68.00元

序 Foreword

历经四代人之不懈努力，浸汇三百余位学者毕生心血，述及植物三万余种，卷及126册的巨著《中国植物志》已落笔告罄。然当今已不是“腹中贮书一万卷，不肯低头在草莽”的时代，如何将中国植物学的知识普及芸芸众生，如何用中国植物学知识造福社会民众，如何保护当前环境中岌岌可危的濒危物种，将是后《中国植物志》时代的一项伟大工程。念及国人每每旅及欧美，常携一图文并茂的*Field Guide*（《野外工作手册》），甚是方便；而国人及外宾畅游华夏，却只能搬一块大部头的*Flora*（《植物志》），实乃吾辈之遗憾。由中国科学院植物研究所马克平所长主持编撰的这套《中国常见野生植物识别手册》丛书的问世，当是填补空白之举，令人眼前一亮，颇觉欢喜，欣然为序。

丛书的作者主要是全国各地中青年植物分类学骨干，既受过系统的专业训练，又熟悉当下的新技术和时尚。由他们编写的植物识别手册已兼具严谨和活泼的特色，再经过植物分类学专家的审订，益添其精准之长。这套丛书可与《中国植物志》《中国高等植物图鉴》《中国高等植物》等学术专著相得益彰，满足普通植物学爱好者及植物学研究专家不同层次的需求。更可喜的是，这种老中青三代植物学家精诚合作的工作方式，亦让我辈看到了中国植物学发展新的希望。

“一花独放不是春，百花齐放春满园。”相信本系列丛书的出版，定能唤起更多的植物分类学工作者对科学传播、环保宣传事业的关注；能够指导民众遍地识花，感受植物世界之魅力独具。

谨此为序，祝其有成。

王文采

2009年3月31日

前言 Preface

自然界丰富多彩，充满神奇。植物如同一个个可爱的精灵，遍布世界的各个角落：或在茫茫的戈壁滩上，或在漫漫的海岸线边，或在高高的山峰，或在深深的峡谷，或形成广袤的草地，或构筑茂密的丛林。这些精灵们一天到晚忙碌着，成全了世界的五彩缤纷，也为人类制造赖以生存的氧气并满足人们衣食住行中方方面面的需求。中国是世界上植物种类最多的国家之一，全世界已知的30余万种高等植物中，中国的高等植物超过3万种。当前，随着人类经济社会的发展，人与环境的矛盾日益突出：一方面，人类社会在不断地向植物世界索要更多的资源并破坏其栖息环境，致使许多植物濒临灭绝；另一方面，又希望植物资源能可持续地长久利用，有更多的森林和绿地能为人类提供良好的居住环境和新鲜的空气。

如何让更多的人认识、了解和分享植物世界的妙趣，从而激发他们合理利用和有效保护植物的热情？近年来，在科技部和中国科学院的支持下，我们组织全国20多家标本馆建设了中国数字植物标本馆（Chinese Virtual Herbarium，简称CVH）、中国自然植物标本馆（Chinese Field Herbarium，简称CFH）等植物信息共享平台，收集整理了包括超过10万张经过专家鉴定的植物彩色照片和近20套植物志书的数字化植物资料并实现了网络共享。这个平台虽然给植物学研究者和爱好者提供了方便，却无法顾及野外考察、实习和旅游的便利性和实用性，可谓美中不足。这次我们邀请全国各地的植物分类学专家，特别是青年学者编撰一套常见野生植物识别手册的口袋书，每册包括具有区系代表性的地区、生境或类群中的500～700种常见植物，是这方面的一次尝试。

记得1994年我第一次去美国时见到*Peterson Field Guide*（《野外工作手册》），立刻被这种小巧玲珑且图文并茂的形式所吸引。近年来，一直想组织编写一套适于植物分类爱好者、初学者的口袋书。《中国植物志》等志书专业性非常强，《中国高等植物图鉴》等虽然有大量的图版，但仍然很专业。而且这些专业书籍都是多卷册的大部头，不适于非专业人士使用。有鉴于此，我们力求做一套专业性的科普丛书。专业性主要体现在丛书的文字、内容、照片的科学性，要求作者是专业人员，且内容经过权威性专家审定；普及性即考虑到爱好者的接受能力，注意文字内容的通俗性，以精彩的照片“图说”为主。由此，丛书的编排方式摈弃了传统的学院式排列及检索方式，采用人们易于接受的形式，诸如：按照植物的生活型、叶形叶序、花色等植物性状进行分类；在选择地区或生境类型时，除考虑区系代表性外，还特别重视游人多的自然景点或学生野外实习基地。植物收录范围主要包括某一地区或生境常见、重要或有特色的野生植物种类。植物中文名主要参考《中国植物志》；拉丁学名以“中国生物物种名录”（http://base.sp2000.cn/colchina_c13/search.php）为主要依据；英文名主要参考美国农业部网站（http://www.usda.gov）和《新编拉汉英种子植物名称》。同时，为了方便外国朋友学习中文名称的发音，特别标注了汉语拼音。

本丛书自2007年初开始筹划，2009年和2013年在高等教育出版社出版了山东册和古田山册，受到读者的好评。2013年9月与商务印书馆教科文中心主任刘雁等协商，达成共识，决定改由商务印书馆出版，并承担出版费用。欣喜之际，特别感谢王文采院士欣然作序热情推荐本丛书；感谢各位编委对于丛书整体框架的把握；感谢各分册作者辛苦的野外考察和通宵达旦的案头工作；感谢刘冰协助我完成书稿质量把关和图片排版等重要而烦琐的工作，感谢严岳鸿、陈彬、刘夙、李敏和孙英宝等诸位年轻朋友的热情和奉献。同时也非常感谢科技部平台项目的资助；感谢普兰塔论坛（http://www.planta.cn）的“塔友”为本书的编写提出的宝贵意见，感谢读者通过亚马逊（http://www.amazon.cn）和豆瓣读书（http://book.douban.com）等对本书的充分肯定和改进建议。

尽管因时间仓促，疏漏之处在所难免，但我们还是衷心希望本丛书的出版能够推动中国植物科学知识的普及，让人们能够更好地认识、利用和保护祖国大地上的一草一木。

马克平 于北京香山
2014年9月2日

本册简介 Introduction to this book

清人魏源在《衡岳吟》中说："恒山如行，岱山如坐，华山如立，嵩山如卧，惟有南岳独如飞。"衡岳七十二峰，南起"雁阵惊寒，声断衡阳之浦"的衡阳市回雁峰，北止"停车坐爱枫林晚，霜叶红于二月花"的长沙岳麓山，在广袤的湘中盆地中，突然孤兀地耸立出一座海拔1300米的高山，令人称奇也就不足为怪了。

对于植物学爱好者或驴友而言，独特的地理环境，往往意味着会有独特的发现；而其独特的植物种类组成，定会让您觉得不虚此行。在这里，关心生物多样性保护的你会看到众多的植物界的活化石及国家重点保护野生植物如金钱松、红豆杉、伯乐树、银鹊树、香果树、连香树等。在这里，关心中草药和植物资源的你会看到七叶一枝花、八角莲、草珊瑚、马兜铃、何首乌、十大功劳等众多珍稀药材。在这里，喜欢观花的朋友可以看到五颜六色的杜鹃、多姿多彩的凤仙、形形色色的紫堇。

春暖花开的季节，衡山的灌木丛中尽是漫山遍野的紫藤；炎炎夏日的林间小道旁，经常突然闪现一片金灿灿的忽地笑；秋风萧瑟，满山的白色油茶花开得正旺，红彤彤的冬青果或火棘果也挂满了枝头。对植物地理感兴趣的朋友，也许不会因为上述小花小草眼花缭乱，直奔这座孤山上的镇山之宝——绒毛皂荚，这种全世界仅存2株野生植株的衡山特有植物，现被列为国家重点保护野生植物。衡山植物之所以丰富而独特，是因为这里是武陵山、雪峰山脉、南岭山脉和幕阜－罗宵四大山脉植物迁移的"踏脚石"，南北植物在此交汇，东西草木从此聚结。

衡山丰富的植物多样性与其独特的地理环境是分不开的。它地处东经112°34′28″～112°45′36″，北纬27°12′10″～27°19′40″，为弧山型中山地貌，自北而南约有20多座山峰海拔超过1000米，最高峰为祝融峰，海拔1300.2米，相对高差1210米。衡山面积640平方公里，气候属亚热带季风山地湿润气候，年均气温17.8℃，无霜期为280～262天，年降水量1497.1～2153.4毫米，相对湿度80%～90%。如此独特的地理位置和丰富的水热条件，必然会孕育出丰富的植物多样性和独特的植被类型。

令人称奇的是，衡山作为历来兵家必争之地历经战乱勘

地图来源：湖南省地图册. 湖南地图出版社. 2001

伐，作为三湘富庶之处四方商贾如云，这里竟然还保存着湘中盆地少有的原始次生林。究其原因可能与人们传统的宗教信仰有关，在漫山的道观、寺庙旁边，代表华中植物区系的原生植被以风水林的方式得以较为完好的保存。祝融峰高山顶分布着亮叶水青冈、包石栎、雷公鹅耳枥等温带性质的落叶阔叶原生林，藏经殿旁是以甜槠、多脉青冈、水青冈、雷公鹅耳枥等为代表的中山常绿、落叶阔叶混交林为主的顶级群落，方广寺、广济寺等地则分布有以青冈栎、红楠、薄叶润楠为主的低山常绿阔叶林，林相十分复杂。

衡山丰富的植物多样性历年来受到植物学家的重视，无数专家学者先后来衡山进行过植物考察，早在1917年，奥地利植物学家H. Handel Mazzetti就曾到衡山一带采集植物标本，此后中国老一辈植物学家何观洲、钟补勤、蒋英、张宏达等均在该地进行过植物标本采集。为了让衡山的植物为更多的人知晓，作者于2006～2011年间多次赴衡山调查和采集植物标本，经过多位植物分类专家的审订，选取衡山较为常见的564种植物，整理成《中国常见植物野外识别手册——衡山册》，以图文并茂的形式对每种植物进行形象说明和介绍，以期为广大植物爱好者出游衡山时带来方便。

本书介绍了衡山常见的146科355属564种，约占衡山维管植物种类的三分之一（据记载衡山种子植物183科801属1776种，其中栽培种459种），植物种类的选择除了考虑常见性之外，还选择了一些本区特征性的植物种类。读者朋友，如有朝一日您到了衡山，在啧啧称奇的同时，我们希望本书成为您的帮手。

本书将植物科学和生态旅游紧密结合起来，通过对这些植物的名称、形态识别特征与相似种的主要区别特征，以及在衡山的分布地点的介绍，让游人在寻找植物、认识植物的过程中，深入了解植物的奥秘，使植物科学和文化知识更好地融入旅游中。

本书所记载的每种植物均配有花果期（蕨类植物为孢子期）的图例，植物图片均为作者在衡山及周边地区拍摄。本册所提及的植物种类的花果期及生境描述在参考《中国植物志》《湖南植物志》《湖南树木志》等志书的基础上，充分反映衡山及邻近地区的实际状况。在正文部分，除重点介绍的植物种类外，还选择有1～2种形态相似的物种，这里的“相似”指的是花、果、叶等形态学上的相似，并非亲缘关系上的相近。

希望本书的出版能给衡山的生态旅游事业增光添彩，为衡山的游客增加对植物学知识的享受，并进一步保护与我们生活息息相关的植物。鉴于作者的时间、学识及编辑水平有限，本书可能有许多不妥之处，祈盼专家和读者能批评指正，以便我们能及时改正。

使用说明 How to use this book

本书的检索系统采用目录树形式的逐级查找方法。先按照植物的生活型分为三大类：木本、藤本和草本。

木本植物按叶形的不同分为三类：叶较窄或较小的为针状或鳞片状叶，叶较宽阔的分为单叶和复叶。藤本植物不再做下级区分。草本植物首先按花色分类，由于蕨类植物没有花的结构，禾草状植物没有明显的花色区分，列于最后。每种花色之下按花的对称形式分为辐射对称和两侧对称*。辐射对称之下按花瓣数目再分为二至六；两侧对称之下分为蝶形、唇形、有距、兰形及其他形状；花小而多，不容易区分对称形式的单列，分为穗状花序类和头状花序两类。

正文页面内容介绍和形态学术语图解请见后页。

* **注**：为方便读者理解和检索，本书采用了“辐射对称”与“两侧对称”这种在学术上并不严谨的说法。

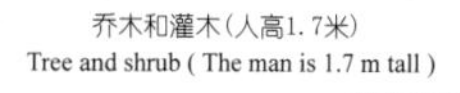

乔木和灌木(人高1.7米)
Tree and shrub (The man is 1.7 m tall)

草本和禾草状草本(书高18厘米)
Herb and grass-like herb (The book is 18 cm tall)

植株高度比例 Scale of plant height

上半页所介绍种的生活型、花特征的描述
Discription of habit and flower features of the species placed in the upper half of the page

叶、花、果期(空白处表示落叶)
Leaf, flowering and fruiting stage (Blank indicates deciduous)

上半页所介绍种的图例
Legend for the species placed in the upper half of the page

在中国的地理分布
Distribution in China

属名 Genus name

科名 Family name

别名 Chinese local name

中文名 Chinese name

拼音 Pinyin

学名(拉丁名) Scientific name

英文名 Common name

主要形态特征的描述
Discription of main features

在衡山的分布
Distribution in Mt. Hengshan

生境
Habitat

在形态上相似的种
(并非在亲缘关系上相近)
Similar species in appearance rather than in relation

识别要点
(识别一个种或区分几个种的关键特征)
Distinctive features
(Key characters to identify or distinguish species)

相似种的叶、花、果期
Leafing, flowering and fruiting period of the similar species

页码 Page number

草本植物 花紫色 辐射对称 花瓣五

斑种草 细叠子草 紫草科 斑种草属
Bothriospermum chinense
China Spotseed | bānzhǒngcǎo

一年或二年生草本，密生硬毛①；茎自基部分枝；基生叶及茎下部叶具长柄，匙形或倒披针形，长3～6厘米，宽1～1.5厘米，先端圆钝，基部渐狭为叶柄，边缘皱波状，两面被糙毛②；茎上部叶无柄，长圆形或狭长圆形，先端尖，基部楔形或宽楔形，两面被糙毛；镰状聚伞花序长5～15厘米，苞片叶状，卵形或狭卵形①；花萼外面密被毛，裂片披针形；花冠淡蓝色；雄蕊内藏；小坚果肾形，有网状皱褶，腹面有横的环状凹陷。

藏经殿等地可见。生荒野路边或山坡草丛中。

相似种：附地菜【*Trigonotis peduncularis*，紫草科 附地菜属】叶椭圆状卵形；花序生茎顶，仅在基部具2～3枚叶状苞片③；花冠淡蓝色或粉色；小坚果4，四面体形。全山可见；生境同上。

斑种草的花序有苞片，小坚果肾形；附地菜的花序只在基部有2～3个苞片，小坚果四面体形。

1 2 3 4 5 6 7 8

山酢浆草 酢浆草科 酢浆草属
Oxalis griffithii
Griffith's Woodsorrel | shāncùjiāngcǎo

多年生草本，根纤细，根茎横生；叶基生，小叶倒三角形或宽倒三角形①；花单生，花瓣5枚，白色或稀粉红色②；蒴果椭圆形或近球形。

全山可见。生境同上。

相似种：红花酢浆草【*Oxalis corymbosa*，酢浆草科 酢浆草属】具鳞茎，叶基生，小叶扁圆状倒心形③，伞形花序，花紫红色④。全山可见；多见栽培。

山酢浆草植株矮小，小叶倒三角形或宽倒三角形，花白色或粉色；红花酢浆草植株高大，小叶扁圆状倒心形，花紫红色。

1 2 3 4 5 6 7 8

274 中国常见植物野外识别手册——衡山册

花辐射对称，花瓣二

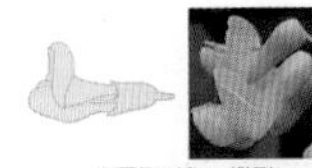
花两侧对称，蝶形

植株禾草状，花序特化为小穗

花辐射对称，花瓣三

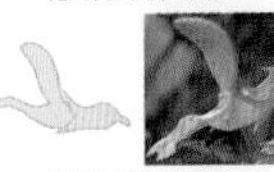
花两侧对称，唇形

花小 或无花被 或花被不明显

花辐射对称，花瓣四

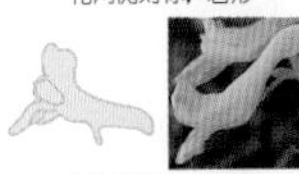
花两侧对称，有距

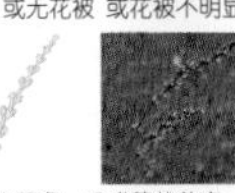
花小而多，组成穗状花序

花辐射对称，花瓣五

花两侧对称，兰形或其他形状

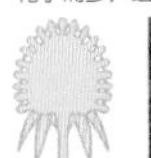

花小而多，组成头状花序

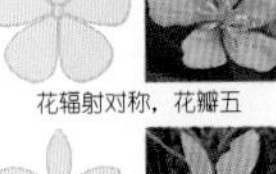
花辐射对称，花瓣六*

花辐射对称，花瓣多数

* 注：花瓣分离时为花瓣六，花瓣合生时为花冠裂片六，花瓣缺时为萼片六或萼裂片六，正文中不再区分，一律为“花瓣六”；其他数目者亦相同。

花的大小比例(短线为1厘米)
Scale of flower size (The band is 1 cm long)

下半页所介绍种的生活型、花特征的描述
Discription of habit and flower features of the species placed in the lower half of the page

下半页所介绍种的图例
Legend for the species placed in the lower half of the page

上半页所介绍种的图片
Pictures of the species placed in the upper half of the page

图片序号对应左侧文字介绍中的①②③……
The Numbers of Pictures are counterparts of ①, ②, ③, etc. in left discriptions

下半页所介绍种的图片
Pictures of the species placed in the lower half of the page

术语图解 Illustration of Terminology

叶 Leaf

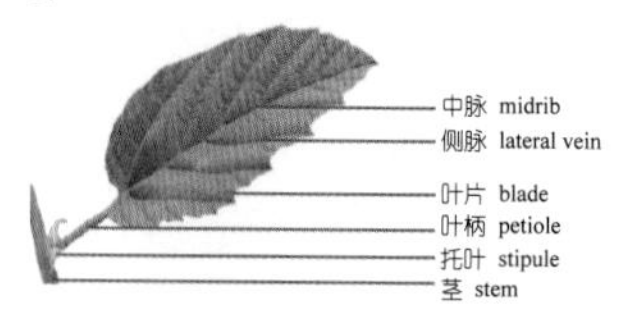

禾草状植物的叶 Leaf of Grass-like Herb

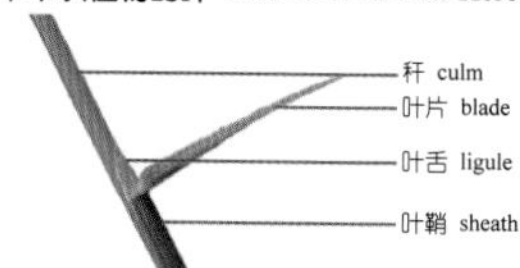

叶形 Leaf Shapes

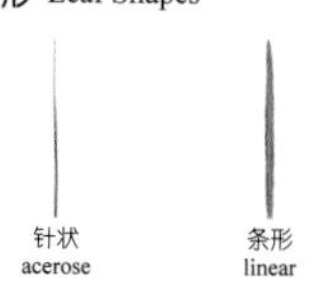

针状 acerose

条形 linear

披针形 lanceolate

倒披针形 oblanceolate

卵形 ovate

倒卵形 obovate

鳞片状 scale-like

椭圆形 elliptic

圆形 rounded

箭形 sagittate

心形 cordate

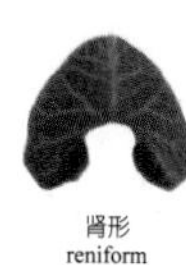

肾形 reniform

叶缘 Leaf Margins

全缘 entire

锯齿 serrate

重锯齿 biserrate

圆齿 crenate

波状 undulate

刺状锯齿 spiny-serrate

叶的分裂方式 Leaf Segmentation

不裂 entire

羽状分裂 pinnatifid

大头羽状分裂 lyrate

二回羽状分裂 bipinnatifid

掌状分裂 palmatifid

鸟足状分裂 pedate

单叶和复叶 Simple Leaf and Compound Leaves

单叶 simple leaf

奇数羽状复叶 odd-pinnately compound leaf

偶数羽状复叶 even-pinnately compound leaf

二回羽状复叶 bipinnately compound leaf

掌状复叶 palmately compound leaf

单身复叶 unifoliate compound leaf

叶序 Leaf Arrangement

互生 alternate

螺旋状着生 spirally arranged

对生 opposite

轮生 whorled

簇生 fasciculate

基生 basal

花 Flower

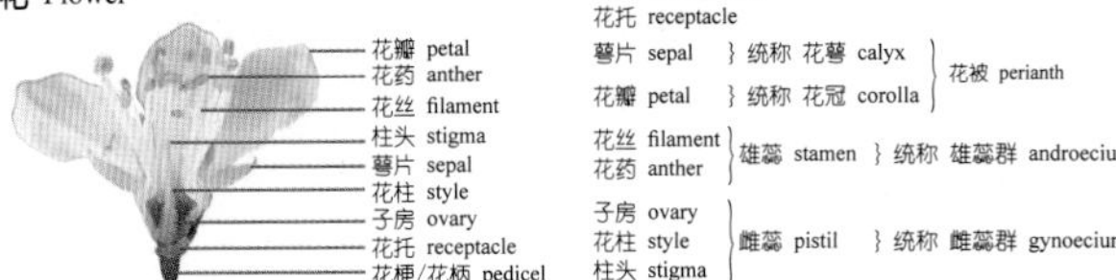
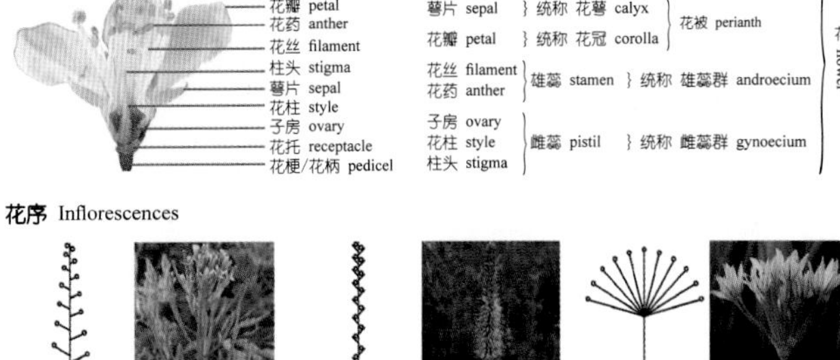

花梗/花柄 pedicel
花托 receptacle
萼片 sepal } 统称 花萼 calyx
花瓣 petal } 统称 花冠 corolla } 花被 perianth
花丝 filament, 花药 anther } 雄蕊 stamen } 统称 雄蕊群 androecium
子房 ovary, 花柱 style, 柱头 stigma } 雌蕊 pistil } 统称 雌蕊群 gynoecium
} 花 flower

花序 Inflorescences

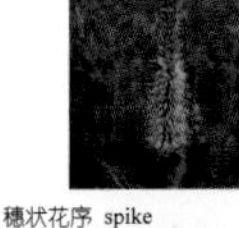

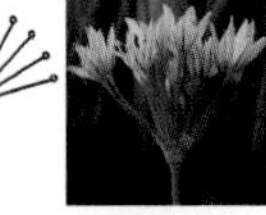

总状花序 raceme

穗状花序 spike

伞形花序 umbel

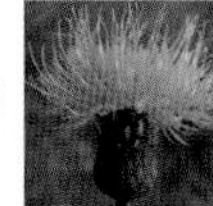

伞房花序 corymb

柔荑花序 catkin

头状花序 head

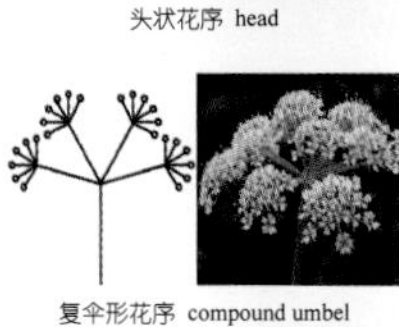

圆锥花序/复总状花序 panicle

复穗状花序 compound spike

复伞形花序 compound umbel

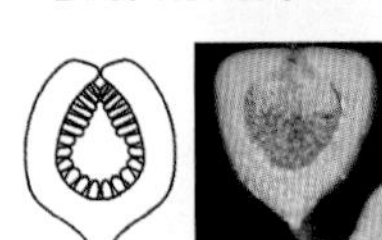
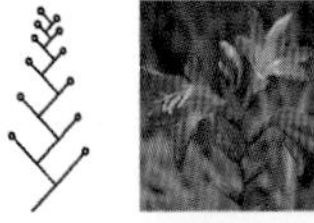

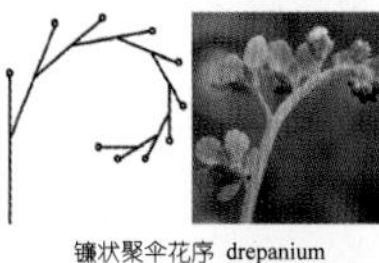

隐头花序 hypanthodium

蝎尾状聚伞花序 cincinnus

镰状聚伞花序 drepanium

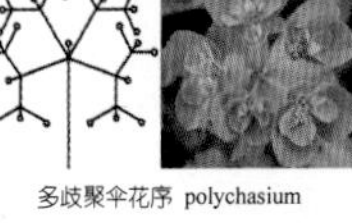

二歧聚伞花序 dichasium

多歧聚伞花序 polychasium

轮状聚伞花序/轮伞花序 verticillaster

果实 Fruits

浆果
berry

核果
drupe

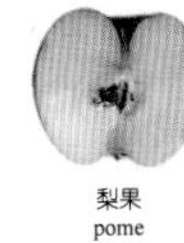
梨果
pome

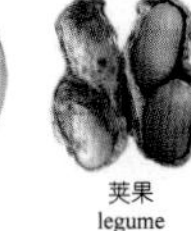
荚果
legume

蓇葖果
follicle

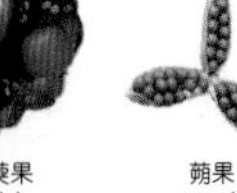
蒴果
capsule

长角果，短角果
silique, silicle

瘦果
achene

翅果
samara

坚果
nut

聚合果
aggregate fruit

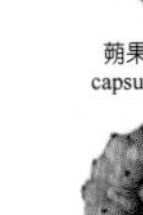
聚花果/复果
multiple fruit

银杏 白果 银杏科 银杏属

Ginkgo biloba

Maidenhair Tree | yínxìng

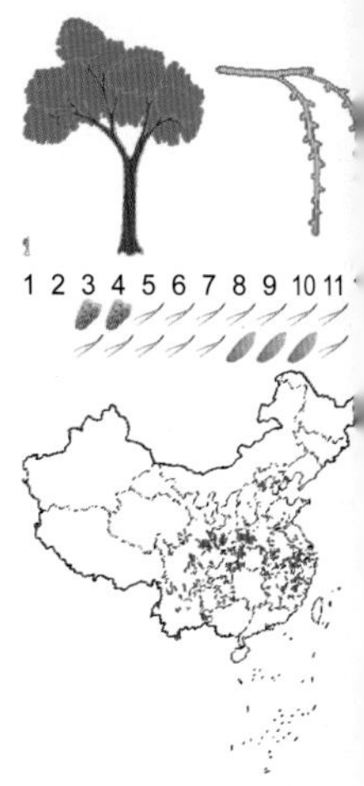

落叶乔木①；有长枝和短枝；树皮灰褐色，深纵裂；叶扇形②，淡绿色，无毛，具多数叉状并列细脉，顶端宽5～8厘米，在短枝上常具波状缺刻，在长枝上常2裂，基部宽楔形；叶柄长3～8厘米；叶在长枝上螺旋状着生，在短枝上簇生；球花雌雄异株，簇生于短枝顶端的叶腋内，淡黄色；雄球花葇荑花序状，下垂；雌球花具长梗，顶端常2叉，每叉端顶生一盘状珠座，各具1胚珠，常1个发育为种子；种子核果状③，近球形，具长梗，熟时淡黄色，长2.5～3.5厘米，径约2厘米，外被白粉。

衡山散见栽培。生于寺庙、庭院及村旁路边。

银杏的叶扇形，具多数叉状并列细脉，先端常具波状缺刻或2裂；种子核果状，外被白粉。

铁杉 松科 铁杉属

Tsuga chinensis

Hemlock | tiěshān

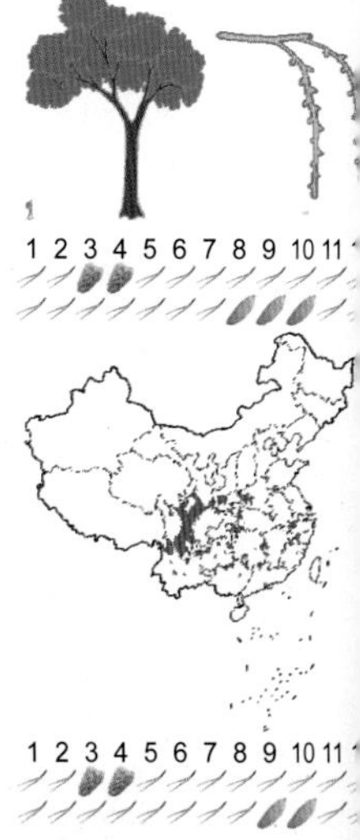

常绿乔木，树皮灰褐色，块状开裂①；一年生小枝有毛；叶螺旋状着生，基部扭转成2列，条形，长1.2～2.7厘米，宽2毫米，先端有凹缺，边全缘，叶背沿中脉两侧有气孔带②；雄球花生叶腋，雌球花单生侧枝顶端；球果卵圆形，下垂③，长1.5～2.7厘米，直径1.2～1.6厘米，苞鳞小，不露出。

树木园栽培。生山地。

相似种：长苞铁杉【*Tsuga longibracteata*，松科铁杉属】树皮暗褐色，纵裂；一年生小枝无毛；叶辐射伸展，两面有气孔线；球果圆柱形，直立，长2～5.8厘米，熟时红褐色，苞鳞微露出④。树木园栽培；生山地。

铁杉叶先端微凹，球果下垂，苞鳞不露出；长苞铁杉叶先端渐尖，球果直立，苞鳞微露出。

1
2
3
1
3
2
4

雪松　松科 雪松属

Cedrus deodara

Deodar Cedar | xuěsōng

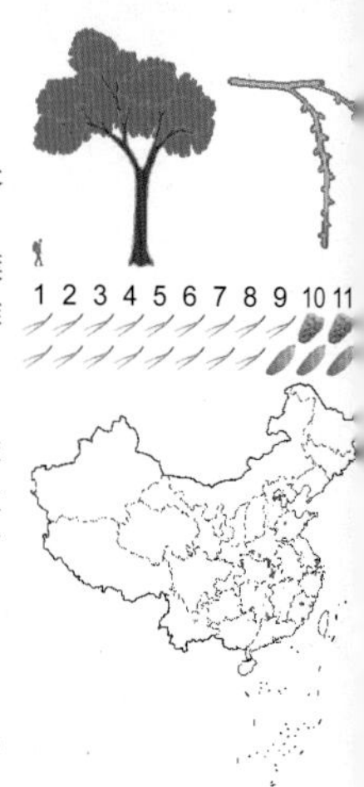

常绿乔木，大枝平展，树冠尖塔形①；叶长2.5～5厘米，针形，坚硬，通常三棱形或四棱形，在长枝上螺旋状排列，辐射伸展，在短枝上呈簇生状，幼时淡绿色，有白粉，老时深绿色②；雌雄球花单生短枝顶端，直立③；球果第二年成熟，直立，熟时红褐色，卵圆形④，长7～12厘米，径5～9厘米，顶端圆钝，有短梗，鳞背密生短茸毛，种鳞木质，宽大，排列紧密，发育种鳞具2粒种子，种翅宽大，苞鳞短小，种鳞翅长2.2～3.7厘米。

树木园有栽培。生林中或路边。

雪松大枝平展，树冠尖塔形；叶针形，坚硬，通常三棱形或四棱形，在长枝上螺旋状排列，在短枝上呈簇生状；球果直立，卵圆形。

日本落叶松　松科 落叶松属

Larix kaempferi

Japan Larch | rìběnluòyèsōng

落叶乔木；树皮暗褐色，纵裂，鳞片状剥落；枝平展，有长枝、短枝之分，叶扁平条形，在长枝上螺旋状散生，短枝上簇生①，长1.5～3.5厘米，宽1.8毫米，背面中脉隆起，两面均有气孔线；雌雄球花单生短枝顶端；球果小，卵圆形②，熟时黄褐色，种鳞薄革质，上部边缘明显向外反曲，鳞背具瘤状突起和短粗毛，成熟后不脱落③；种子倒卵圆形，具膜质种翅。

树木园有栽培。生山地林中或路边。

相似种：金钱松【*Pseudolarix amabilis*，松科金钱松属】落叶乔木；叶条形，柔软，长2～5.5厘米，宽2～4毫米④；雄球花簇生短枝顶端；种鳞木质，成熟后脱落。衡山散见，我国特有；生境同上。

日本落叶松叶宽1.8毫米，雄球花单生，种鳞革质，成熟后不脱落；金钱松叶宽2～4毫米，雄球花簇生，种鳞木质，成熟后脱落。

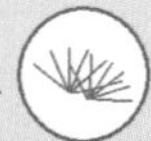

1
3
2
4
1
2
3
4

海南五针松 松科 松属

Pinus fenzeliana

Hainan Pine | hǎinánwǔzhēnsōng

常绿乔木①；叶二型：鳞叶单生，螺旋状着生，幼时扁平条形②，后退化为膜质苞片状；针叶5针一束，细长柔软①，长10～18厘米，腹面两侧有白色气孔线；叶鞘早落；球果柱状长圆形，下垂③，长6～10厘米，径3～6厘米，梗长1～2厘米；中部种鳞的鳞盾先端肥厚，边缘明显向外反卷；种子顶端具2～4毫米的短翅。

树木园有栽培。生山地针阔混交林中。

相似种：华南五针松【*Pinus kwangtungensis*，松科 松属】别名广东松。针叶5针一束，长3.7～7厘米④；球果柱状长圆形或卵圆形，幼时直立（④左下），熟时下垂；种鳞鳞盾菱形，上部边缘微内曲或直伸。树木园有栽培。

海南五针松针叶细长柔软，种鳞鳞盾边缘明显向外反卷，种子具短翅；华南五针松针叶相对粗短，种鳞鳞盾边缘微内曲或直伸，种子具长翅。

马尾松 枞树 松科 松属

Pinus massoniana

Masson Pine | mǎwěisōng

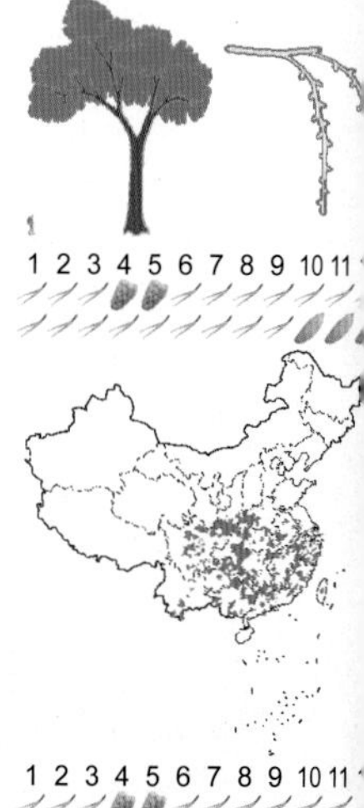

常绿乔木①；树皮红褐色，裂成不规则鳞状块片；针叶2针一束，质软，长12～20厘米，两面有气孔线，叶缘有细锯齿，叶内有树脂道4～8条，边生；叶鞘宿存；雄球花淡红褐色，聚生新枝下部成穗状；雌球花生新枝顶端②；球果卵圆形，长4～7厘米，有短梗，下垂③；中部种鳞长圆状倒卵形，鳞盾菱形，鳞脐凹陷，无刺。

全山广布。生山地林中或林缘。

相似种：黑松【*Pinus thunbergii*，松科 松属】别名日本黑松。常绿乔木；树皮灰黑色；针叶粗硬，2针一束，黑绿色，长6～12厘米④，叶内有树脂道6～11条，中生；叶鞘宿存；球果圆锥状卵形。树木园有栽培。

二者针叶均为2针一束；马尾松的针叶细长柔软，绿色，叶内树脂道边生；黑松的针叶粗硬，黑绿色，叶内树脂道中生。

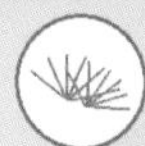

1
3
2
4
1
3
2
4

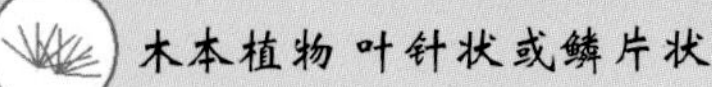

水杉 杉科 水杉属

Metasequoia glyptostroboides

Dawn Redwood | shuǐshān

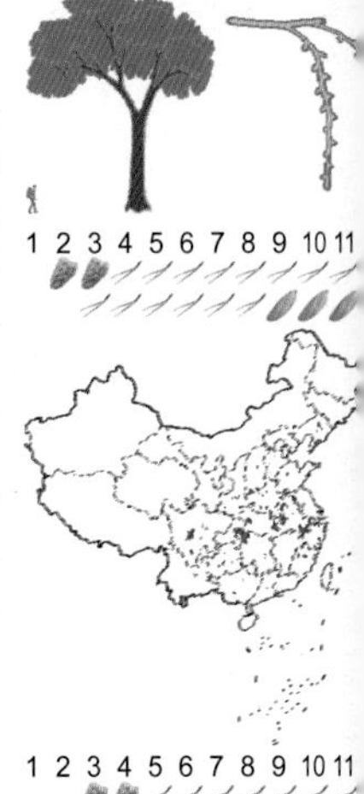

落叶乔木①；小枝对生或近对生，侧生小枝排成羽状，冬季凋落；叶条形，质软，交互对生，排成2列②；雌雄同株；雄球花在枝顶的花序轴上交互对生；雌球花顶生或近顶生，珠鳞交互对生；球果下垂，长1.8～2.5厘米，梗长2～4厘米，种鳞交互对生；种子扁平，周围有窄翅，先端有凹缺。

我国特有种，树木园等地有栽培。生山地酸性黄壤土。

相似种：池杉【*Taxodium ascendens*，杉科 落羽杉属】落叶或半常绿乔木；叶钻形，在枝上螺旋状伸展③，贴近小枝，长4～10毫米；球果长2～4厘米，有短梗④。树木园等地有栽培；生水湿地。

水杉叶条形，交互对生，球果具长梗，种子周围有窄翅；池杉叶钻形，螺旋状排列，贴近小枝，球果具短梗，种子无翅，有锐棱。

柳杉 杉科 柳杉属

Cryptomeria fortunei

China Cedar | liǔshān

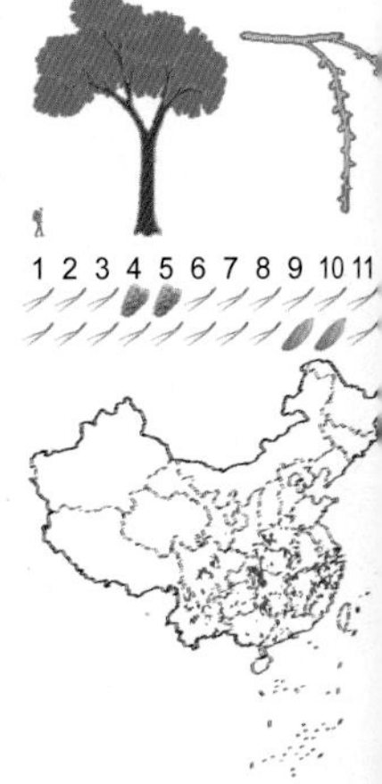

常绿乔木①；树皮红棕色，裂成长条状；小枝细长下垂；叶钻形略向内弯，先端内曲③，叶四面具白色气孔线；雄球花单生叶腋，长椭圆形，成短穗状花序状②；雌球花球形，单生枝顶，淡绿色；球果近球形③，径1.2～2厘米，种鳞约20枚，木质，盾形，上部边缘具4～5短三角形裂齿，每能育种鳞有2粒种子；种子褐色，近椭圆形，扁平。

全山分布，我国特有。生山地林缘或空旷地。

相似种：日本柳杉【*Cryptomeria japonica*，杉科 柳杉属】小枝较短；叶钻形，先端直伸，较粗硬④；球果，种鳞约20～30枚，每枚能育种鳞有2～5粒种子。树木园等地有栽培；生山地。

二者叶均为钻形；柳杉叶先端向内弯曲，种鳞约20枚；日本柳杉叶先端直伸，种鳞约20～30枚。

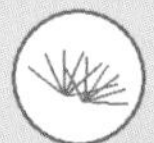

1
2
3
4
1
3
2
4

杉木 杉树 杉科 杉木属

Cunninghamia lanceolata

China Fir | shāmù

常绿乔木①；树干端直，树皮裂成长条片状，内皮淡红色；冬芽近球形；叶在主枝上辐射伸展，在侧枝基部扭转成2列，革质，坚硬，披针形或条状披针形，长3～6厘米，有光泽，先端尖，基部下延，边缘有细齿，叶下面有2条白色气孔带②；雌雄同株；雄球花多数，簇生枝顶③；雌球花单生或2～3朵簇生枝顶④，苞鳞与珠鳞下部合生；球果近球形或卵圆形，长2.5～5厘米，径3～4厘米，苞鳞大，扁平，革质，宿存（杉木球果所见部分全为苞鳞）；种鳞小，退化，先端3裂，每种鳞具3粒种子。

全山可见。生山坡或峡谷。

杉木叶披针形，革质，边缘苞有细齿，在主枝上辐射伸展，在侧枝上排成2列；雄球花簇生枝顶；球果卵球形，苞鳞发达，种鳞退化，先端3裂。

龙柏 柏科 圆柏属

Sabina chinensis 'Kaizuca'

Dragon Savin | lóngbǎi

常绿乔木；树冠圆柱状或尖塔形①；枝条向上直展并向一个方向扭转，鳞叶小枝不排成平面；叶全为鳞叶，有腺体，交互对生，沿枝条紧密排列，翠绿色②；球花单生枝顶；雌球花具2～4对珠鳞；球果近球形，翌年成熟，熟时蓝色，微被白粉；种鳞合生，肉质，熟时不张开；种子无翅。

树木园有栽培。生疏林、路边或庭院。

相似种：福建柏【*Fokienia hodginsii*，柏科 福建柏属】常绿乔木；生鳞叶的小枝扁平，排成一平面；鳞叶二型，交互对生③，小枝中央叶较小，紧贴，两侧叶较大，背面具凹陷的白色气孔带④；球果径2～2.5厘米④；种鳞木质；种子上部有大小不等的2翅。树木园有栽培；生山地疏林。

龙柏小枝不扁平，鳞叶一型，种鳞肉质，熟时不张开；福建柏小枝扁平，排成一平面，鳞叶二型，种鳞木质，熟时张开。

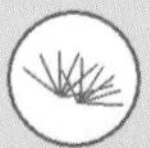

1
3
2
4
1
2
3
4

三尖杉 三尖杉科 三尖杉属

Cephalotaxus fortunei

Fortune Plumyew | sānjiānshān

常绿乔木；树皮红褐色，裂成片状；叶螺旋状着生，基部扭转排成2列，近水平展开，披针状条形，柔软，稍内弯，长约5～10厘米，宽3～4.5毫米，先端有渐尖的长尖头，基部楔形，上面亮绿色，中脉隆起①，下面有白色气孔带，中脉明显②；雄球花8～10朵聚生成头状，花梗长6～8毫米，雌球花生于小枝基部，总梗长1～2厘米②；种子椭圆形或近球形，假种皮紫红色，顶端具小尖头。

衡山散见。多生于针阔混交林中。

相似种：篦子三尖杉【*Cephalotaxus oliveri*，三尖杉科 三尖杉属】常绿灌木；叶排列紧密，长1.5～3.2厘米，宽3～4.5毫米，质硬，微弯③；种子倒卵形④，具长梗。广济寺可见；生境同上。

1 2 3 4 5 6 7 8 9 10 11

三尖杉叶质薄，长5～10厘米，排列较稀疏；篦子三尖杉叶质硬，长1.5～3.2厘米，微弯，排列紧密。

罗汉松 罗汉松科 罗汉松属

Podocarpus macrophyllus

Yaccatree | luóhànsōng

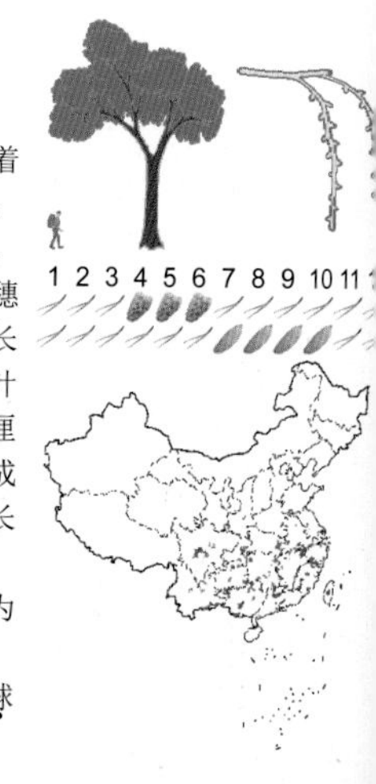

常绿乔木①；树皮灰色，浅纵裂；叶螺旋状着生，条状披针形②，长7～12厘米，宽7～10毫米，先端尖，基部楔形，两面中肋隆起，表面暗绿色，背面灰绿色，有时被白粉；雌雄异株；雄球花穗状，腋生，常3～5个簇生于极短的总梗上③，长3～5厘米，基部有数枚三角状苞片；雌球花单生叶腋，有梗，基部有少数苞片；种子卵形，径约1厘米，先端圆，着生于肉质而膨大的种托上④，成熟时假种皮紫黑色，有白粉，种托深红色，柄长1～1.5厘米。

衡山散见，多庭院栽培。常经修剪、造型，为优良庭园观赏树种。

罗汉松的叶条状披针形，两面中肋隆起，雄球花穗状，种子卵形，着生于肉质而膨大的种托上。

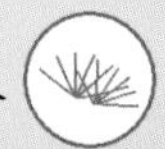

1
3
2
4
1
3
2
4

竹柏 罗汉松科 罗汉松属

Podocarpus nagi

Nagi Yaccatree | zhúbǎi

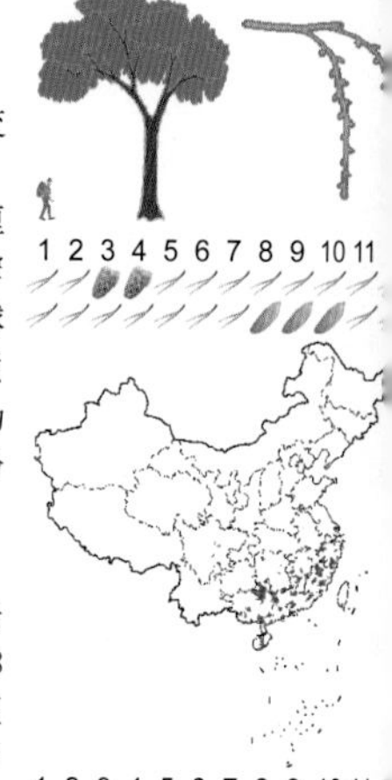

常绿乔木；树干通直，树皮褐色，平滑；叶交互对生，革质，长卵形至卵状披针形，无中脉，具多数并列的细脉，长3.5～9厘米，宽1.5～2.5厘米，上面深绿色，有光泽，下部浅绿色，基部渐窄成柄状①；雄球花穗状圆柱形，单生叶腋②；雌球花单生叶腋，有数枚苞片，花后苞片不肥大成肉质种托；种子核果状，圆球形，径1.2～1.5厘米，为肉质假种皮所包，成熟时假种皮暗紫色，有白粉③。

树木园有栽培。生山地林中或路边。

相似种：长叶竹柏【*Podocarpus fleuryi*，罗汉松科 罗汉松属】常绿乔木；叶宽披针形④，长8～18厘米，宽2.2～5厘米；种子圆球形，径1.5～1.8厘米，为肉质假种皮所包④。树木园有栽培；生林中或路边。

竹柏的叶和种子相对较小；长叶竹柏的叶和种子相对较大。

南方红豆杉 红豆杉科 红豆杉属

Taxus chinensis* var. *mairei

Maire Yew | nánfānghóngdòushān

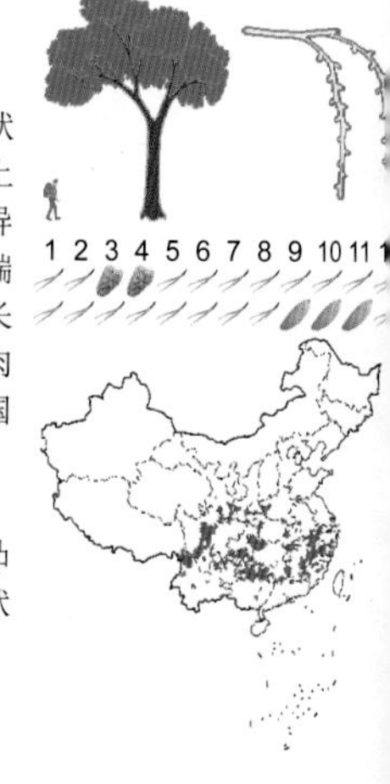

常绿乔木；叶条形，排成2列，微弯或近镰状①，长2～3.5厘米，宽3～4毫米，先端渐尖，上面中脉凸起，下面有2条黄绿色气孔带②；雌雄异株，球花单生叶腋；雌球花的胚珠单生于花轴顶端的苞腋，基部具圆盘状珠托；种子倒卵圆形，长7～8毫米，径5毫米，先端具2纵脊，假种皮红色肉质杯状③，当年成熟。本种为白垩纪孑遗植物，国家一级保护植物。

衡山散见。生山地林中。

南方红豆杉叶条形，排成2列，上面中脉凸起，下面有2条黄绿色气孔带，种子生于肉质杯状的假种皮中，种子成熟时假种皮红色。

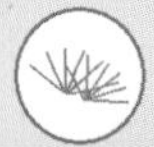

①
③
②
④
①
②
③

亮叶桦 光皮桦 桦木科 桦木属

Betula luminifera

Bright Birch | liàngyèhuà

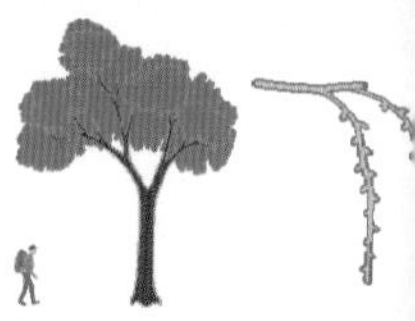

落叶乔木①；树皮灰黄色，平滑不裂；小枝黄褐色，密被淡黄色柔毛；叶卵状长圆形至卵形②，长5～10厘米，宽3～5厘米，尾状渐尖，基部圆形或宽楔形，边具不整齐重锯齿，齿端芒尖，幼时两面被毛，成叶下面密被红褐色腺点；叶柄长1～2厘米，密被毛；花单性同株；雄花序细长，成柔荑花序状③；果序长圆筒形，长5～9厘米，径6～8毫米，细长下垂④；果苞尖长，三叉形，长5毫米，具3小坚果，坚果椭圆形，两侧具翅，花柱宿存。

树木园附近可见。生山地阳坡杂木林中。

亮叶桦枝皮剥开后有浓烈的风油精香味，叶边具不整齐重锯齿，齿端芒尖，侧脉直出，雄花序细长柔荑花序状，果序长圆筒形，细长下垂，果苞尖长，具3小坚果，坚果两侧有翅。

麻栎 橡椀树 壳斗科 栎属

Quercus acutissima

Sawtooth Oak | málì

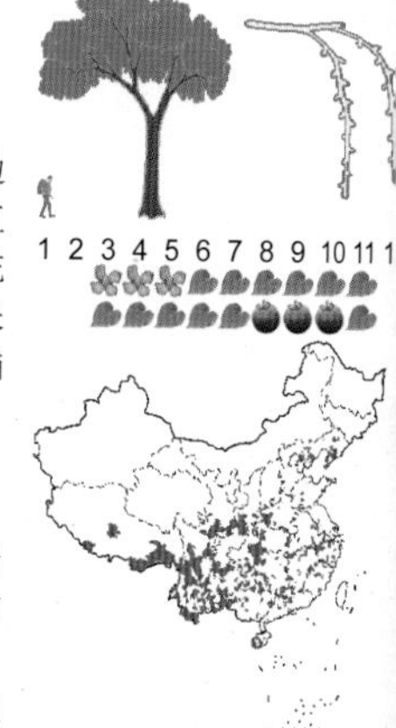

落叶乔木；树皮深灰褐色，深纵裂；叶纸质，长椭圆状披针形①，渐尖，基部圆形或阔楔形，边缘有刺芒状锯齿，叶片两面无毛，羽状脉，侧脉直出②；叶柄长1～3厘米；雄花序为下垂的柔荑花序；壳斗杯形，包围坚果1/2，小苞片锥形，粗长刺状，被灰白色茸毛，向外反曲②；坚果卵形或椭圆形，直径1.5～2厘米，顶端圆形，果脐隆起。

全山可见。生山地阳坡。

相似种：槲栎【*Quercus aliena*，壳斗科 栎属】落叶乔木；叶椭圆状倒卵形，钝尖，叶缘有波状齿③；壳斗小苞片三角形，平贴，被毛④。藏经殿可见；生山地阳坡或混交林中。

麻栎叶长椭圆状披针形，渐尖，边缘有刺芒状锯齿，壳斗小苞片锥形，向外反曲；槲栎叶椭圆状倒卵形，钝尖，叶缘有波状齿，壳斗小苞片三角形，平贴。

1
2
3
4
1
3
2
4

栗 板栗 壳斗科 栗属

Castanea mollissima

Chestnut | lì

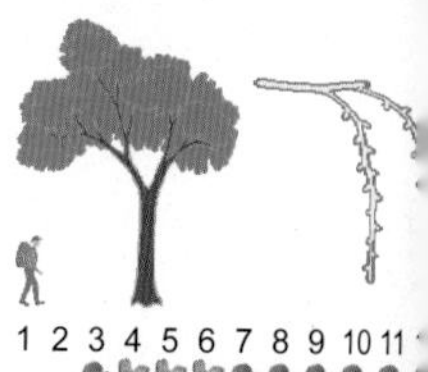

落叶乔木；树皮灰褐色深纵裂；小枝无顶芽；叶长椭圆形，长9～18厘米，宽4～7厘米，下面密被灰白色至灰黄色短柔毛，叶缘有齿，齿具芒尖，侧脉直达齿端①；叶柄长0.5～2厘米；花序穗状直立，雌雄花同序②；壳斗球形，直径4～6.5厘米，密被针刺形苞片，内包坚果2～3枚，坚果扁圆，暗褐色，果径1.5～3厘米（①右下）。

全山可见。生于山地混交林中，多为栽培。

相似种：茅栗【*Castanea seguinii*，壳斗科 栗属】落叶灌木或小乔木；叶长椭圆形③，叶下面被斑点状黄色或白色腺鳞；壳斗近球形④，具坚果3稀5～7枚，果径1～1.5厘米。全山可见；生山坡灌木丛中。

栗的叶下面被灰白色至灰黄色短柔毛，果径1.5～3厘米；茅栗的叶下面被斑点状黄色或白色腺鳞，果径1～1.5厘米。

青冈 青冈栎 壳斗科 青冈属

Cyclobalanopsis glauca

Qinggang | qīnggāng

常绿乔木①；树皮光滑；叶革质，长椭圆形或倒卵状椭圆形，长8～13厘米，宽2.5～5厘米，渐尖，边缘中部以上有疏锯齿，锯齿锐尖，侧脉每边10～12条，直出，背面被平伏灰白色柔毛；叶柄长1.5～2.5厘米；雄花序为柔荑花序，下垂①；果序短，具壳斗3（②）；壳斗碗形，包围坚果1/3～1/2，苞片合生成同心环带5～8条，坚果卵形，果径0.9～1.4厘米③。

全山可见。生中低海拔的山坡或山谷。

相似种：多脉青冈【*Cyclobalanopsis multinervis*，壳斗科 青冈属】叶长8～15厘米，宽3～5.5厘米，叶缘1/5～1/3以上有锯齿，侧脉粗，每边13～15条，叶背灰白色④。藏经殿、广济寺、高台寺附近可见；生于山地林中。

青冈的叶略小，叶缘中部以上有锯齿，侧脉多为12对以下；多脉青冈的叶略大，叶缘1/5～1/3以上有锯齿，侧脉多为13～15对。

1
3
2
4
1
3
2
4

桑 家桑 桑叶 桑科 桑属

Morus alba

White Mulberry | sāng

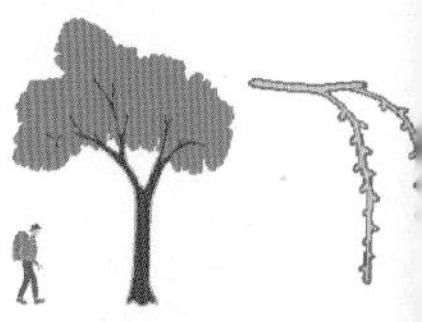

落叶乔木①；树皮灰白色；叶卵形或阔卵形，先端急尖或渐尖，基部圆形或浅心形，边缘有粗钝齿②，上面无毛，下面仅脉上有疏毛；叶柄长2～5厘米，被柔毛；花单性，雌雄异株，腋生，与叶同时生出；穗状花序；雄花序长2～3.5厘米，雌花序长1～2厘米，被毛；雌花花被片4，无花柱，柱头2裂，宿存；聚花果卵状椭圆形，长1～2.5厘米，成熟时黑紫色③。

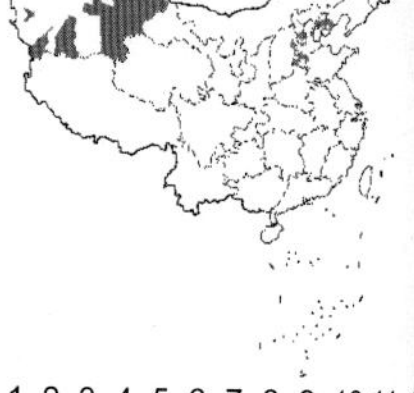

散见。多栽培于村旁屋后。

相似种：鸡桑【*Morus australis*，桑科 桑属】灌木；叶卵形，通常3～5裂④，先端急尖或尾尖，边缘具粗锯齿，上面粗糙，密生短刺毛；叶柄长1～1.5厘米；雌花花柱长；聚花果短，长约1厘米（④左下）。衡山散见；生林下或林缘。

桑为乔木，叶多不分裂，上面无毛，雌花无花柱；鸡桑为灌木，叶常3～5裂，上面生短刺毛，雌花具明显的花柱。

腺柳 杨柳科 柳属

Salix chaenomeloides

Flowering Quince Willow | xiànliǔ

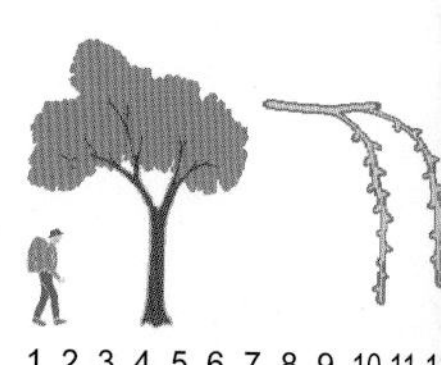

小乔木；叶椭圆形至椭圆状披针形①②，长4～8厘米，宽2～4厘米，先端急尖，基部楔形，两面光滑，边缘有腺锯齿；叶柄先端具腺点；花单性，雌雄异株；柔荑花序直立①，先叶开放，雄花序长4～5厘米；花序梗长达2厘米；腺体2；蒴果2瓣裂。

南天门和南岳镇可见。生路边或沟边。

相似种：垂柳【*Salix babylonica*，杨柳科 柳属】落叶乔木；小枝细长下垂③；单叶互生，狭披针形或条状披针形，长9～16厘米，边有细锯齿；柔荑花序，先叶开放，雄花序长1.5～2.5厘米④；雌花序长2～3厘米，苞片有腺体1；蒴果。南岳镇可见栽培。

腺柳枝条直展，叶为椭圆状披针形，稍宽；垂柳枝条下垂，叶为狭披针形，稍窄。

1
2
3
4
1
2
3
4

杨梅 杨梅科 杨梅属

Myrica rubra

China Waxmyrtle | yángméi

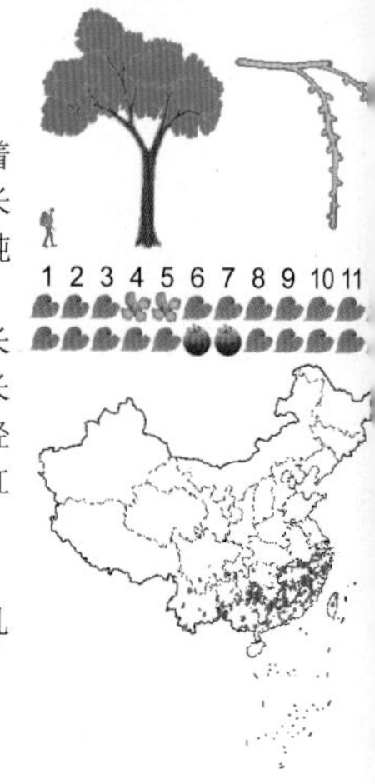

常绿乔木①；小枝粗壮，无毛；幼枝被盾状着生的腺体；叶革质，卵状披针形或长倒卵形，长6～16厘米，宽2～4厘米，边全缘，先端钝尖或钝圆，基部窄楔形②，背面密生金黄色树脂腺体；叶柄长4～10毫米；花单性异株；雄花序穗状，长1～3厘米，单生苞片腋内③；雌花序单生叶腋，长5～15毫米；每果序上仅1个果实；核果球形，直径1～1.5厘米，外被乳头状突起，熟时深红色或紫红色④，外果皮多汁液，味酸甜。

衡山散见。生山坡或山谷林中。

杨梅叶革质，基部窄楔形，核果球形，外被乳头状突起，熟时深红色或紫红色，外果皮多汁液，味酸甜。

箬叶竹 长耳箬竹 禾本科 箬竹属

Indocalamus longiauritus

Longauricle Indocalamus | ruòyèzhú

灌木状，具横走的细型地下茎①；竿高约1米，每节分1主枝，节间长约25厘米，节下方常具1圈锈色毛环带；箨鞘厚革质，基部具宿存木栓状隆起环或具一圈棕色长硬毛；箨耳大，镰形，有放射状淡棕色长缝毛②；箨片长三角形至卵状披针形，基部向内收窄近圆形；叶耳镰形，边缘有棕色放射状伸展的缝毛；圆锥花序细长，花序轴密生白色毡毛③；颖果长椭圆形。

全山广布。生山坡疏林中或路旁。

相似种：箬竹【*Indocalamus tessellatus*，禾本科 箬竹属】灌木状；箨耳无④；箨舌厚膜质，截形；叶片下表面中脉一侧密生1纵列毛茸。全山广布；生境同上。

箬叶竹竿中部箨上的箨片基部向内收窄近圆弧形，箨耳有放射状淡棕色长缝毛；箬竹竿中部箨上的箨片基部不向内收窄，无箨耳。

1
3
2
4
1
3
2008/11/01
2
4

青荚叶 叶上珠 山茱萸科 青荚叶属

Helwingia japonica

Japan Helwingia | qīngjiáyè

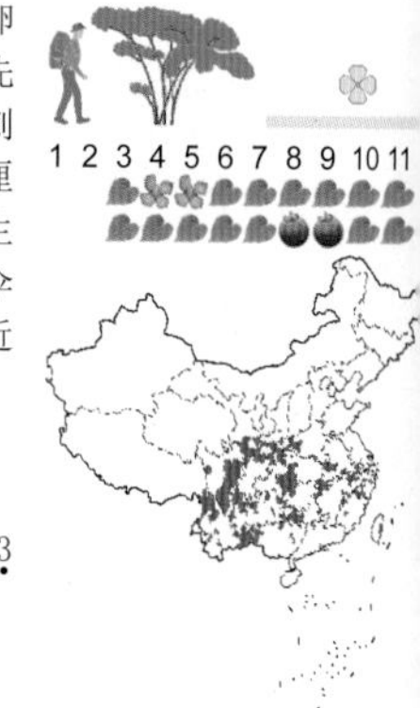

落叶灌木①；嫩枝无毛；叶纸质，卵形、卵圆形或阔椭圆形，长4～10厘米，宽2～6厘米，先端渐尖或尾状尖，基部阔楔形或近圆形，边缘具刺状细锯齿，下面淡绿色，两面无毛；叶柄长2～5厘米，纤细无毛；花雌雄异株；花小，黄绿色②，生叶上面主脉近中部，雄花4～12朵，成伞形或密伞形花序；雌花1～3朵，花梗长1～2.5厘米；浆果近球形③，熟时黑色。

麻姑仙境可见。生山地林中。

青荚叶的叶纸质，卵形、卵圆形或阔椭圆形，先端渐尖或尾状尖，边缘具刺状细锯齿，雌花1～3朵，黄绿色，生叶上面主脉近中部，浆果近球形。

枸骨 冬青科 冬青属

Ilex cornuta

Horny Holly | gǒugǔ

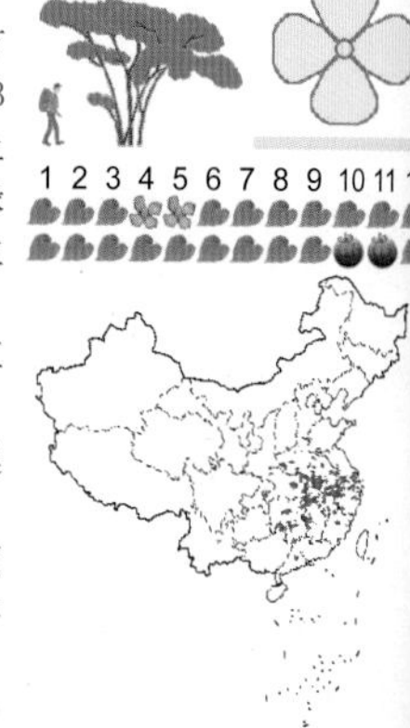

常绿灌木①；幼枝有条棱②；叶厚革质，四方长圆形，长4～7厘米，宽2.4～3.2厘米，顶端具3个尖头和锐刺，两侧有1～2对锐刺，基部平截，上面亮绿色，下面淡绿色，侧脉每边5～6条，近叶缘处弯弓②；叶柄长4～8毫米；雌雄异株；花序簇生于2年生枝叶腋③，总梗极短，花序簇分枝具1花，花4基数，花冠黄绿色；核果球形④，熟时鲜红色，径8～10毫米，柱头4裂；果梗长1～1.2毫米。

全山可见。生山坡、灌丛、疏林中或路旁、溪边。

枸骨为常绿灌木，叶厚革质，四方长圆形，顶端具3个尖头和锐刺，两侧有1～2对锐刺，基部平截，花序簇生叶腋，核果球形。

1
2
3
1
2
3
4

满树星　冬青科 冬青属

Ilex aculeolata

Smallprickle Holly | mǎnshùxīng

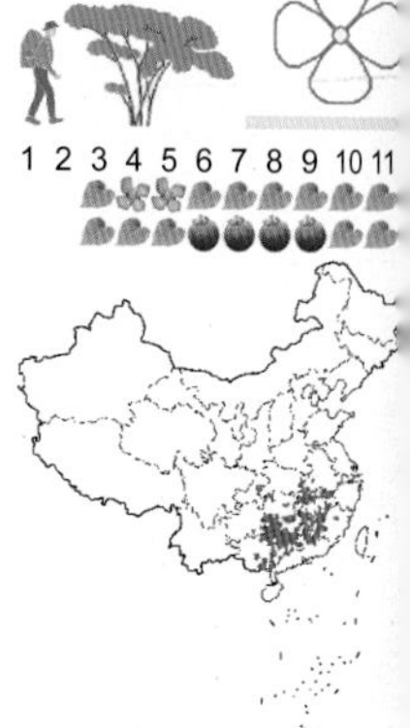

落叶灌木，小枝栗褐色，有长枝和短枝；叶在长枝上互生，在短枝上1～3枚簇生，膜质或薄纸质，倒卵形，先端急尖，基部楔形渐尖，边缘具锯齿①；叶柄长1厘米，被短柔毛；聚伞花序或伞形状，雄花序1～3朵花；雌花单生，花梗长3～4毫米；花白色②；核果球形②。

全山可见。生疏林或灌丛中。

相似种：具柄冬青【*Ilex pedunculosa*，冬青科 冬青属】常绿，无短枝；叶互生，卵状长椭圆形，先端渐尖，基部略圆，近全缘，两面无毛③；叶柄长1.5～2厘米；聚伞花序单生叶腋④；果球形，果梗连总梗长3～5厘米④。衡山散见；生境同上。

满树星落叶，叶倒卵形，边具锯齿，果梗较短；具柄冬青常绿，叶卵状长椭圆形，边近全缘基部略圆，果梗较长。

猴欢喜　杜英科 猴欢喜属

Sloanea sinensis

China Monkeyjoy | hóuhuānxǐ

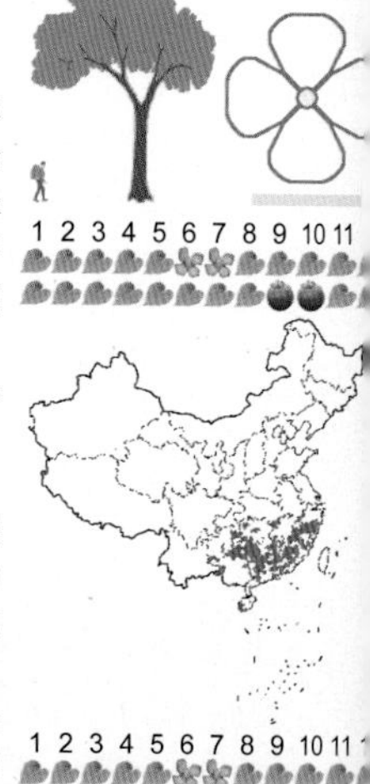

常绿乔木；小枝无毛；叶聚生小枝上部，近革质，长圆形或倒卵形①，先端渐尖，基部稍圆，全缘稍波状或上部偶有疏浅齿，两面无毛；叶柄长1.5～4厘米，顶端膨大②；花单生近枝顶叶腋，多花簇生为伞房花序状；花梗粗壮，长4～7厘米，被灰白色柔毛；花向下弯垂；蒴果木质，卵球形，径达5.5厘米，裂成4～5瓣，成熟时红色，针刺长0.7～1.5厘米③。

广济寺、方广寺等地可见。生林中或林缘。

相似种：仿栗【*Sloanea hemsleyana*，杜英科 猴欢喜属】叶狭倒卵形或倒披针形，边疏生浅锯齿④，长10～15厘米；蒴果4～5瓣裂，针刺长1～2厘米。树木园栽培。

二者均为常绿乔木；猴欢喜的叶较宽短，边全缘或偶有稀疏浅齿；仿栗的叶较窄长，边疏生浅锯齿。

1
3
2
4
1
3
2
4

胡颓子 胡颓子科 胡颓子属

Elaeagnus pungens

Thorny Elaeagnus | hútuízǐ

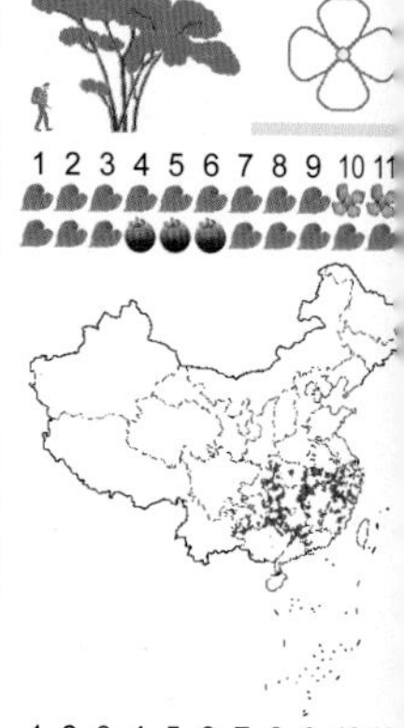

常绿灌木，具刺；幼枝微扁，略具棱，密被褐色鳞片①；叶革质，椭圆形，两端钝，基部稍圆，边缘呈波状，下面密被银白色间褐色鳞片①；叶柄长5～8毫米；1～3朵花生于短枝叶腋，花下垂，花梗长6～8毫米；花白色，密被鳞片，萼筒被银白色鳞片，漏斗状②；坚果椭圆形，长1.3～1.5厘米，具褐色鳞片③，熟时红色；果梗长5毫米。

全山广布。生山坡杂木林中或向阳的溪谷边。

相似种：星毛羊奶子【*Elaeagnus stellipila*，胡颓子科 胡颓子属】半常绿披散灌木；有时具刺；幼枝、芽、叶柄、叶下面密被及褐色星状毛④；叶纸质，卵状椭圆形，基部钝圆；花淡白色，1～3朵花生于新枝基部叶腋；果长圆形，熟时红色。衡山中高海拔可见；生林下、路旁或灌丛中。

胡颓子常绿，叶革质，下面被银白色间褐色鳞片；星毛羊奶子落叶或半常绿，叶纸质，下面被银白色鳞片及褐色的星状毛。

常山 黄常山 虎耳草科 常山属

Dichroa febrifuga

Antifebrile Dichroa | chángshān

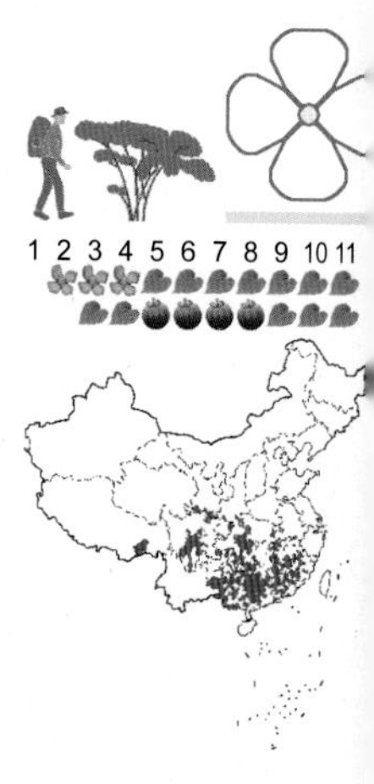

落叶灌木①；小枝带肉质，略具4钝棱，常呈紫红色；叶对生，形态大小变异很大，常为椭圆形至披针形，长8～20厘米，宽3～6厘米，先端渐尖，基部楔形，边有锯齿，一面或两面呈紫色，侧脉每边8～10条②；叶柄长1.5～5厘米；伞房状圆锥花序顶生，花密集，蓝色或白色③；花萼陀螺形，4～6齿裂，裂片宽三角形；花瓣长圆状椭圆形，带肉质，花后反折；浆果蓝色，径约5毫米，有宿存花柱和萼片④；种子长圆形，有网纹。

藏经殿附近可见。生林下和阴湿沟谷中。

常山为落叶灌木，小枝略具4钝棱，常呈紫红色，叶对生，先端渐尖，基部楔形，伞房状圆锥花序顶生，花蓝色或白色，浆果蓝色，宿存花柱和萼片。

①
③
②
④
①
③
②
④

圆锥绣球 虎耳草科 绣球属

Hydrangea paniculata

Panicle Hydrangea | yuánzhuīxiùqiú

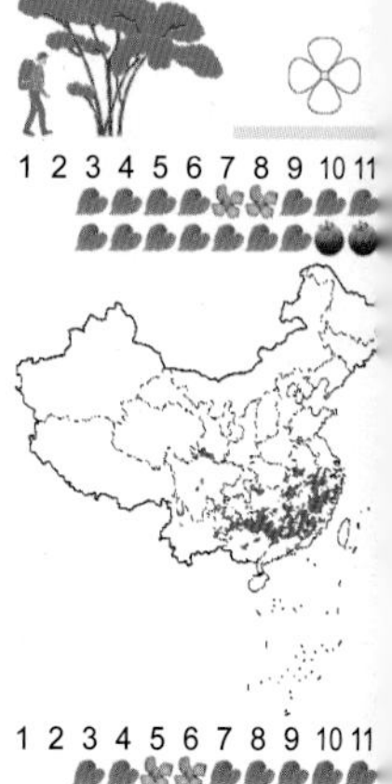

落叶灌木①；小枝被贴生柔毛；叶对生或3叶轮生，卵形、卵圆形至椭圆形①，边缘具内弯锯齿，下面被紧贴的柔毛，脉上较密，侧脉弧曲而明显；叶柄长1～3厘米，有毛；圆锥花序顶生，尖塔形，长15～25厘米②；花序轴及分枝密被柔毛；不育花常具4萼片，白色，径1.5～2.5厘米③；孕性花花萼陀螺形，花瓣卵形，子房半上位，无毛，花柱3枚；蒴果椭圆形，种子两侧有翅。

全山广布。生山谷、山坡疏林或山脊灌丛中。

相似种：中国绣球【*Hydrangea chinensis*，虎耳草科 绣球属】落叶灌木；小枝红褐色；叶长圆形至狭椭圆形；伞房状聚伞花序顶生④；蒴果卵形，种子无翅。忠烈祠至南台寺均有分布；生境同上。

圆锥绣球叶对生或3叶轮生，聚伞圆锥花序尖塔形；中华绣球叶对生，伞房状聚伞花序。

檵木 金缕梅科 檵木属

Loropetalum chinense

China Loropetal | jìmù

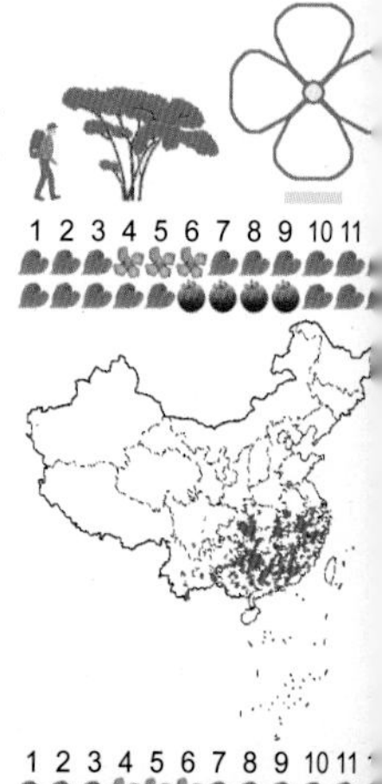

常绿灌木①；全株密被锈色星状毛③；叶革质，卵形或卵状椭圆形，长2～5厘米，宽1.5～2.5厘米，顶端锐尖，基部偏斜而圆，边全缘，下面密生星状柔毛③；叶柄长2～5毫米；花两性，常4～8朵簇生枝端，近头状花序，萼筒杯状，与子房合生；花瓣4枚，线形，白色，长1～2厘米，常反卷②；蒴果木质，卵圆形，褐色，长7～8厘米，2瓣裂，每瓣2浅裂④；种子圆卵形。

全山广布。生丘陵、荒坡及灌丛中。

相似种：红花檵木【*Loropetalum chinense* var. *rubrum*，金缕梅科 檵木属】常绿灌木；全株密被锈色星状毛；叶形同上，绿色或红色；花3～8朵簇生，紫红色⑤。树木园等地有栽培；生路边或林缘。

二者全株密被锈色星状毛，花瓣4枚，线形；檵木的花白色，红花檵木的花紫红色。

1
3
2
4
1
3
4
2
5

金缕梅 金缕梅科 金缕梅属

Hamamelis mollis

China Witchazel | jīnlǚméi

落叶灌木或小乔木；叶阔倒卵形，长8～15厘米，宽6～10厘米，顶端急尖，基部心脏形，边缘具波状锯齿，上面稍粗糙①，侧脉7～9对；穗状花序腋生，近头状，花瓣4枚，狭条形，黄白色②；蒴果卵球形，2瓣开裂。

分布在海拔800米以上地带。生山地灌丛中。

相似种：蜡瓣花【*Corylopsis sinensis*，金缕梅科 蜡瓣花属】别名中华蜡瓣花，落叶灌木；叶薄革质，倒卵圆形，先端钝尖，基部斜心形，下面被黑褐色星状柔毛，边缘具尖锐粗齿③；总状花序长约5厘米，被柔毛；先叶开花④；花瓣匙形，黄色④；蒴果被褐色长柔毛⑤。全山广布；生灌丛中。

金缕梅叶阔倒卵形或近圆形，形大，穗状花序短，近头状，花4数，花瓣狭条状；蜡瓣花叶倒卵形，总状花序，花5数，花瓣匙形。

广东紫珠 马鞭草科 紫珠属

Callicarpa kwangtungensis

Guangdong Purplepearl | guǎngdōngzǐzhū

落叶灌木①；小枝圆柱形，常紫色，密生淡黄色小皮孔；叶纸质，窄椭圆状披针形或披针形，长12～22厘米，宽2～4.5厘米，渐尖，基部楔形②，上半部边缘具细锯齿，两面无毛，下面密生黄色腺点，侧脉12～14对；叶柄长6～8毫米；聚伞花序3～4次分歧，总花梗长5～8毫米；花萼钟状，无毛；花冠白色；果球形，径3毫米，成熟时紫色。

全山广布。生山坡林内、灌丛中。

相似种：红紫珠【*Callicarpa rubella*，马鞭草科 紫珠属】小枝、叶柄、叶背、花序、花萼均有黄褐色星状毛和腺点；叶倒卵形或椭圆状倒卵形，基部偏心形③；近无叶柄④；总花梗长2～3厘米；花冠紫红色、黄绿色或白色④。全山广布；生境同上。

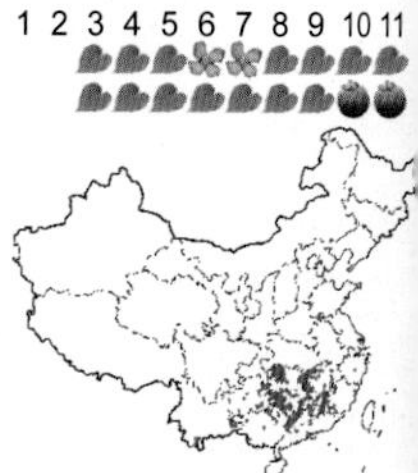

广东紫珠叶窄椭圆状披针形或披针形，基部楔形，叶柄长6～8毫米；红紫珠叶倒卵形或椭圆状倒卵形，基部偏心形，近无叶柄。

1
3
2
4
5
1
2
3
4

女贞　木犀科 女贞属

Ligustrum lucidum

Glossy Privet | nǚzhēn

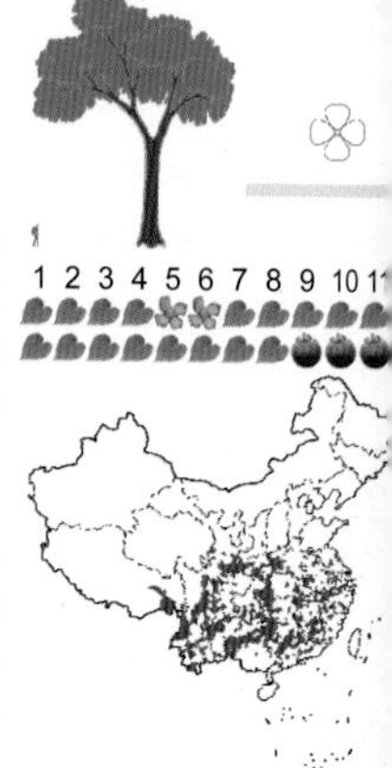

常绿乔木①；树皮灰褐色，不裂；小枝无毛；叶革质，卵形、长卵形或卵状椭圆形，顶端渐尖，基部略圆，两面无毛③；叶柄长1～2.5厘米；圆锥花序较大②，长10～18厘米，宽8～20厘米，轴及分枝无毛；花梗极短；萼杯状；花冠裂片长为冠筒的一半；花药伸出裂片；果近肾形，蓝黑至微红色⑤。

全山可见。生林中、林缘或山谷。

相似种：蜡子树【*Ligustrum leucanthum*，木犀科 女贞属】落叶灌木或小乔木；叶纸质，窄椭圆形、窄卵形至宽披针形，下面疏被柔毛；叶柄长2～4毫米；圆锥花序顶生，窄长④；果近球形至长圆形⑥。全山可见；生境同上。

1 2 3 4 5 6 7 8 9 10 11

女贞为常绿乔木，叶革质，圆锥花序宽大，果近肾形；蜡子树为落叶灌木或小乔木，叶纸质，圆锥花序短小，果近圆形。

紫薇　千屈菜科 紫薇属

Lagerstroemia indica

Common Carpemyrtle | zǐwēi

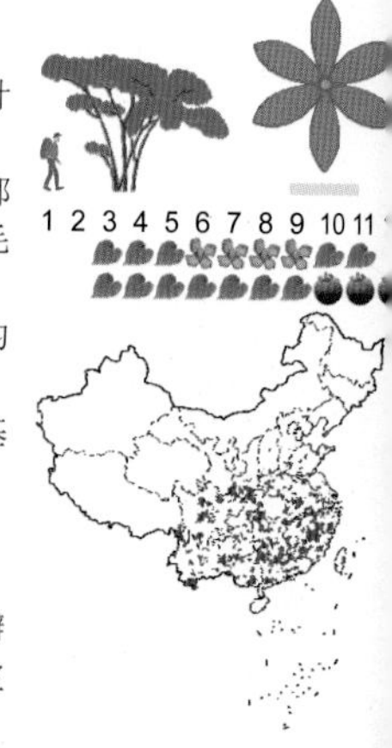

落叶灌木和小乔木①；幼枝四棱形，无毛；叶对生或近对生，纸质，椭圆形、倒卵形或长圆形，长3～7厘米，宽1.5～4厘米，先端短尖或钝，基部阔楔形或近圆形，两面无毛或仅叶脉上被细柔毛②；叶柄极短；顶生圆锥花序，花密集，淡红色、紫色或白色②；花梗长3～15毫米，中轴及花梗均被柔毛；花萼钟形，裂片6枚，三角形；花瓣6枚，皱缩，具长爪③；蒴果卵球形，长9～13毫米，基部有宿存的萼片，室背开裂④；种子有翅。

全山广布。生丘陵灌丛中。

紫薇幼枝四棱形，叶对生或近对生，椭圆形、倒卵形或长圆形，顶生圆锥花序，花萼钟形，花瓣6枚，皱缩，蒴果卵球形，基部有宿存的萼片，室背开裂。

1
3
5
2
4
6
1
3
2
4

芫花 泥秋树 瑞香科 瑞香属

Daphne genkwa

Lilac Daphne | yuánhuā

落叶灌木，多分枝①；小枝密被淡黄色丝状柔毛；叶对生，纸质，卵形或卵状披针形，长3～4厘米，宽1～2厘米，先端急尖，基部宽楔形，边全缘；叶柄长2毫米，具灰色柔毛；花先叶开放，紫色或淡紫蓝色，3～6朵簇生，花梗短，具灰黄色柔毛②；花萼筒状，裂片4枚；花柱甚短，柱头头状；核果肉质，椭圆形，包藏于宿存的花萼筒下部。

全山广布。生山坡路旁、灌丛中或疏林中。

相似种：结香【*Edgeworthia chrysantha*，瑞香科 结香属】常三叉分枝；叶互生，纸质，长椭圆形或椭圆状倒披针形，先端渐尖，基部楔形，生枝顶③；头状花序，总花梗粗壮，下弯；花黄色，密集，花柱甚长，柱头圆柱状④；核果果皮革质。山脚到南天门庭院或路旁偶有栽培。

芫花叶对生，卵形或卵状披针形，花淡紫色或粉红色；结香叶互生，长椭圆形或椭圆状倒披针形，花黄色。

灯台树 山茱萸科 灯台树属

Bothrocaryum controversum

Lampstandtree | dēngtáishù

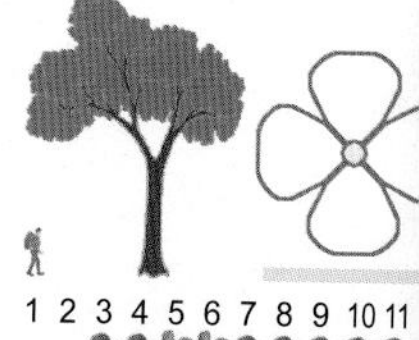

落叶乔木；树皮光滑，暗灰色；叶互生，纸质，阔卵形、阔椭圆形，长6～13厘米，宽3.5～8.5厘米，先端突尖，基部圆形，全缘①，上面无毛，下面灰绿色，密被淡白色平伏状短柔毛，侧脉每边6～7条，弯弓②；叶柄长3～6.5厘米，无毛②；花两性，伞房状聚伞花序顶生，宽大①，总花梗、花梗、花萼均被贴生短柔毛；核果球形③，径6～7毫米，熟时紫红色至蓝黑色，无毛④。

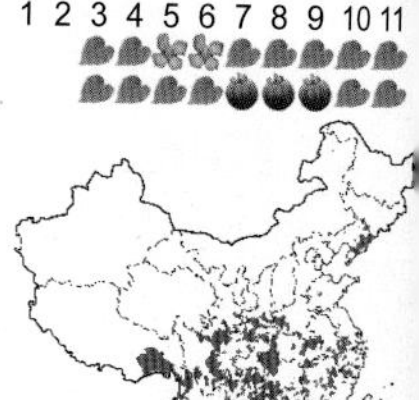

方广寺、广济寺可见。生中低海拔的混交林中或疏林内。

灯台树的叶互生，纸质，阔卵形，侧脉弯弓，伞房状聚伞花序顶生，总花梗、花梗、花萼均被贴生短柔毛，核果球形。

1
3
2
4
1
3
2
4

乌柿　柿树科 柿属

Diospyros cathayensis

China Persimmon | wūshì

常绿乔木；具枝刺；小枝密具皮孔和条纹；叶薄革质，长圆状披针形或长圆状倒披针形，两端渐尖，上面亮绿，下面淡绿，叶柄长2～3毫米①②；雄花序为聚伞花序，具3朵花；雌花单生，白色，芳香，花梗长2～3厘米，花萼长1厘米，4深裂；花冠较花萼短，壶状，管长5毫米；浆果近球形，橙黄无毛萼片宿存，果梗长3～4厘米②。

树木园有栽培。生山地林中。

相似种：野柿【*Diospyros kaki* var. *silvestris*，柿树科 柿属】小枝和叶柄密被黄褐色柔毛；叶纸质，卵状椭圆形或卵圆形，叶背密被毛，叶柄长1～2厘米③；浆果扁球形，径2～5厘米，果梗长0.6～1厘米④。全山广布；生山地林中或灌丛中。

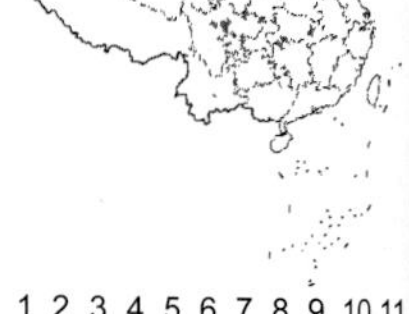

乌柿茎具枝刺，叶柄长2～3毫米，果梗较长；野柿茎无刺，叶柄长1～2厘米，果梗较短。

多花勾儿茶　鼠李科 勾儿茶属

Berchemia floribunda

Vietnam Hooktea | duōhuāgōu'érchá

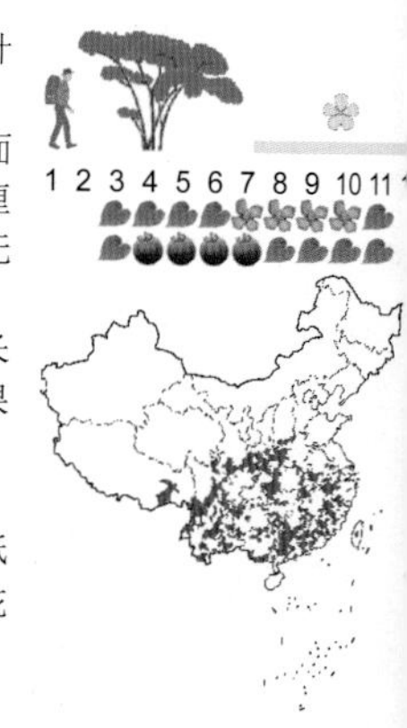

落叶藤状灌木；小枝黄绿色，光滑无毛①；叶互生，纸质，卵形或卵状椭圆形，长5～10厘米，宽3～5厘米，先端钝，基部圆形，边全缘，两面近无毛①②，侧脉每边9～12条；叶柄长1～1.5厘米，无毛；托叶狭披针形，宿存；花黄绿色，无毛，常簇成聚伞圆锥花序②，花序长5～10厘米，花梗长1～2毫米；核果倒卵形或倒卵状椭圆形，长5～7毫米，顶端具小尖头，基部有宿存的花盘，果期翌年成熟，熟时红色③。

衡山散见。生林下、林缘或灌丛中。

多花勾儿茶为藤状灌木，小枝光滑无毛，叶纸质，边全缘，两面无毛，聚伞圆锥花序具分枝，花序轴无毛，花黄绿色，核果熟时红色。

①
③
②
④
①
②
③

长叶冻绿 梨罗根 鼠李科 鼠李属

Rhamnus crenata

Oriental Buckthorn | chángyèdònglǜ

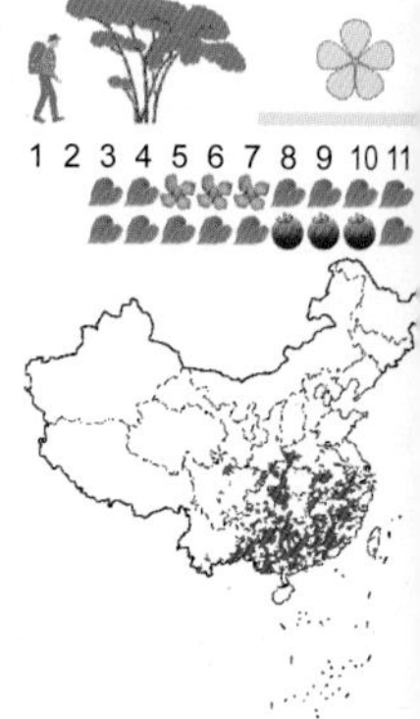

落叶灌木，根鲜黄色；幼枝红褐色①；叶互生，纸质，倒卵状椭圆形至椭圆形①，长5～10厘米，宽2～4厘米，顶端短尾状渐尖，边缘有细锯齿，侧脉7～12对；叶柄长5～10毫米，被柔毛；聚伞花序腋生；花序梗短，花单性，淡绿色，花小；核果近球形，熟时黑色，径6～7毫米②。

衡山散见。生林下或灌丛中。

相似种：薄叶鼠李【*Rhamnus leptophylla*，鼠李科 鼠李属】小枝常具枝刺；叶近对生或簇生短枝顶端，倒卵形③，基部狭楔形；叶柄长1～2厘米；花单性④，雌雄异株；核果球形③，2～3分核，种子具纵沟。方广寺附近可见；生林缘或灌丛中。

长叶冻绿无枝刺，叶互生，倒卵状椭圆形至椭圆形，基部近圆形；薄叶鼠李具枝刺，叶近对生，倒卵形，基部狭楔形。

枳椇 拐枣 鼠李科 枳椇属

Hovenia acerba

Turnjujube | zhǐjǔ

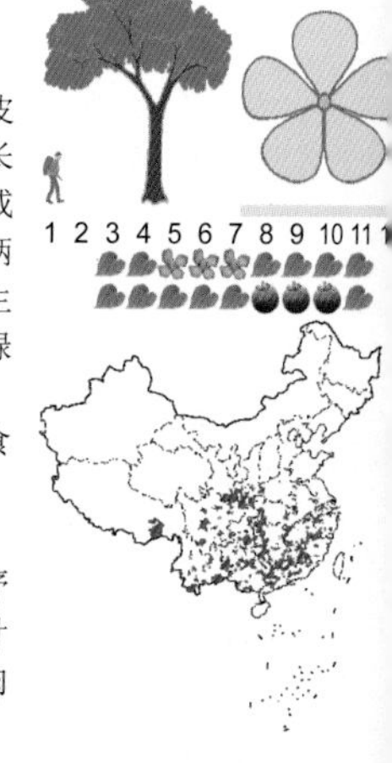

落叶乔木，无刺①；小枝无毛，密被白色皮孔；单叶互生，纸质，宽卵形或椭圆状卵形，长8～15厘米，宽6～10厘米，先端渐尖，基部截形或心形，边缘具整齐圆钝锯齿，两面无毛①②；叶柄红褐色，长2～5厘米，无毛；花两性，腋生和顶生二歧聚伞圆锥花序③，被棕色短柔毛；花淡黄绿色；浆果状核果，近球形，径5～6.5毫米，无毛，熟时黄褐色，果序轴膨大肉质，无毛，味甜可食④；种子扁球形。

衡山散见。生林缘或疏林中。

枳椇无刺，小枝、叶、叶柄、萼片、果及果序轴无毛，叶互生，宽卵形，边具整齐圆钝锯齿，叶柄长，聚伞圆锥花序，花淡黄绿色，果序轴膨大肉质，味甜可食。

1
3
2
4
1
3
2
4

赤楠 碎米树 桃金娘科 蒲桃属

Syzygium buxifolium

Boxleaf Syzygium | chìnán

常绿灌木或小乔木；小枝红褐色，四棱形，无毛①；叶对生，有时3叶轮生，革质，宽椭圆形或宽倒卵形，长1.5～3厘米，宽1～2厘米，先端圆钝或微凹缺，全缘，两面无毛，侧脉不明显，在边缘网结成边脉；叶柄长1～2毫米；聚伞花序顶生，长约2～4厘米；花梗长1～2毫米；花瓣白色，细小，逐片脱落；浆果球形，熟时紫黑色②。

全山广布。生低山疏林或灌丛中。

相似种：轮叶蒲桃【*Syzygium grijsii*，桃金娘科 蒲桃属】别名三叶赤楠。叶革质，常3叶轮生③，狭长圆形或狭披针形，长1.5～2厘米，宽5～7毫米；聚伞花序顶生④；花白色④；浆果球形。全山广布；生境同上。

赤楠叶较宽大，对生；轮叶蒲桃叶较细小而狭长，常3叶轮生。

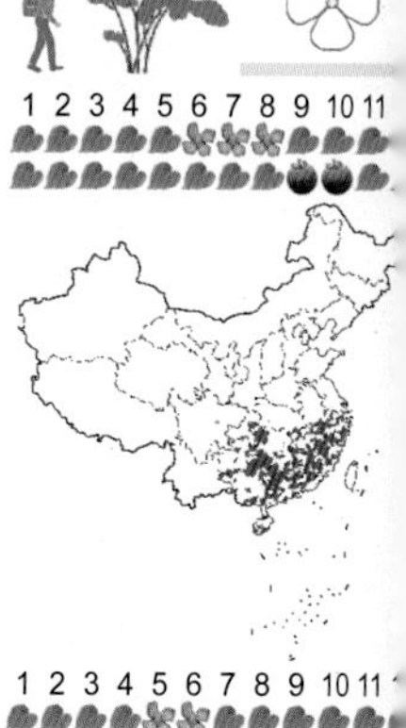

朝天罐 野牡丹科 金锦香属

Osbeckia opipara

Overseting jar | cháotiānguàn

亚灌木或草本①；茎四棱形，被糙伏毛④；叶对生或偶3叶轮生，坚纸质，卵形至卵状披针形，全缘，具缘毛，两面被糙伏毛和微柔毛及透明腺点②，5基出脉；叶柄长0.5～1厘米，密被平贴糙伏毛；圆锥花序顶生①；花萼长约2.3厘米，裂片4；花瓣深红色至紫色①；蒴果长卵形，为宿存萼所包，被刺毛状有柄星状毛①。

全山广布。生山坡、山谷、疏林或灌丛中。

相似种：楮头红【*Sarcopyramis nepalensis*，野牡丹科 肉穗草属】直立草本③；茎四棱形，肉质，无毛⑤；叶膜质，广卵形或卵形，边缘具细锯齿；叶柄具狭翅；聚伞花序，萼筒有4翅，顶端有流苏状长睫毛，花紫红色；蒴果杯形，具四棱。南天门附近可见；生较高海拔密林下或溪边。

朝天罐为灌木，茎被糙伏毛；楮头红为草本，茎无毛。

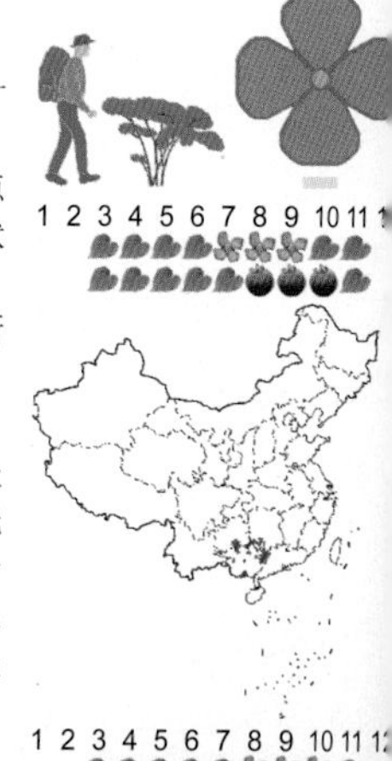

①
③
②
④
①
②
④
③
⑤

黄檀　蝶形花科 黄檀属

Dalbergia hupeana

Hubei Rosewood | huángtán

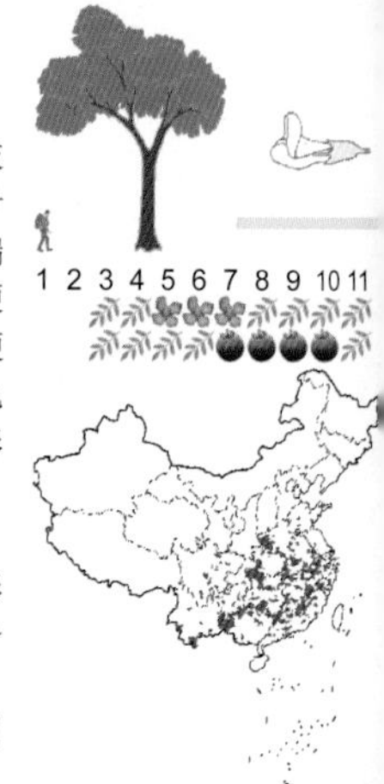

落叶乔木；树皮暗灰色，呈薄片状翘裂，幼枝淡绿色，无毛；奇数羽状复叶长15～25厘米；小叶7～11枚，近革质，椭圆形至长圆状椭圆形，先端钝，基部圆形，两面无毛①；圆锥花序，连总花梗长15～20厘米，疏被锈色短柔毛②；花密集，花梗与花萼疏被锈色柔毛；花萼钟状，花冠碟形，白色或淡紫色，雄蕊10枚，成5+5的二体；荚果长圆形或阔舌形，扁平不裂，有1～2粒种子①。

全山可见。生山地林中、灌木丛中或溪沟旁。

相似种：象鼻藤【*Dalbergia mimosoides*，蝶形花科 黄檀属】别名含羞草叶黄檀；盘曲状灌木；分枝常盘旋状卷曲；小叶10～17对，线状长圆形③；圆锥花序腋生③；花冠白色，单体雄蕊；荚果椭圆形④。全山可见；生境同上。

黄檀为落叶乔木，小叶3～5对，二体雄蕊；象鼻藤为藤状灌木，小叶10～17对，单体雄蕊。

八角枫　八角枫科 八角枫属

Alangium chinense

China Alangium | bājiǎofēng

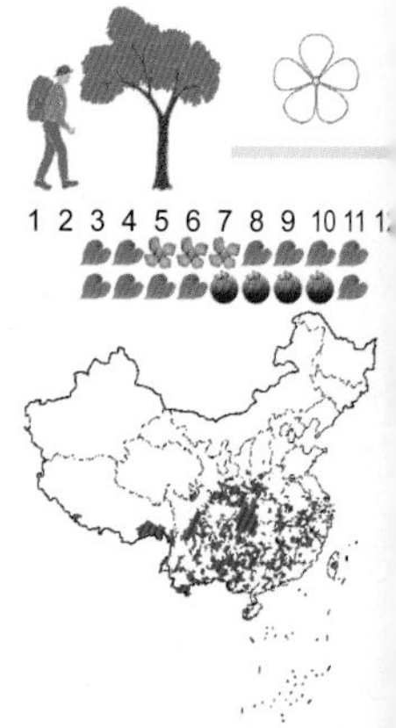

落叶小乔木；单叶互生，纸质，近圆形或椭圆形，基部偏斜①，全缘或微浅裂，两面无毛或下面脉腋有丛毛，掌状脉3～5条；叶柄长2.5～3.5厘米；聚伞花序腋生②，具7～30朵花，花序梗长1～1.5厘米，花梗长1.5～2厘米，几无毛；花瓣条形，紫红色，开花后上部反卷③；核果卵圆形④，长6～7毫米，顶端花萼裂片宿存。

全山可见。生山地疏林中。

相似种：毛八角枫【*Alangium kurzii*，八角枫科 八角枫属】叶质地较厚，下面被黄褐色丝状茸毛⑤；花序具5～7朵花，花序梗长3～5厘米；核果较大，长1.2～1.5厘米。广济寺和方广寺附近可见；生境同上。

八角枫叶背近无毛，花序具7～30朵花，花序梗较短，果较小；毛八角枫叶背被黄褐色丝状茸毛，花序具5～7朵花，花序梗较长，果较大。

1
3
2
4
1
3
4
2
5

马比木 茶茱萸科 假柴龙树属

Nothapodytes pittosporoides

Pittosporumlike Nothapodytes | mǎbǐmù

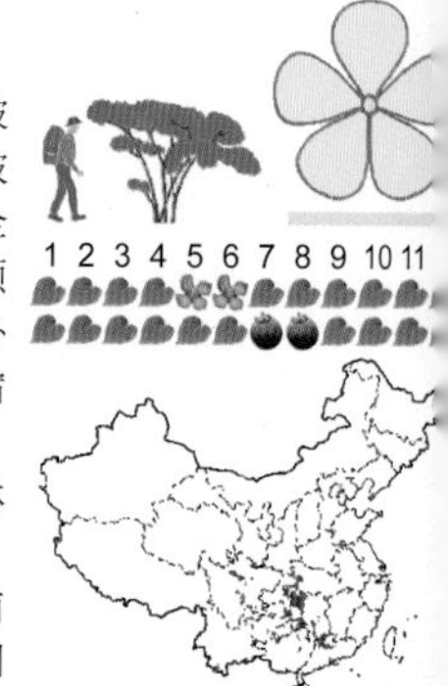

常绿灌木①；小枝常具棱，有皮孔，嫩枝被淡褐色糙伏毛；叶互生，薄革质，长圆形或倒披针形，先端渐尖，基部楔形，下面近无毛，边全缘①；叶柄长1～3厘米，有疏糙伏毛；聚伞花序顶生，长3～4厘米；花黄色；花序轴、花萼、花瓣外面均密被糙伏毛；子房被毛；花盘肉质，果时宿存；核果椭圆形，熟时深红色，被疏糙毛②。

半山亭、广济寺和方广寺附近可见。生山地林下阴地、沟边。

相似种：茵芋【*Skimmia reevesiana*，芸香科 茵芋属】常绿灌木，小枝光滑；叶革质，全缘；圆锥花序顶生③，花序轴及花梗被短柔毛；花淡黄白色，花梗甚短；核果长圆形④。分布同上；生境同上。

马比木小枝有皮孔，被淡褐色糙伏毛，聚伞花序；茵芋小枝光滑，圆锥花序。

油桐 桐油树 三年桐 大戟科 油桐属

Vernicia fordii

Oiltung | yóutóng

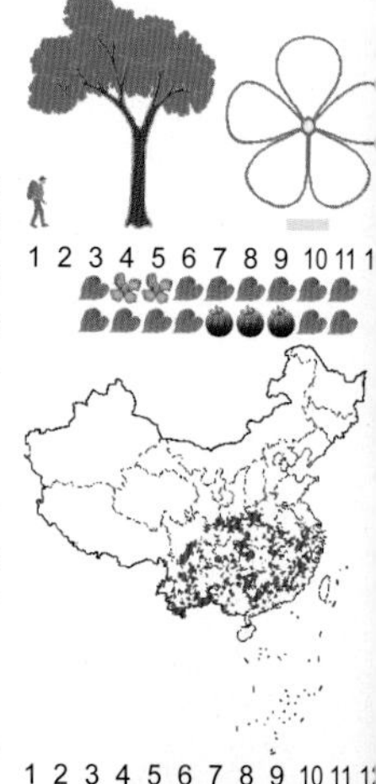

落叶乔木①；树皮灰色，皮孔明显；叶互生，卵形或卵圆形，先端短尖，基部近心形，边多全缘，基出脉5条；叶柄长达12厘米，顶端具2扁平无柄腺体③；雌雄同株，聚伞状圆锥花序顶生②；雄花花萼长1厘米，2裂；花瓣白色；核果近球形，径4～6厘米，先端短尖，表面光滑⑤；种子卵状肾形。

衡山散见。生丘陵或山地。

相似种：木油桐【*Vernicia montana*，大戟科 油桐属】又叫千年桐、山地桐；叶阔卵形，常3～5深裂，裂片弯缺底部常具杯状腺体；叶柄顶端具2有柄的杯状腺体④；雌雄同株；核果卵球形，具3纵棱及网状皱纹⑥。衡山散见；生疏林中。

油桐叶全缘，叶柄顶端腺体扁平无柄，果皮光滑；木油桐叶常3～5深裂，叶柄顶端腺体杯状，有柄，果皮具3纵棱及网状网纹。

1
3
2
4
1
3
5
2
4
6

齿缘吊钟花 杜鹃花科 吊钟花属

Enkianthus serrulatus

Serrulate Pendent-bell | chǐyuándiàozhōnghuā

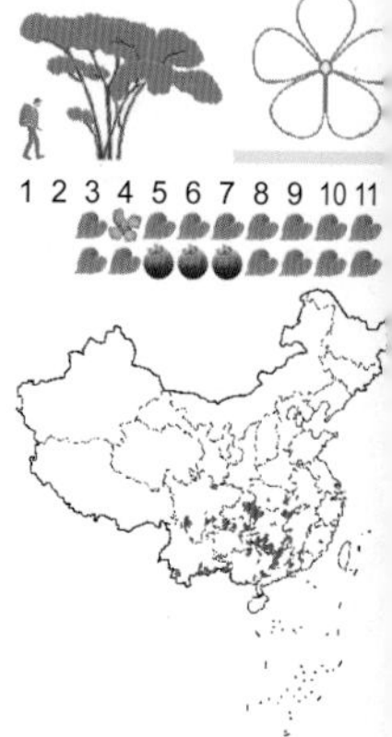

落叶灌木①；小枝光滑，无毛；叶密集枝顶①，厚纸质，长圆形或长卵形，边缘具细锯齿，背面中脉下部被白色柔毛②；叶柄长6～12毫米，无毛；伞形花序顶生，有花2～6朵，花下垂；花萼绿色；花冠钟形，白绿色，口部5浅裂，裂片反卷；蒴果椭圆形，直径6～8毫米，具5棱，直立，顶端宿存花柱，室背开裂为5果瓣③。

祝融峰附近可见。生山地疏林或灌丛中。

相似种：珍珠花【*Lyonia ovalifolia*，杜鹃花科珍珠花属】别名南烛。叶常绿，革质，卵形或椭圆形，边全缘④；总状花序，花冠圆筒状④，外面疏被柔毛；蒴果球形。祝融峰附近可见；生境同上。

齿缘吊钟花叶边具细锯齿，伞形花序，花钟状，裂片反卷，蒴果椭圆形；珍珠花叶边全缘，总状花序，花圆筒状，裂片不反卷，蒴果球形。

鹿角杜鹃 西施花 杜鹃花科 杜鹃花属

Rhododendron latoucheae

Deerhorn Azalea | lùjiǎodùjuān

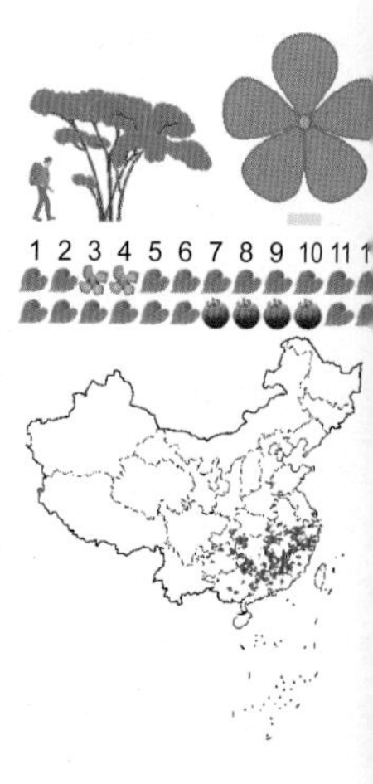

常绿灌木或小乔木；小枝无毛①；叶生枝顶，近轮生，革质，卵状椭圆形，长6～8厘米，宽2.5～4厘米，先端短渐尖，边缘反卷，叶脉不明显，两面无毛②；叶柄长约1厘米，无毛；花序腋生枝端，具花1～4朵；花梗长约1厘米，无毛，花萼短，花冠粉红色，5深裂，裂片长圆形，顶端微凹，雄蕊10枚，部分伸出花冠外③；子房圆柱状，柱头5裂；蒴果圆柱形，长约3厘米，具纵肋，先端截形，花柱宿存④。

全山广布。生杂木林中。

鹿角杜鹃常绿，叶革质，卵状椭圆形或长圆状披针形，边缘反卷，两面无毛，花单生枝顶叶腋，花冠白色或带粉红色，5深裂，蒴果圆柱形，具纵肋，先端截形，花柱宿存。

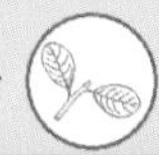

①
③
②
④
①
③
②
④

杜鹃 映山红 杜鹃花科 杜鹃花属

Rhododendron simsii

Sims Azalea | dùjuān

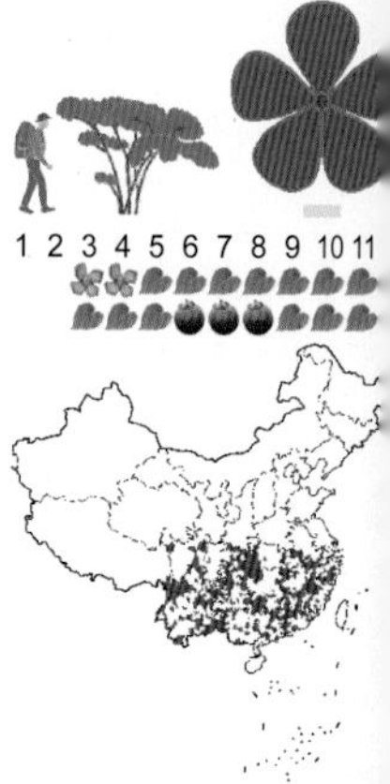

落叶灌木；幼枝、叶、叶柄、花萼、子房均密被棕褐色扁平糙伏毛；叶多散生茎上，坚纸质，叶形多样，先端短尖，有细锯齿①；花序具花2～4朵，簇生枝顶；花萼5深裂；花冠宽漏斗形，玫瑰红、鲜红至暗红色，5深裂，裂片具深红色斑点②；花柱长于花冠；果长约1厘米。

全山可见。生山地灌丛中或疏林下。

相似种：满山红【*Rhododendron mariesii*，杜鹃花科 杜鹃花属】幼枝、花萼、子房和果均被淡黄色柔毛；叶常簇生枝端③，菱形，边有细锯齿，反卷；花冠漏斗形，淡紫红色④。全山可见；生境同上。

杜鹃叶散生枝上，椭圆形，花红色；满山红叶常3～5轮生状簇生枝端，仅在徒长枝上散生，菱形，花淡紫红色。

云锦杜鹃 杜鹃花科 杜鹃花属

Rhododendron fortunei

Clouds Azalea | yúnjǐndùjuān

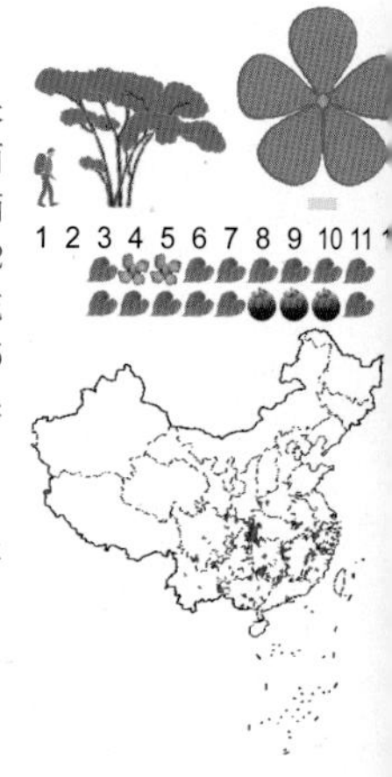

常绿小乔木或灌木①；叶厚革质，长圆形至长圆状披针形，先端钝至近圆形，基部圆形①，下面淡绿色，被极细的小毛，侧脉每边14～16条；叶柄长2～4厘米，有稀疏腺体；总状伞形花序具6～12朵花②，花序轴长3～5厘米；花梗长2～3厘米；花萼甚小，具腺体；花冠漏斗状钟形②，长4.5～5.5厘米，7裂；雄蕊14枚，花丝无毛；子房密被腺体，花柱长3厘米，被腺体；果长圆状椭圆形③，长2.5～3.5厘米，有腺体痕迹。

藏经殿和祝融峰附近可见。生山脊阳坡或林下。

云锦杜鹃幼枝、叶柄、花序轴、花梗、花冠及子房被腺体，叶厚革质，长圆形至长圆状披针形，总状伞形花序具6～12朵花，花冠淡粉红色，7裂，果长圆状椭圆形。

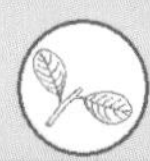

1
3
2
4
1
2
3

南烛 乌饭树 杜鹃花科 越橘属

Vaccinium bracteatum

South candle | nánzhú

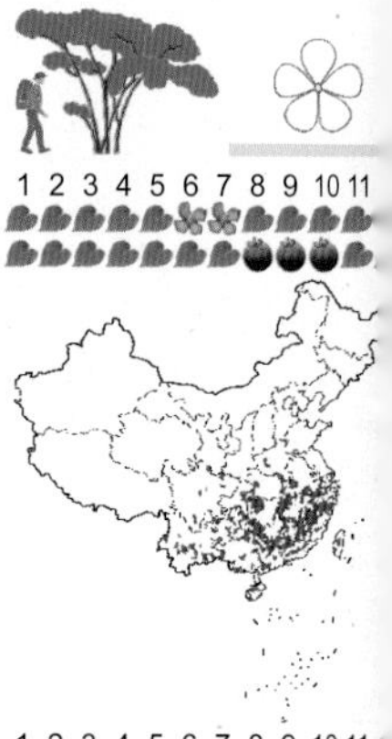

常绿灌木，分枝多①；叶薄革质，椭圆形、菱状椭圆形至披针状椭圆形，先端锐尖或渐尖，基部楔形，边缘有细锯齿，两面无毛②，干后灰黑色；总状花序顶生和腋生，长5～10厘米，花序轴被短柔毛；苞片叶状，披针形，花序下部的较大，宿存②；花梗短；萼筒有毛；花冠筒状，白色，外面有毛，裂片短小，反折；果径5～8毫米，熟时紫黑色，常被短柔毛②。

全山广布。生山坡林中或灌丛中。

相似种：江南越橘【*Vaccinium mandarinorum*，杜鹃花科 越橘属】别名米饭花；叶厚革质，卵形或长圆状披针形，两面无毛④；总状花序生于近枝顶叶腋③；苞片早落④；萼筒无毛；果紫黑色，无毛。全山可见；生境同上。

南烛花序上有苞片，宿存；江南越橘花序上苞片早落。

秃瓣杜英 杜英科 杜英属

Elaeocarpus glabripetalus

Glabripetal Elaeocarpus | tūbàndùyīng

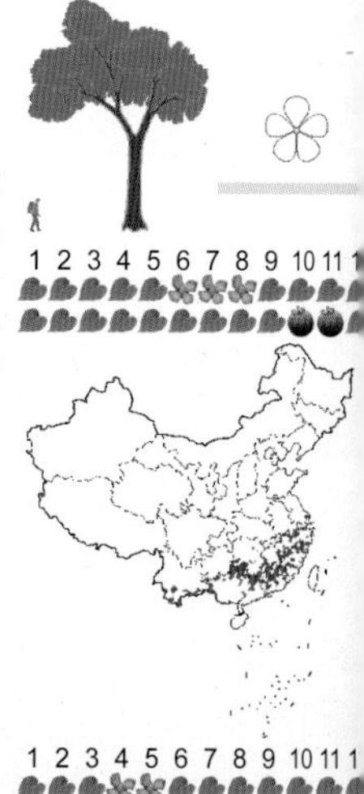

常绿乔木①；嫩枝无毛，有条棱；叶薄革质，倒卵状长圆形或倒披针形，先端短尖，钝头，基部窄而下延，边缘有浅钝锯齿，两面无毛；叶柄长6～9毫米，无毛②；总状花序集生于枝条下方无叶的叶痕腋部，长6～10厘米①，被细柔毛；花梗长4毫米，被灰白色绢毛；花瓣倒卵状条形，上半部撕裂成14～16条③；果椭圆形，果梗长1厘米。

树木园、南岳镇有栽培。生林中或林缘。

相似种：日本杜英【*Elaeocarpus japonicus*，杜英科 杜英属】别名薯豆。常绿乔木；叶革质，椭圆形或倒卵形，叶柄长2.5～6厘米，顶端稍膨大④；总状花序腋生，长3～5厘米；花瓣长圆形；果梗长6～7毫米。石涧潭、水口山等地可见；生境同上。

秃瓣杜英叶柄长6～9毫米，总状花序长6～10厘米；日本杜英叶柄长2.5～6厘米，总状花序长3～5厘米。

1
3
2
4
1
3
2
4

扁担杆 椴树科 扁担杆属

Grewia biloba

Bilobed Grewia | biǎndàngǎn

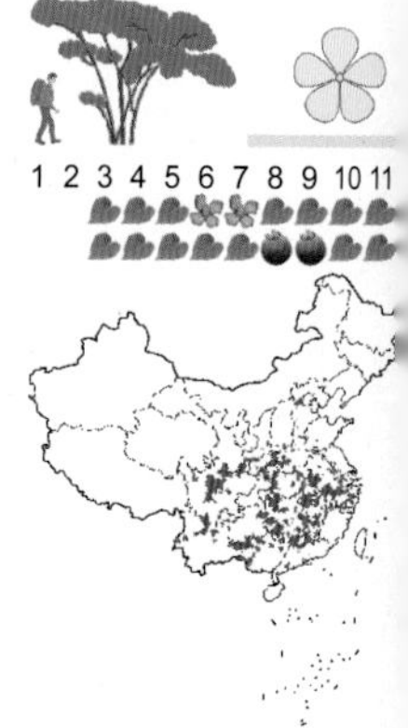

落叶灌木①；嫩枝被淡褐色粗毛；叶狭菱状卵形或狭菱形，长3～9厘米，宽2～5厘米，边缘密生小齿②，两面疏生星状毛或几无毛，基出脉3条；叶柄长2～6毫米，被粗毛；聚伞花序生叶腋，花多数，长约1.5厘米，被粗毛；花淡黄绿色③；萼片5枚，狭披针形，长5～7毫米，外面密生灰色短毛，内面无毛；花瓣5枚，长约1.2毫米；子房有毛；核果径7～12毫米，无毛，2裂④，每裂有2小核。

衡山散见。生丘陵或低山灌丛中。

扁担杆为落叶灌木，叶狭菱状卵形或狭菱形，边缘密生小齿，聚伞花序生叶腋，嫩枝、叶柄、花萼和子房密被灰色粗毛，核果2裂。

云山椴 椴树科 椴树属

Tilia obscura

Yunshan Linden | yúnshānduàn

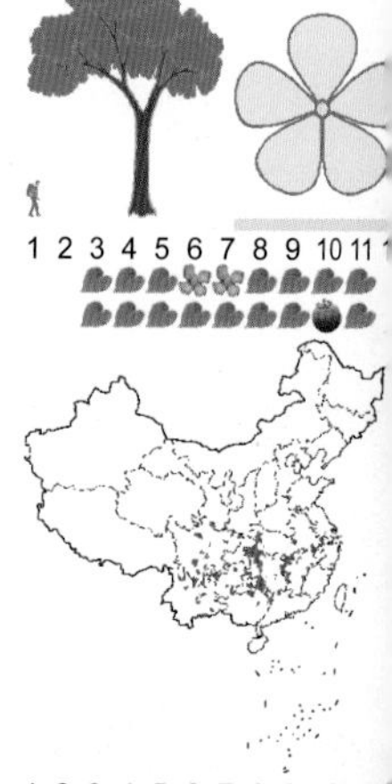

落叶乔木①；小枝及芽均无毛；叶卵形或卵圆形，先端急锐尖，基部斜心形或近圆形，边全缘或细齿，两面无毛①；叶柄长2～4厘米；聚伞花序长4～8厘米，无毛，花序梗与苞片结合在中部②；苞片窄倒披针形，长7～10厘米，近无柄，无毛；萼片卵形，外被星状茸毛；花瓣卵状椭圆形③；果核果状，卵球形，径约1厘米，顶端突尖，表面有瘤状突起及短茸毛。

藏经殿和广济寺附近可见。生山地常绿林中。

相似种：白毛椴【*Tilia endochrysea*，椴树科 椴树属】别名湘椴。叶卵形或宽卵形，边缘疏生粗锯齿，叶背有灰白色星状毛④；花序梗自苞片近基部发出④；果浆果状，近球形，熟后5片裂开。上封寺和树木园等地附近可见；生境同上。

云山椴花序梗与苞片中部以下合生，叶缘有细齿，叶背无毛；白毛椴花梗着生叶状苞片近基部，叶背有灰白色毛。

1
2
3
4
1
3
2
4

鼠刺　虎耳草科 鼠刺属

Itea chinensis

China Sweetspire | shǔcì

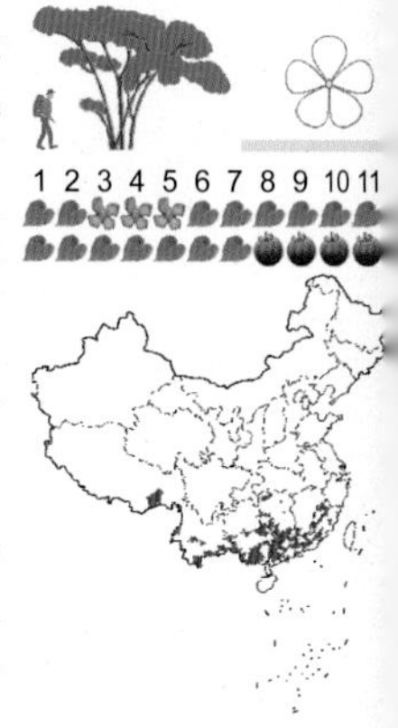

常绿灌木或小乔木，嫩枝无毛；叶互生，薄革质，倒卵形或卵状椭圆形，先端锐尖，基部楔形，边缘具不明显的圆钝齿②，侧脉每边4～5条，弯拱，在近边缘处连接，两面无毛；叶柄长1～2厘米，无毛②；腋生总状花序，直立①，花序轴及花梗被短柔毛；萼筒浅杯状，基部与子房合生，萼片三角披针形，被微毛；花瓣披针形①；心皮2枚，子房被长柔毛；蒴果长6～9毫米，被微毛，2瓣开裂③。

方广寺附近可见。生山地、山谷或疏林下。

鼠刺常绿，叶互生，薄革质，倒卵形或卵状椭圆形，边缘具不明显的圆钝齿，腋生总状花序，直立，花序轴及花梗被短柔毛，花瓣披针形，蒴果被微毛，2瓣开裂。

夹竹桃　夹竹桃科 夹竹桃属

Nerium indicum

Sweetscented Oleander | jiāzhútáo

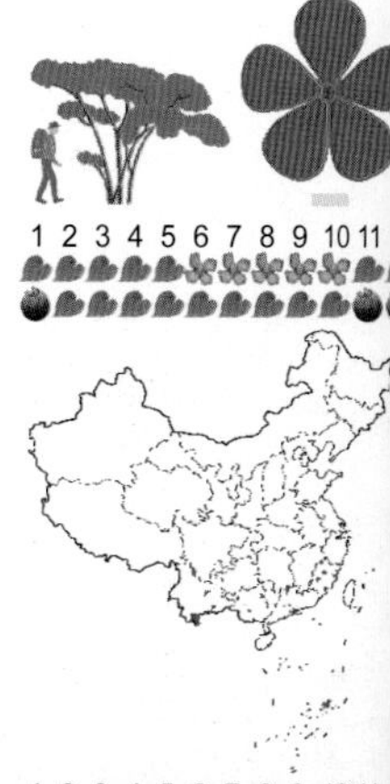

常绿大灌木①；幼枝具棱；体内具水汁；叶革质，3～4轮生，条状披针形，全缘，光滑无毛；伞房状聚伞花序顶生，总花梗长3厘米；花冠漏斗形，红色至粉红色，常为重瓣，裂片倒卵形，副花冠多裂①；雄蕊5枚，生冠筒中上部；蓇葖果2枚，平行并生，长圆形，长10～20厘米，具细纵条纹；种子顶端具黄褐色绢质种毛②。

南岳镇和树木园可见。栽培于路旁或院内。

相似种：长春花【*Catharanthus roseus*，夹竹桃科 长春花属】小灌木；叶草质，对生，倒卵状长圆形，先端有短尖头，基部楔形，渐狭成叶柄③；聚伞花序有花2～3朵；花冠高脚蝶状③；蓇葖双生，直立。常见栽培。

夹竹桃较高大，叶革质，轮生，条状披针形，全缘，伞房状聚伞花序顶生，花冠漏斗形；长春花较矮小，叶草质，对生，倒卵状长圆形，花冠高脚蝶状。

1
2
3
1
2
3

海金子 崖花海桐 海桐花科 海桐花属

Pittosporum illicioides

Anisetree-like Seatung | hǎijīnzǐ

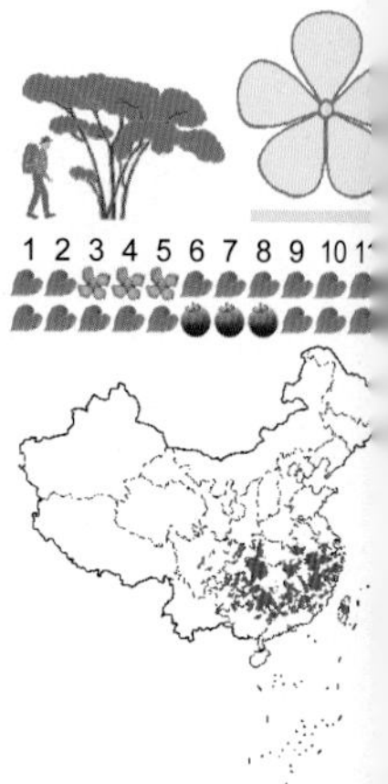

常绿灌木，嫩枝无毛①；叶生枝顶，薄革质，倒卵状披针形或倒披针形，先端渐尖，基部窄楔形，常下延，两面无毛，边缘平展或略皱折①；叶柄长7～15毫米；伞形花序顶生（①左下），有花2～10朵，花梗长1.5～3.5厘米，纤细，无毛，常下弯；子房长卵形，被糠秕或微毛，胎座3枚，胚珠生子房内壁中部；蒴果近圆形，有纵沟3条，3片裂开（②左下），果皮薄木质；果梗纤细，长2～4厘米，常下垂②。

全山广布。生山地疏林下。

相似种：海桐【*Pittosporum tobira*，海桐花科 海桐花属】常绿灌木或小乔木；叶革质，倒卵形或倒卵状披针形，先端圆钝，有时微凹③；蒴果3片开裂④。常见栽培；生庭院、路边或林缘。

海金子的叶先端渐尖；海桐的叶先端圆钝，有时微凹。

庐山芙蓉 锦葵科 木槿属

Hibiscus paramutabilis

Lushan Hibiscus | lúshānfúróng

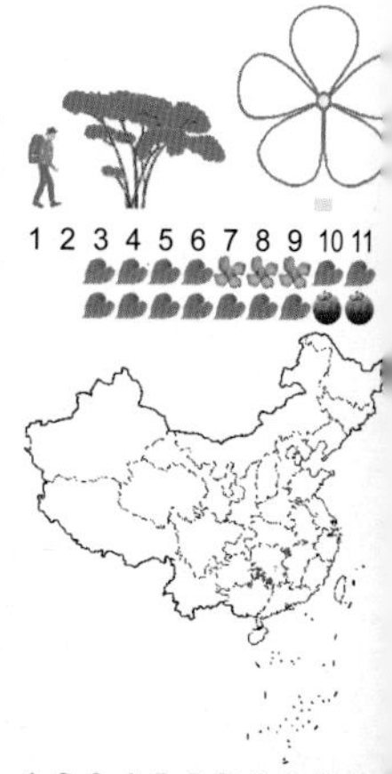

落叶灌木或小乔木①；各部均被灰黄色星状短柔毛及硬毛；叶掌状，5～7浅裂，基部截形或近心形，边缘具不整齐波状齿，基出脉5条；叶柄长3～14厘米；花单生小枝顶端叶腋②，花梗长2～4厘米，密被毛；小苞片4～5枚，卵形，长2厘米，密被毛；萼杯状；花瓣倒卵形，长5～7厘米，基部与雄蕊柱合生，雄蕊柱长3.5厘米；蒴果近圆球形，径2～3厘米，果瓣5瓣，密被黄锈色星状茸毛及长硬毛③。

全山分布。生山地灌木林中。

相似种：木槿【*Hibiscus sinosyriacus*，锦葵科 木槿属】落叶灌木；全株被灰黄色星状茸毛，叶菱形，常3裂，基部楔形④；花钟形，淡紫色④；蒴果卵圆形。树木园有栽培。

庐山芙蓉叶较大，掌状，5～7浅裂，花大，白色；木槿叶较小，菱形，花小，淡紫色。

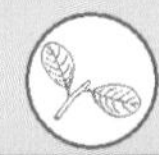

1
3
2
4
1
3
2
4

臭牡丹 马鞭草科 大青属

Clerodendrum bungei

Rose Glorybower | chòumǔdān

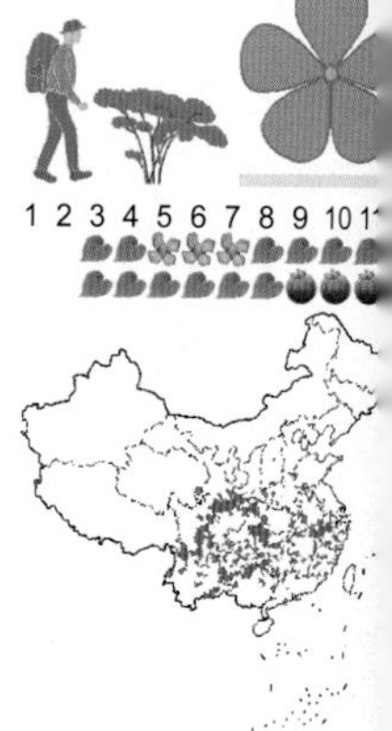

落叶灌木，全株有臭气；小枝皮孔明显；叶宽卵形或心状卵形，基部心形或截形，具锯齿，两面疏被毛，下面有腺点，基部脉腋有少量盘状腺体，基出主脉①；叶柄长4～13厘米；伞房状或头状聚伞花序顶生②，下有叶状苞片；花萼钟形，紫红色，5齿裂，具盘状腺体；花冠紫红色；果近球形，蓝紫色。

全山广布。生山坡、林缘、路旁或灌丛中。

相似种：大青【*Clerodendrum cyrtophyllum*，马鞭草科 大青属】落叶灌木③；叶椭圆形，基部较宽圆，全缘，两面近无毛，侧脉羽状；聚伞花序集为伞房状，顶生或侧生④；花冠白色。全山广布；生林下或溪边。

臭牡丹叶宽卵形或心状卵形，边具锯齿，花密集为头状，花冠紫红色；大青叶椭圆形，边全缘，花不密集为头状，花冠白色。

红果罗浮槭 红翅槭 槭树科 槭属

Acer fabri* var. *rubrocarpum

Luofu Maple | hóngguǒluófúqì

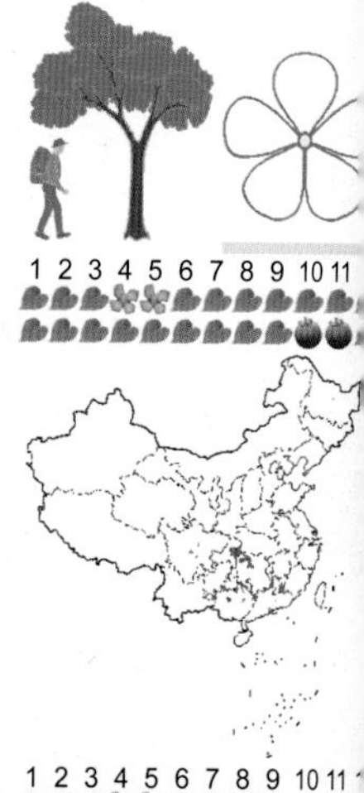

常绿乔木；全体无毛；叶革质，披针形或长圆披针形，先端锐尖，基部楔形或钝圆，边全缘①，上面稍发亮，侧脉每边4～5条；叶柄长0.8～1.3厘米；伞房花序顶生，花杂性，雄花与两性花同株；翅果张开成钝角②，翅连同小坚果长3～3.5厘米，宽8～10毫米；果梗细瘦，长1～1.5厘米。

树木园有栽培。生山地疏林中。

相似种：樟叶槭【*Acer cinnamomifolium*，槭树科 槭属】常绿乔木；叶下面被白粉和淡褐色茸毛③；基出脉强劲，近达叶中部；叶柄长1.5～3.5厘米，被褐色茸毛④；翅果张开成锐角或直角，果梗长2～2.5厘米，被茸毛。南台寺、白龙潭等地可见；生境同上。

红果罗浮槭全体无毛，翅果张开成钝角；樟叶槭小枝、叶背、叶柄、果梗密被茸毛，翅果张开成锐角或直角。

1
3
2
4
1
3
2
4

青榨槭　槭树科 槭属

Acer davidii

David Maple | qīngzhàqì

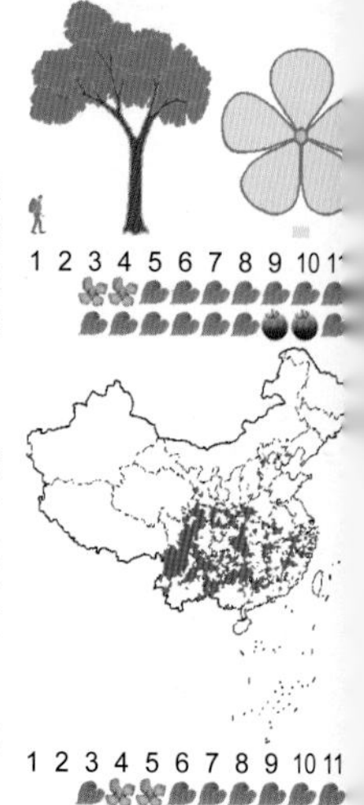

落叶乔木；单叶对生，纸质，广卵形或卵形，先端锐尖或渐尖，有尖尾，基部心形或圆形，边缘具不整齐的钝圆齿，长成叶两面无毛，侧脉羽状①；叶柄长3～7厘米；花杂性，雄花与两性花同株，成下垂的总状花序①，顶生，花序轴有红色柔毛；翅果两翅水平伸展或成钝角②③。

树木园有栽培。生山地疏林中。

相似种：五裂槭【*Acer oliverianum*，槭树科 槭属】落叶乔木；叶基部截形或微心形，5裂达叶片的1/3～1/2，裂片三角状卵形或长圆形，边缘密生细锯齿，基出5脉，在两面均凸起④；叶柄长3～5厘米，无毛；花序伞房状④。藏经殿、广济寺、方广寺等地可见；生山地林缘或疏林中。

青榨槭叶广卵形或卵形，叶脉羽状，总状花序；五裂槭叶先端5深裂，基出5脉，花序伞房状。

六月雪　茜草科 白马骨属

Serissa japonica

Junesnow | liùyuèxuě

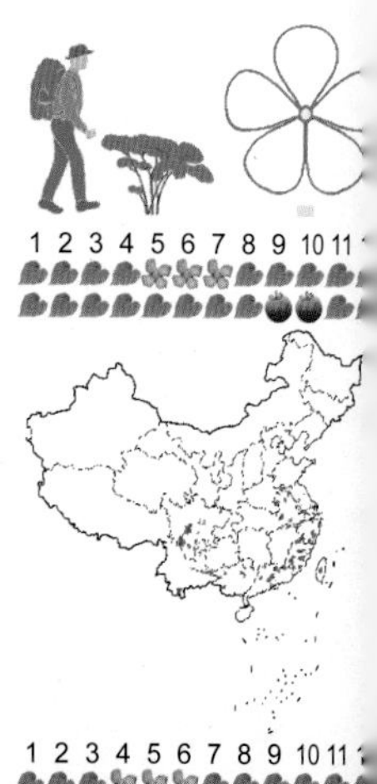

多分枝小灌木②，揉碎有臭味；叶对生，革质，卵形或长圆形①，边全缘，无毛；托叶与叶柄合生为鞘，具多条刚毛；花单生或丛生叶腋或枝顶①；萼裂片细小，锥形，长2毫米，被毛；花冠漏斗状，淡红色或白色，顶端3裂①；雄蕊凸出；2叉柱头伸出；核果近球形，花萼宿存②。

全山广布。生溪边或杂木林内。

相似种：白马骨【*Serissa serissoides*，茜草科 白马骨属】灌木；叶对生，薄纸质，倒卵形至披针形，长2～4厘米；花数朵丛生③；花冠管与萼裂片等长。全山可见；生荒地或草坪。

六月雪叶革质，卵形或长圆形，长0.5～1厘米，花单生或丛生；白马骨叶薄纸质，倒卵形至披针形，长2～4厘米，花数朵丛生。

1
3
2
4
1
2
3

香果树 茜草科 香果树属

Emmenopterys henryi

Henry Emmenopterys | xiāngguǒshù

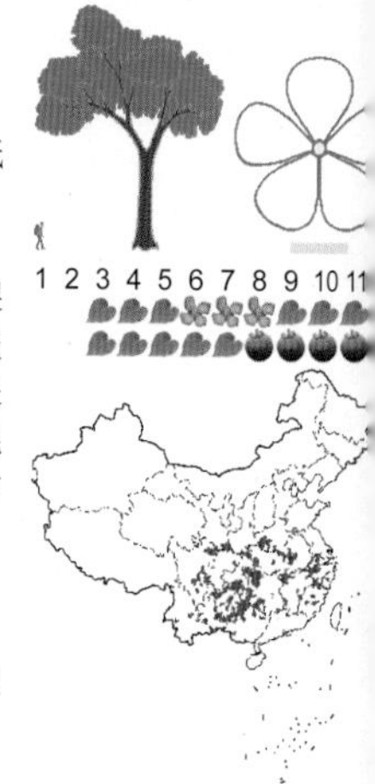

落叶乔木①；树皮灰褐色，浅裂；叶对生，纸质，宽卵状椭圆形，先端急尖，基部楔形下延，边全缘②，下面脉上被柔毛；叶柄长3～8厘米；托叶大，三角形，早落；顶生圆锥花序开展；萼裂片5枚，1枚有时增大为叶状，初时白色③，后变淡红色，匙状椭圆形，长3～8厘米，具纵脉，柄长1.5～3厘米；花冠漏斗状，白色或淡黄色，有茸毛④；蒴果长圆形，长3～4厘米，有棱；种子小而有翅。

全山可见。生山谷林中。

香果树为高大乔木，叶对生，纸质，边全缘；圆锥花序顶生，开展；萼裂片1枚增大为叶状，花冠漏斗状，白色或淡黄色；蒴果长圆形，有棱。

大叶白纸扇 茜草科 玉叶金花属

Mussaenda esquirolii

Esquirol Jadeleaf and goldenflower | dàyèbáizhǐshàn

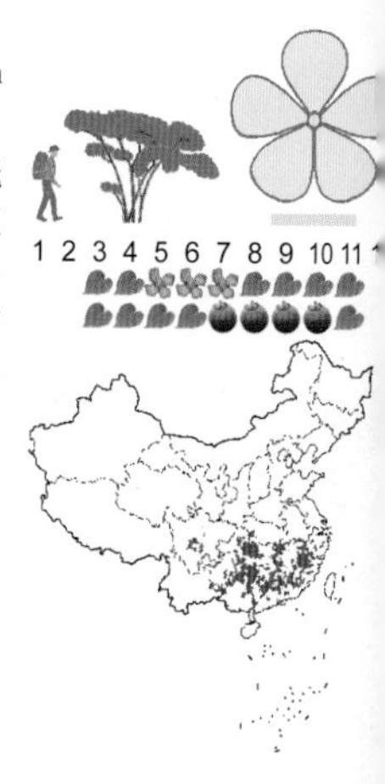

落叶灌木①；叶薄纸质，宽卵形至宽椭圆形，顶端急尖，具小尖头，基部楔形②，老叶两面无毛；叶柄长2～3厘米；托叶披针形，2裂，长1厘米；复聚伞花序顶生，总花梗长1.5～2厘米，具多花②；萼管陀螺形，被毛，5裂，其中1枚增大为花瓣状，白色③，卵形，长3～4厘米，宽1.5～2厘米；花冠黄色③，冠管长1.2厘米，密被细柔毛；浆果近球形④，径1厘米。

广济寺、方广寺和忠烈祠附近可见。生山地疏林下或路边。

大叶白纸扇为灌木，叶宽卵形至宽椭圆形，基部楔形，复聚伞花序顶生，萼管5裂，其中1枚增大为花瓣状，白色，花冠黄色，浆果。

1
3
2
4
1
3
2
4

灰叶稠李 蔷薇科 稠李属

Padus grayana

Grays Chokecherry | huīyèchóulǐ

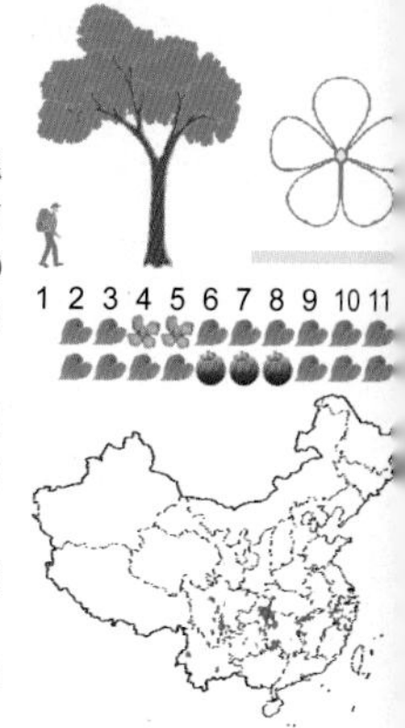

落叶小乔木；叶卵状长圆形或长圆形，先端尾尖，边缘具尖锐锯齿①，两面无毛或下面沿中脉有柔毛；叶柄长5～10毫米，无毛；总状花序长8～10厘米，基部有3～4叶②；花梗长4毫米，总花梗和花梗均无毛；萼筒钟状；花瓣倒卵形；雄蕊多数；雌蕊1枚，花柱长，通常伸出雄蕊和花瓣外；核果卵球形，直径约6毫米，黑褐色，光滑，萼片脱落②。

藏经殿、广济寺附近可见。生山谷杂木林中或路旁。

相似种：橉木稠李【*Padus buergeriana*，蔷薇科稠李属】又名橉木。落叶乔木；叶长椭圆形③，总状花序，基部无叶④；花梗长2～3毫米；花白色，核果④。南天门和广济寺附近可见；生境同上。

1 2 3 4 5 6 7 8 9 10 11

灰叶稠李花序基部有3～4叶，花萼在果期脱落；橉木稠李花序基部无叶，花萼果期宿存。

棣棠花 鸡蛋黄花 蔷薇科 棣棠花属

Kerria japonica

Kerria | dìtánghuā

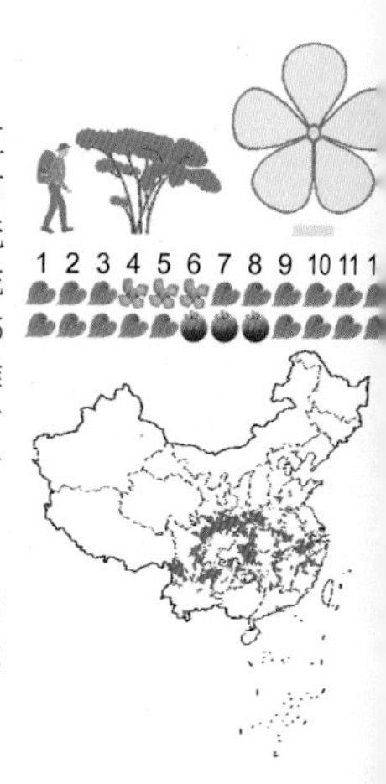

落叶灌木①；小枝有棱，绿色，无毛；单叶互生，三角状卵形或卵圆形②，顶端长渐尖，边缘有尖锐重锯齿，两面绿色③；叶柄长5～10毫米，无毛；托叶膜质，带状披针形，有缘毛，早落；花单生侧枝顶端，花梗无毛；萼筒短，碟形，裂片5枚，卵形，全缘无毛；花瓣黄色④，宽椭圆形；雄蕊多数，离生，长约为花瓣一半；心皮5～8枚，有柔毛；瘦果倒卵形至半球形，黑色，表面无毛，有皱褶，萼裂片宿存。

全山广布。生于山坡灌丛中。

棣棠花叶边缘有尖锐重锯齿，花单生，萼筒短，碟形，花瓣黄色，瘦果黑色，生扁平的花托基部，萼裂片宿存。

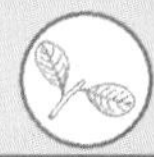

1
3
2
4
1
2
3
4

石灰花楸 粉背叶 蔷薇科 花楸属

Sorbus folgneri

Lime Mountainash | shíhuīhuāqiū

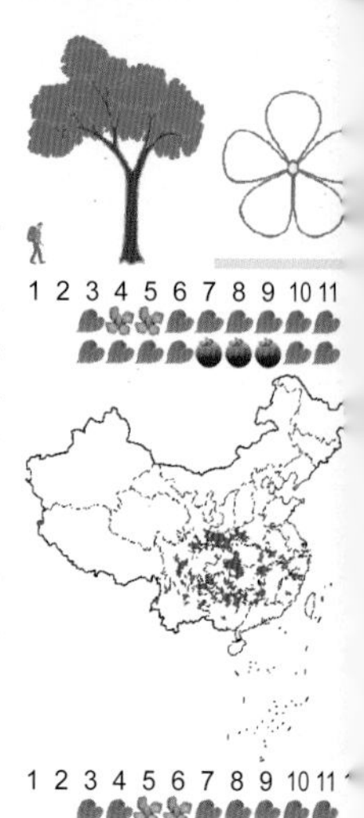

落叶乔木；全体幼时被白色茸毛，后渐脱落；单叶互生，叶近革质，卵形至椭圆卵形①，先端急尖或短渐尖，基部宽楔形或圆形，边缘有细锯齿，上面无毛，下面密被白色茸毛，侧脉直达叶边锯齿顶端②；叶柄长5～15毫米，密被白色茸毛；复伞房花序，总花梗、花梗、萼片均被白色茸毛；花瓣5枚；花柱2～3枚，近基部合生并有茸毛；梨果椭圆形③。

衡山散见。生山坡杂木林中。

相似种：江南花楸【*Sorbus hemsleyi*，蔷薇科 花楸属】叶长圆形，基部楔形，先端尖，下面密被灰白茸毛，侧脉上无毛④，果近球形。衡山散见；生境同上。

石灰花楸叶基部宽楔形或较圆，下面全部密被纯白色茸毛，果椭圆形；江南花楸叶基部楔形，下面被灰白色茸毛，侧脉上无毛，果近球形。

火棘 火把果 蔷薇科 火棘属

Pyracantha fortuneana

Firethorn | huǒjí

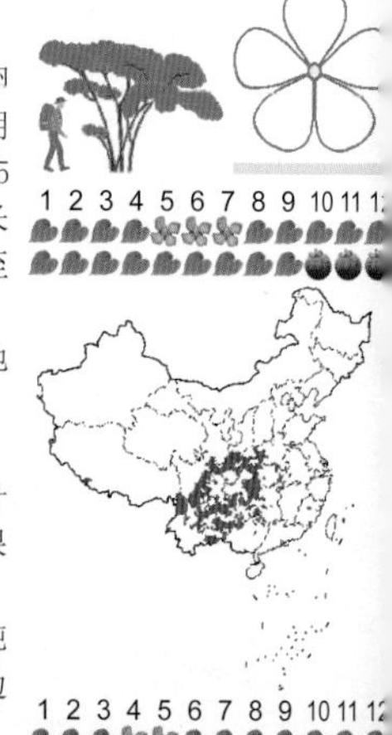

常绿灌木①；侧枝短，先端常成刺状；叶倒卵形，先端圆钝或微凹，基部楔形，下延，边缘有明显圆钝锯齿，齿尖内弯，两面无毛②；叶柄长3～5毫米；复伞房花序；花梗长1厘米，无毛；花瓣长约4毫米；果近球形，径5～7毫米，熟时橘红色至深红色，萼片宿存③。

华严湖和白茅冲附近可见。生阳坡灌丛、草地及溪沟边。

相似种：全缘火棘【*Pyracantha atalantioides*，蔷薇科 火棘属】常绿灌木或小乔木；常有枝刺；叶椭圆形或长圆形，叶边全缘或不明显疏锯齿④；果扁球形④。树木园附近可见；生境同上。

火棘的叶倒卵形，下面绿色，边缘具明显圆钝锯齿；全缘火棘的叶椭圆形，下面微带白霜，叶边全缘或有不明显的锯齿。

1
3
2
4
1
3
2
4

湖北海棠 蔷薇科 苹果属

Malus hupehensis

Hubei Crabapple | húběihǎitáng

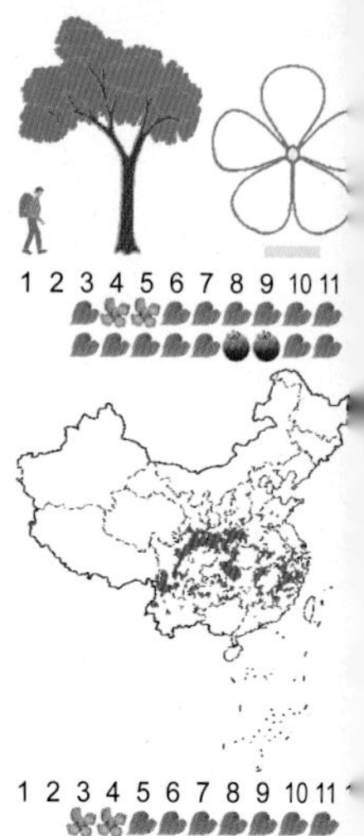

落叶小乔木；单叶互生，卵形或卵状椭圆形①，常呈紫红色，无毛，先端渐尖，基部宽楔形，边缘具细锐锯齿，羽脉5～6对，叶柄长1～3厘米；伞房花序有花4～6朵，花梗长3～6厘米；萼筒微紫色，雄蕊20枚，长短不齐，仅达花冠之半，花柱3枚，基部有长柔毛；梨果椭圆形或近球形，径约1厘米，萼脱落，果梗长2～4厘米②。

广济寺有分布。生山坡或山谷丛林中。

相似种：垂丝海棠【*Malus halliana*，蔷薇科 苹果属】叶边缘有圆钝细锯齿；花梗细弱下垂，长2～5厘米③；花粉红色④，花柱4～5枚；果实梨形或倒卵形。树木园附近可见；栽培。

二者花梗均较长；湖北海棠花梗近直立，花近白色，花柱3枚，稀4枚，果实椭圆形或近球形；垂丝海棠花梗下垂，花粉红色，花柱4～5枚，果实梨形或倒卵形。

野山楂 山梨 蔷薇科 山楂属

Crataegus cuneata

Nippon Hawthorn | yěshānzhā

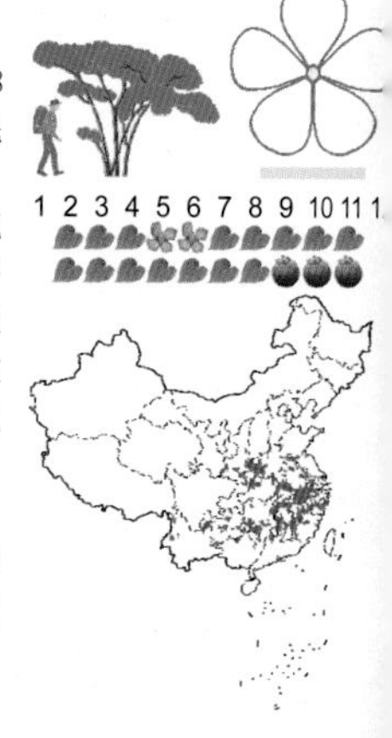

落叶灌木①；分枝密，常有细枝刺，刺长5～8毫米；单叶互生，叶阔倒卵形与倒卵状长圆形，先端急尖，基部楔形，下延成翅状，顶端常为3裂，边缘有不规则重锯齿④，表面平滑无毛，背面有疏毛；叶柄长约4～5毫米；托叶大，卵形；伞房花序有花2～6朵，生短枝顶端②，总花梗及花梗被柔毛；萼筒钟状，被长柔毛；雄蕊20枚；花柱4～5枚③；梨果近球形或扁球形，径10～12毫米，红色或黄色，具宿存反折的萼片④。

衡山散见。生山谷或山地灌木丛中。

野山楂有枝刺，叶互生，阔倒卵形，基部下延成翅状，边缘有不规则重锯齿，伞房花序生短枝顶端，梨果近球形，萼片宿存反折。

1
3
2
4
1
3
2
4

椤木石楠 凿树 蔷薇科 石楠属

Photinia davidsoniae

Davidson Photinia | luómùshínán

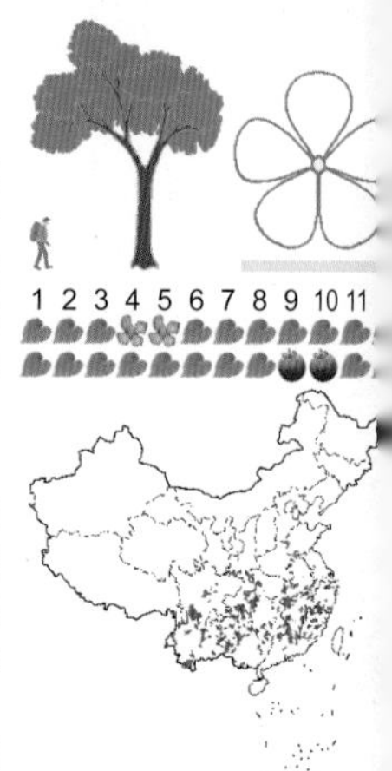

常绿乔木①；具枝刺；叶革质，倒卵状长圆形，基部楔形，边缘稍反卷，有带腺的细锯齿；叶柄长1～1.5厘米，无毛。复伞房花序顶生，花多而密，直径10～12毫米；花梗和花柄贴生短柔毛；萼筒浅杯状，花瓣圆形②，两面无毛；梨果球形或卵形，直径7～10毫米，黄红色，无毛，熟时黑色。

衡山散见。生低山混交林或疏林中。

相似种：石楠【*Photinia serrulata*，蔷薇科 石楠属】常绿乔木；幼枝和花序无毛；叶革质，叶柄长2～4厘米③；总花梗和花梗均无毛；花直径6～8毫米，梨果球形，径5～6毫米，红色，后成紫红色④。龙须桥和穿岩诗林附近可见；生杂木林中。

椤木石楠树干上有枝刺，叶较小，叶缘锯齿圆钝；石楠无枝刺，叶较大，锯齿锐尖。

麻叶绣线菊 蔷薇科 绣线菊属

Spiraea cantoniensis

Hempleaf Spiraea | máyèxiùxiànjú

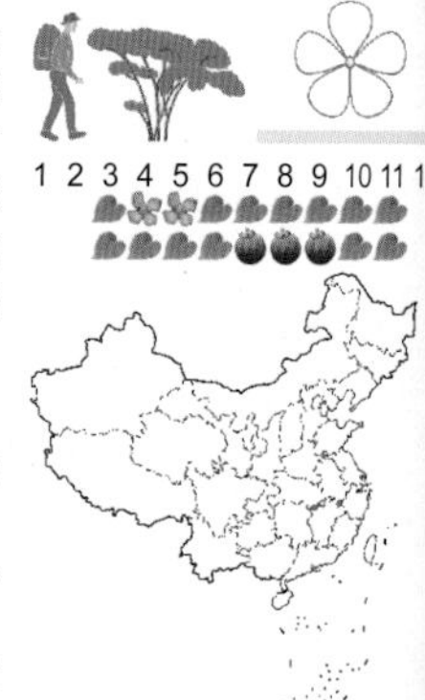

落叶灌木；小枝细弱，弯拱状，红褐色，无毛①；叶柄长4～7毫米，无毛；叶片菱状披针形或菱状长圆形，先端急尖，基部楔形，边缘中部以上有缺刻状锯齿②，表面深绿色，背面灰绿色，两面无毛；伞形花序生侧枝顶，具花10～20朵③，花梗长8～14毫米，无毛；萼筒钟状，外面无毛；雄蕊20～28枚；蓇葖果直立，微开展，无毛。

衡山散见。生灌丛中。

相似种：中华绣线菊【*Spiraea chinensis*，蔷薇科 绣线菊属】叶下面灰黄色，密被茸毛或柔毛④；叶柄长5～10毫米，被茸毛；伞形花序；果密被柔毛⑤。衡山散见；生境同上。

麻叶绣线菊的小枝、叶背、花梗、萼筒及蓇葖果外面无毛；中华绣线菊的小枝、叶背、花梗、萼筒及蓇葖果外面密被柔毛。

1
2
3
4
1
3
2
4
5

山莓　蔷薇科 悬钩子属

Rubus corchorifolius

Juteleaf Raspberry | shānméi

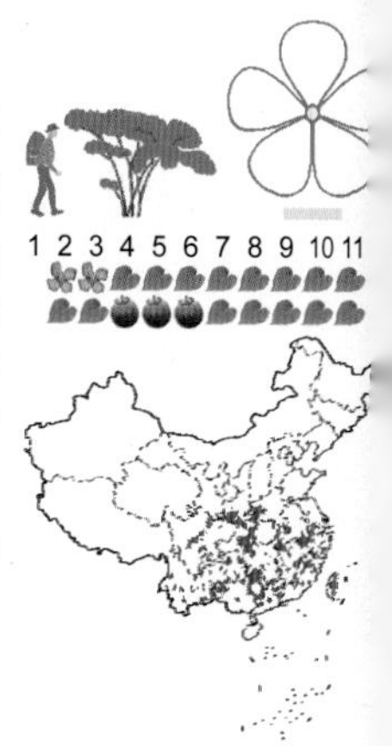

落叶灌木①；枝具皮刺②；单叶，卵形至卵状披针形，不裂或3浅裂，有不整齐重锯齿③④，上面稍有柔毛，下面及叶柄有灰色茸毛，脉上散生钩状皮刺③；叶柄长1～2厘米；托叶条形，贴生叶柄上；花单生或数朵聚生短枝上③，花萼外密被细柔毛，无刺；花瓣白色②，长圆形，顶端圆钝，雄蕊多数，花丝宽扁；雌蕊多数，子房有柔毛；聚合果球形，直径10～12毫米，熟时红色④。

全山可见。生向阳山坡、溪边或灌丛中。

灌木，具皮刺，单叶，有不整齐重锯齿，花瓣白色，聚合果球形，红色。

山樱花　蔷薇科 樱属

Cerasus serrulata

Oriental Cherry | shānyīnghuā

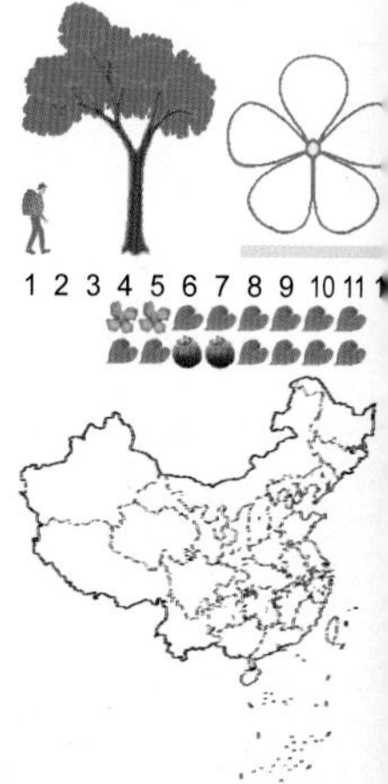

落叶乔木①；树皮暗栗褐色，光滑而有光泽，具横纹；枝无毛；叶纸质，卵状椭圆形或倒卵椭圆形，两面无毛，先端渐尖，基部圆形，边缘具不整齐细锐单锯齿，齿端芒状②；叶柄长1.5～2厘米，先端有腺体。伞房总状花序③，基部具明显苞片，苞片边缘具流苏状腺齿；花梗长1～1.5厘米，无毛；花萼5枚，花瓣5枚，白色，先端有凹缺；核果球形，径8～10毫米，黑色，肉质多汁，不开裂④。

藏经殿有分布。生山谷林中或栽培。

山樱花为落叶乔木，全体近无毛，叶纸质，卵状椭圆形，边缘具不整齐细锐单锯齿，齿端芒状，叶柄先端有腺体，伞房总状花序，核果。

①
③
②
④
①
③
②
④

枸杞　　茄科　枸杞属

Lycium chinense

China Wolfberry　|　gǒuqǐ

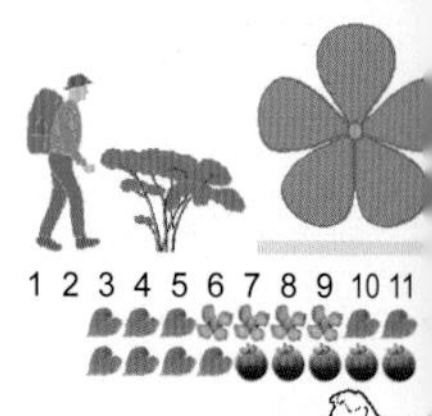

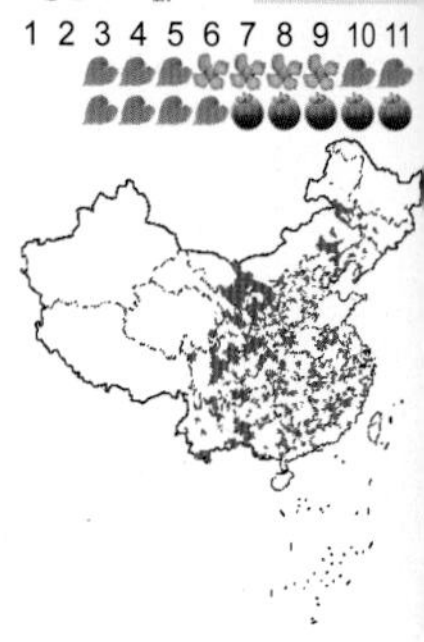

落叶灌木①；枝条有纵条纹，棘刺长0.5～2厘米②；叶纸质，单叶互生或2～4簇生，卵形、卵状菱形、长椭圆形或卵状披针形，顶端急尖，基部楔形，长1.5～5厘米，宽0.5～2.5厘米；叶柄长0.4～1厘米；花在长枝上单生或双生于叶腋，在短枝上簇生；花梗长1～2厘米；花冠漏斗状，长9～12毫米，淡紫色③，筒部向上骤然扩大，筒部稍短于檐部裂片，5深裂，裂片卵形，顶端圆钝，边缘有缘毛，基部耳显著；雄蕊稍短于花冠；花柱稍伸出雄蕊；浆果红色④。

全山广布。生山坡、荒地、路旁或住宅旁。

枸杞为落叶灌木，枝条具棘刺，叶为卵形至卵状披针形，基部楔形，花在长枝上生叶腋，在短枝上簇生，花冠漏斗状，淡紫色，雄蕊稍短于花冠，浆果红色，卵状。

垂枝泡花树　　清风藤科　泡花树属

Meliosma flexuosa

Flexuous Meliosma　|　chuízhīpàohuāshù

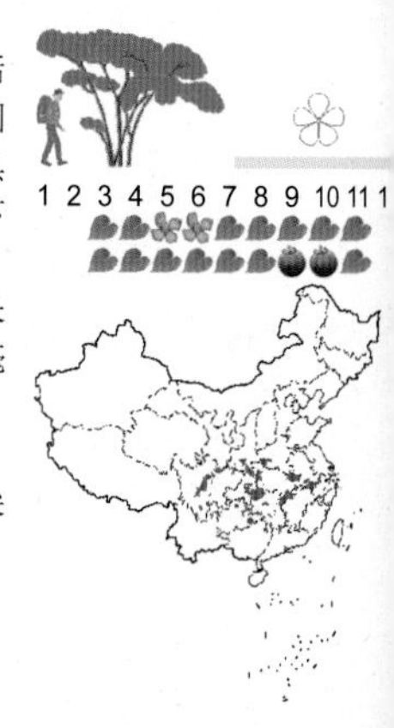

落叶灌木①；当年生小枝被淡褐色长柔毛，后无毛；单叶，膜质，倒卵状椭圆形或倒卵状长椭圆形，先端渐尖或突渐尖，基部渐狭而下延，边缘具锐尖锯齿，上面被稀疏短粗毛，中脉上较密，下面全被疏柔毛，侧脉每边12～18条，直达齿端②；叶柄长0.5～2厘米；花序顶生，向下弯垂①，长12～20厘米，密被短柔毛；核果卵球形，径4～5毫米③。

衡山散见。生山地阔叶林中。

落叶灌木，单叶，倒卵状椭圆形，边缘具锐尖锯齿，侧脉直达齿端，圆锥花序顶生，向下弯垂，核果卵球形。

1
3
2
4
1
2
3

南方荚蒾 忍冬科 荚蒾属

Viburnum fordiae

Southern Arrowwood | nánfāngjiámí

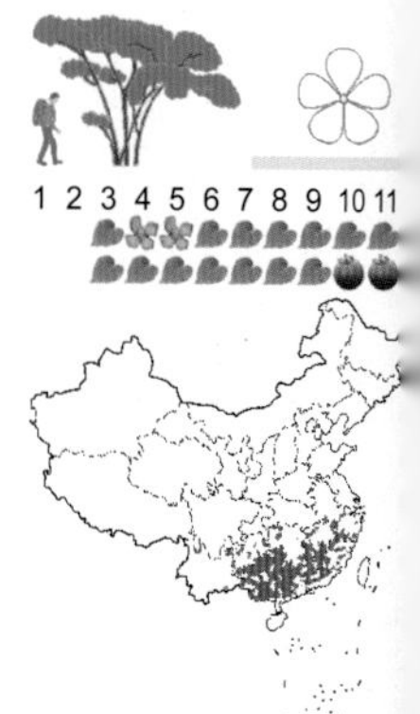

落叶灌木或小乔木；芽、幼枝、幼叶、叶柄、花序、花萼和花冠外面被黄褐色簇状短毛①；叶厚纸质，卵圆形或菱状卵形，边缘具小锯齿，侧脉5～7对，直达齿端，在叶下面凸起①；无托叶；复伞形花序，直径5～8厘米，花总梗长1.5～3厘米，第一级分枝5，花生于3～4级分枝上②；花冠白色，辐状，卵形；果实红色，扁卵圆形②。

全山有分布。生于山谷林中或山坡灌丛中。

相似种：蝴蝶戏珠花【*Viburnum plicatum* var. *tomentosum*，忍冬科 荚蒾属】落叶灌木，叶纸质，宽卵形③，聚伞花序③，外围有4～6朵白色、大型的不孕花，中央可孕花花冠黄白色，果实先红色后变黑色④，核果扁，两端钝形。衡山散见；生山地林中。

南方荚蒾花序外无大型不孕花；蝴蝶戏珠花花序外围有4～6朵白色、大型的不孕花。

半边月 水马桑 木绣球 忍冬科 锦带花属

Weigela japonica* var. *sinica

Japan Brocadebeld flower | bànbiānyuè

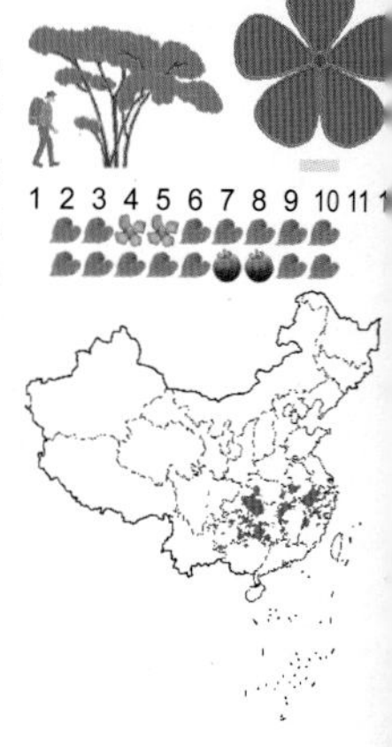

落叶灌木①；叶对生，长卵形至卵状椭圆形①，边缘具锯齿，上面深绿色，疏生短柔毛，下面浅绿色，密生短柔毛②；叶柄长8～12毫米，有柔毛；单花或具3朵花的聚伞花序生于短枝的叶腋或顶端；萼筒长10～12毫米，被柔毛，萼檐5裂，深达基部；花冠漏斗状钟形；花丝白色，花药黄褐色；花柱细长，柱头盘状，伸出花冠外③；蒴果圆柱形，2瓣裂，长1.5～2厘米，顶端有短柄状喙④，种子具狭翅。

方广寺附近可见。生于山坡林下、灌丛和沟边。

半边月为灌木，叶对生，长卵形至卵状椭圆形，边缘具锯齿，叶、叶柄、花萼、花冠生短柔毛，花柱伸出花冠外，蒴果圆柱形，2瓣裂。

1
2
3
4
1
3
2
4

糯米条 茶条树 忍冬科 六道木属

Abelia chinensis

China Abelia | nuòmǐtiáo

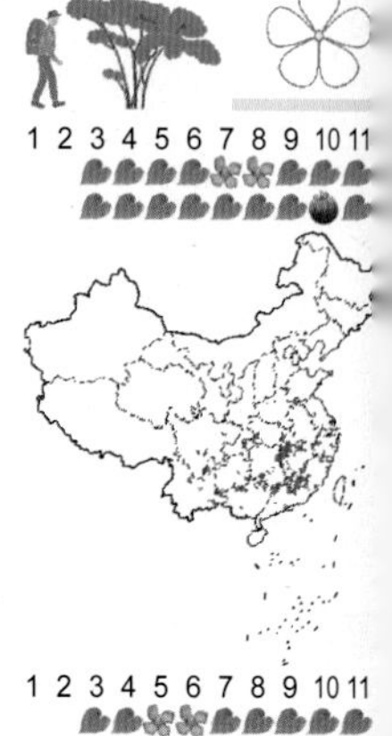

落叶灌木①；小枝、腋下面脉上、叶柄、花梗、萼筒及翅状萼片、花瓣均有细柔毛；叶对生，圆卵形，渐尖，边具疏浅齿②；叶柄长3毫米；花密集为顶生圆锥状花序②；萼筒圆柱形，萼檐5裂，果期变红色；花冠白色至红色，漏斗状；雄蕊和花柱伸出花冠外③；瘦果长筒形，冠以4～5枚红色狭翅状宿存萼片。

衡山中低海拔可见。生荒山、灌丛及疏林中。

相似种：二翅六道木【*Abelia macrotera*，忍冬科 六道木属】叶卵形或卵状椭圆形④；叶柄长4～8毫米；聚伞花序生枝顶；萼裂片2枚；花冠淡红色，略呈二唇④；果长筒形，冠以2翅状萼裂片。衡山栽培。

糯米条花冠近整齐，雄蕊和花柱伸出花冠外，果顶端具4～5翅状萼裂片；二翅六道木花冠略呈二唇，雄蕊和花柱不伸出花冠筒，果顶端具2翅状萼裂片。

翅柃 山茶科 柃属

Eurya alata

Winged Eurya | chìlíng

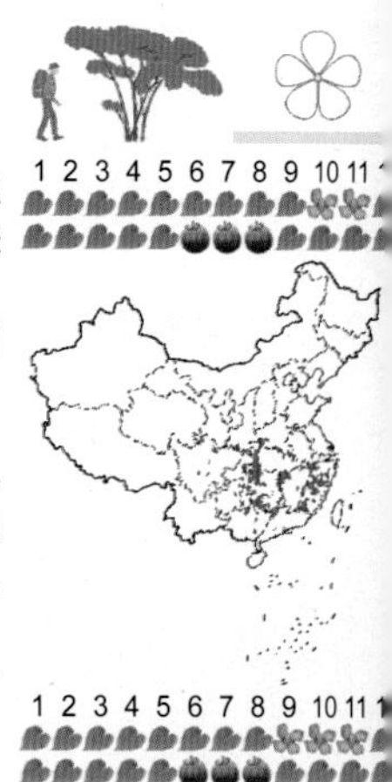

常绿灌木，全体无毛①；嫩枝具显著4棱②；叶革质，长圆状椭圆形或椭圆形，长4～7.5厘米，宽1.5～2.5厘米，基部楔形，边缘密生细锯齿①，中脉在上面凹下，下面凸起；叶柄长约4毫米；花雌雄异株；花1～3朵腋生，白色，花梗长2～3毫米；雄花花瓣倒卵形，雄蕊15枚，花药具多分格；雌花花瓣长圆形，花柱长约1.5毫米，3裂；果实圆球形②，直径约4毫米，熟时蓝黑色。

全山广布。生山谷或林下路旁阴湿处。

相似种：格药柃【*Eurya muricata*，山茶科 柃属】常绿灌木或小乔木，全体无毛，嫩枝圆柱形④；叶椭圆形或长椭圆形，边有钝齿③；花药不具分格。全山广布；生境同上。

翅柃嫩枝具显著4棱，叶较小，花药不具分格；格药柃嫩枝圆柱形，叶较大，花药多具分格。

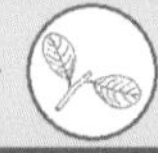

1
3
2
4
1
3
2
4

木荷 荷树 山茶科 木荷属

Schima superba

Gugertree | mùhé

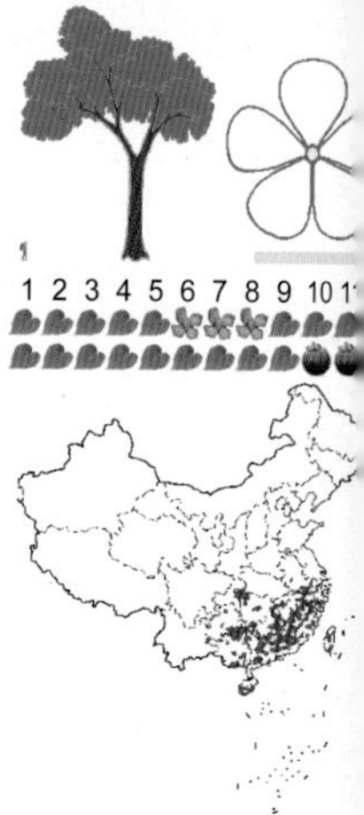

常绿乔木①；冬芽有白色长毛；叶革质，卵状椭圆形至长椭圆形，基部楔形至稍圆，上面深绿色，有光泽①，无毛，下面淡黄绿色，仅幼嫩时有白毛，边缘具锯齿②；叶柄长1～2厘米；花单生叶腋或成短总状花序③；花梗长1～2.5厘米，无毛；萼片半圆形，花瓣倒卵形；子房基部密被丝状茸毛；蒴果扁球形，径1.5～2厘米，果梗下弯。

方广寺附近可见。生山坡林中、林缘和空地。

相似种：银木荷【*Schima argentea*，山茶科 木荷属】常绿乔木；嫩枝及顶芽有柔毛；叶厚革质，长圆形、椭圆形或长圆状披针形，全缘，下面有柔毛或银白色蜡被④；花4～6朵生枝顶叶腋；蒴果圆球形，木质。树木园有栽培。

木荷的叶下面淡绿色，叶缘有锯齿；银木荷的叶下面粉白色，叶全缘。

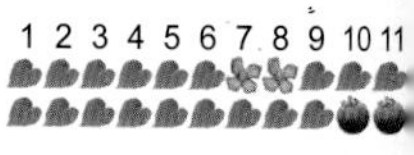

细叶短柱茶 山茶科 山茶属

Camellia microphylla

Minileaf Camellia | xìyèduǎnzhùchá

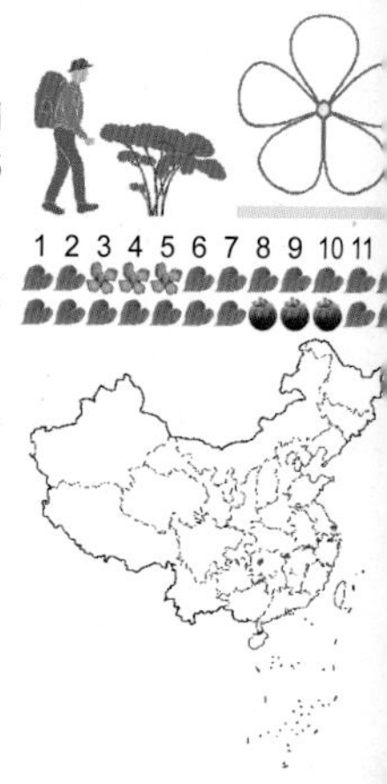

常绿灌木；嫩枝黄褐色，有柔毛；叶革质，倒卵形或倒卵状椭圆形①，长2～3厘米，宽1～1.5厘米，先端钝圆，基部阔楔形，边缘疏生钝齿，上面沿叶脉有短柔毛，下面无毛，侧脉及网脉在上面稍下陷，在下面不明显②；叶柄长1～2毫米，有柔毛；花顶生，白色③；花梗极短；苞片及萼片6～7枚，开花时脱落，花瓣5～7枚，阔倒卵形，长8～11毫米；雄蕊下半部连生，无毛；子房有毛，花柱3枚；蒴果近无柄，卵圆形④，径1.5厘米，具1粒种子。

全山广布。生山地林下或林缘。

细叶短柱茶为常绿灌木，嫩枝黄褐色，有柔毛，叶革质，边缘疏生钝齿，下面无毛，花顶生，白色，花梗极短，蒴果近无柄，卵圆形。

油茶　山茶科 山茶属

Camellia oleifera

Oil Camellia | yóuchá

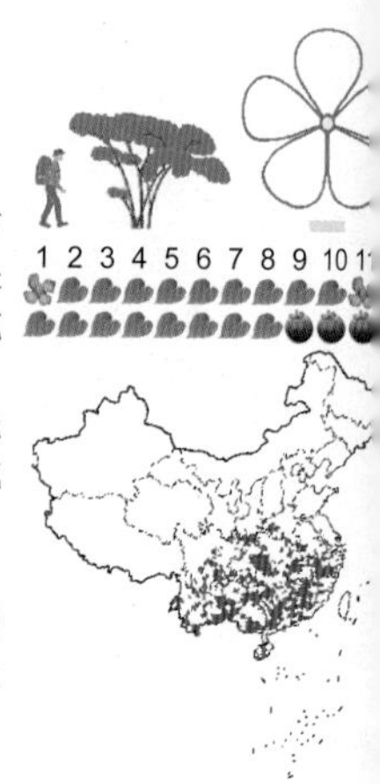

常绿灌木或小乔木，嫩枝有粗毛①；叶革质，椭圆形或长圆形，先端尖而有钝头，长4～8厘米，宽2～4厘米，边缘有锯齿②，上面沿中脉有毛，下面无毛或中脉有长毛，侧脉在下面不明显；叶柄长4～8毫米，有粗毛；花腋生，白色，近无柄③；苞片和萼片10枚，花后脱落；花瓣5～7枚，倒卵形；外侧雄蕊仅基部略连生；子房有黄色长毛，花柱无毛，先端3裂；蒴果近球形，径2～2.5厘米，3瓣或2瓣开裂，果瓣木质④。

衡山中低海拔可见。生丘陵。

油茶常绿，嫩枝有粗毛，叶革质，边缘有锯齿，花腋生，白色，苞片和萼片花后脱落，蒴果近球形，3瓣或2瓣开裂，果瓣木质。

白檀　华山矾 湖南白檀　山矾科 山矾属

Symplocos paniculata

Sapphireberry Sweetleaf | báitán

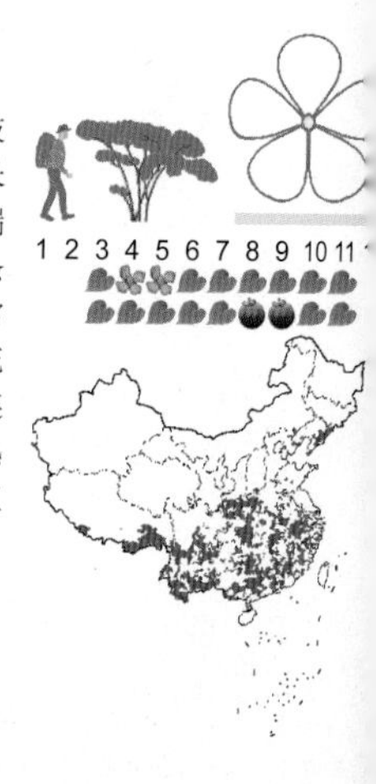

落叶灌木或小乔木；嫩枝有灰白色柔毛，老枝无毛①；叶纸质，阔椭圆形或倒卵状椭圆形，长3～11厘米，宽2～4厘米，边缘有细尖锯齿，先端急尖或渐尖，基部钝圆，中脉下陷，每边4～8条①；叶柄长3～5毫米；圆锥花序长5～8厘米，通常有柔毛③；苞片早落，通常条形，有褐色腺点；花冠白色，5深裂达基部②，雄蕊40～60枚，基部连合为5体；核果卵状圆球形，偏歪，密被毛③，熟时蓝色，稍偏斜，长5～8毫米，顶端宿存萼裂片直立。

全山广布。生山地杂木林中。

白檀的嫩枝有柔毛，老枝无毛，叶阔椭圆形，圆锥花序长5～8厘米，花冠白色，5深裂达基部，核果，顶端宿存萼裂片直立。

1
3
2
4
1
2
3

山矾　山桂花　山矾科 山矾属

Symplocos sumuntia

Sweetleaf | shānfán

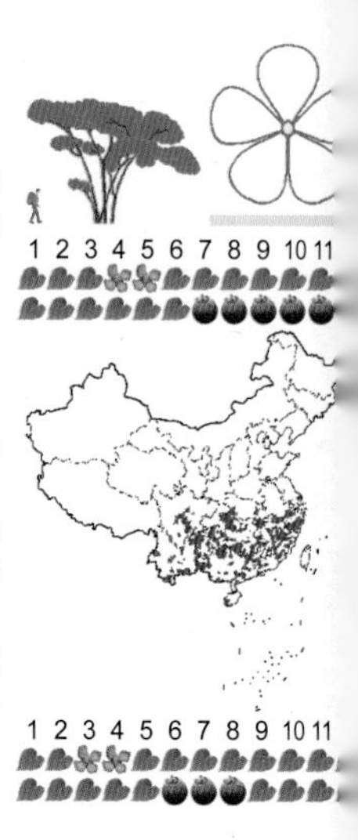

常绿灌木；幼枝褐色；叶薄革质，卵圆形、倒披针状椭圆形①，先端尾状渐尖，边缘具浅波状齿，两面无毛，中脉在上面凹下，侧脉每边4～6条；叶柄长8～10毫米；总状花序长2.5～4厘米，被微柔毛；花冠白色，5深裂至基部②；子房3室；核果卵圆状坛形，长8～10毫米③。

全山广布。生山地林中。

相似种：对萼山矾【*Symplocos phyllocalyx*，山矾科 山矾属】别名叶萼山矾、茶条果。常绿灌木；小枝有明显纵棱；叶厚革质④，倒卵形，中脉在上面突起；短穗状花序，长1～1.5厘米；核果长圆形④。上封寺、藏经殿附近可见；生山地杂木林中。

山矾小枝不具纵棱，叶中脉在上面凹下，总状花序，核果卵圆状坛形；对萼山矾小枝具纵棱，叶中脉在上面突起，短穗状花序，核果长圆形。

马甲子　鼠李科 马甲子属

Paliurus ramosissimus

Branchy Cointree | mǎjiǎzǐ

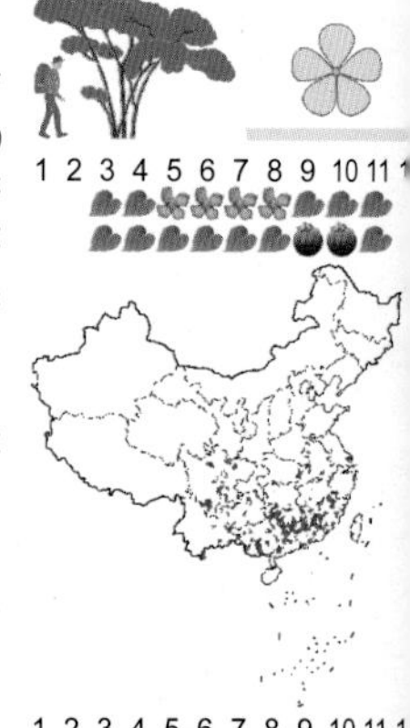

落叶灌木①；小枝被短柔毛；叶互生，纸质，宽卵形或卵状椭圆形，先端钝圆，边具细锯齿，两面沿脉被棕褐色细柔毛②，基出3脉；叶柄长5～9毫米，被毛，基部具2个针刺②；腋生聚伞花序③，被黄色茸毛；花瓣匙形，黄绿色③；核果杯状，被褐色茸毛，周围具木栓质3浅裂的窄翅；果梗被棕褐色茸毛。

南岳镇和树木园等地可见。生疏林下或路边。

相似种：枣【*Ziziphus jujuba*，鼠李科 枣属】落叶小乔木；具2个托叶刺，长刺可达3厘米，粗直，短刺下弯；叶卵形或卵状椭圆形，两面近无毛④；花黄绿色，无毛，单生或数个成腋生聚伞花序；花瓣倒卵圆形；核果矩圆形④。衡山散见；生境同上。

马甲子全株被毛，果杯状，周围具木栓质3浅裂的窄翅；枣全株无毛，果矩圆形，无木栓质翅。

1
3
2
4
1
2
3
4

青皮木 铁青树科 青皮木属

Schoepfia jasminodora

Common Greentwig | qīngpímù

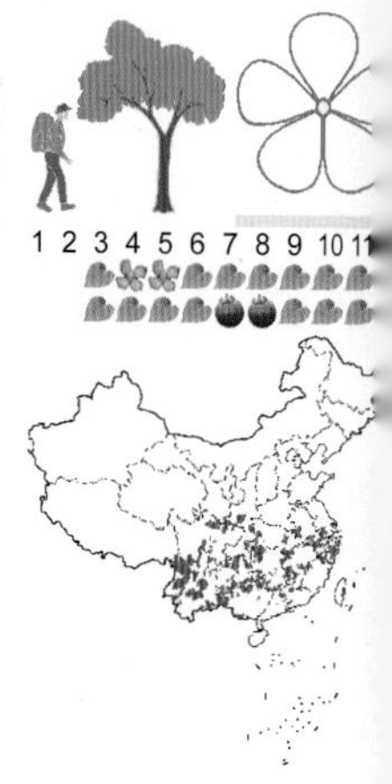

小乔木；具短枝，新枝自去年生短枝顶端发出，干时呈黑色，具明显的皮孔②；叶纸质，卵形或长卵形，长4～10厘米，宽3～5.5厘米，先端尾尖或长尖，基部圆形，两面无毛，叶柄扁平①；叶柄长2～3毫米，淡红色，扁平；花无梗，排成螺旋状聚伞花序，花序梗长1～2.5厘米，红色，熟时增长；花冠钟形，白色或浅黄色；柱头伸出花冠管外③；果椭圆形或长圆形④，长1～1.2厘米，增大萼筒壶形，紫红色。

全山可见。生山谷林中或山坡路旁。

青皮木叶纸质，卵形或长卵形，先端尾尖，基部圆形，两面无毛，聚伞花序，花无梗，花冠钟形，柱头伸出花冠管外，果椭圆形或长圆形，增大萼筒壶形，紫红色。

珊瑚樱 茄科 茄属

Solanum pseudocapsicum

Jerusalem Cherry | shānhúyīng

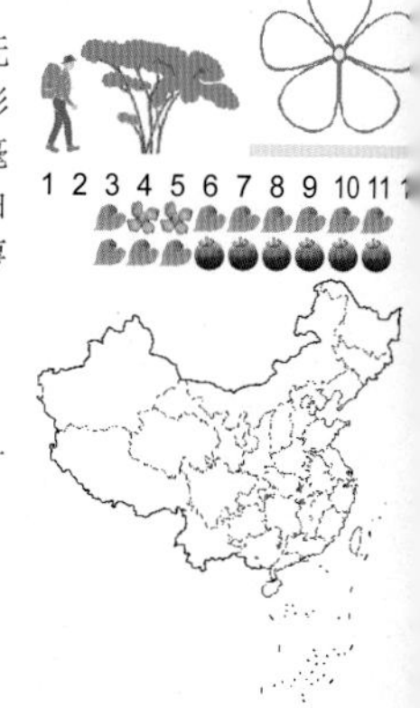

直立分枝小灌木①，高达2米，全株光滑无毛。叶互生，狭长圆形至披针形①，基部狭楔形下延成叶柄，叶两面均光滑无毛；叶柄长约2～5毫米，与叶片不能截然分开；花多单生；花小，白色②，直径约0.8～1厘米；萼绿色，花冠筒隐于萼内，裂片5；浆果橙红色①③，直径1～1.5厘米，萼宿存，果柄长约1厘米，顶端膨大。

全山广布。生境同上。

小灌木，全株无毛，叶互生，基部下延成叶柄，花白色，浆果熟时橙红色。

1
3
2
4
1
2
3

白花龙 野茉莉科 野茉莉属

Styrax faberi

Faber Snowbell | bāihuālóng

落叶灌木；幼枝、叶柄、花序梗、花梗、花萼和果密被黄褐色星状柔毛①③；叶互生，纸质，椭圆形、倒卵形或长圆状披针形，基部宽楔形或圆形，边缘具细锯齿；叶柄长1～2毫米；总状花序顶生，下部单花腋生，长3～4厘米，花白色②；花梗长8～15毫米，花后常下弯；核果倒卵形或近球形，长6～8毫米，径5～7毫米，果皮平滑③。

全山广布。生低山灌丛或疏林中。

相似种：野茉莉【*Styrax japonicus*，野茉莉科野茉莉属】落叶灌木；花梗无毛，长2.5～3.5厘米，开花时常下垂④；花白色；花萼无毛。全山广布；生境同上。

白花龙的花萼和花梗密被黄褐色星状柔毛，花梗长0.8～1.5厘米；野茉莉的花萼和花梗无毛，花梗长2.5～3.5厘米。

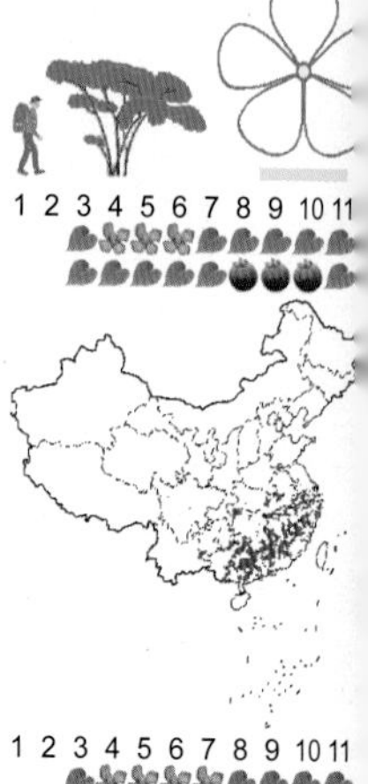

地菍 野牡丹科 野牡丹属

Melastoma dodecandrum

Twelvestamen Melastoma | dìniè

小灌木①；茎匍匐上升，分枝多；叶坚纸质，卵形或椭圆形，顶端渐尖，基部广楔形，长1～4厘米，宽0.8～2厘米，叶面仅边缘被糙伏毛，背面仅沿基部脉上被极稀疏糙伏毛①；叶柄长2～6毫米，被糙伏毛；聚伞花序顶生②，有花3朵，基部有叶状总苞2枚；花梗被糙伏毛；花萼裂片披针形，被疏糙伏毛；花瓣紫红色，菱状倒卵形，顶端有1束刺毛，被疏缘毛；子房下位，顶端具刺毛；果坛状球形，平截，肉质，不开裂，直径7毫米③；宿存萼被疏糙伏毛④。

衡山散见。生山坡矮丛草中。

地菍为小灌木，叶、叶柄、花梗、花萼和花瓣疏被糙伏毛，花紫红色，子房下位，果坛状球形，肉质，不开裂，萼宿存。

1
3
2
4
1
2
3
4

朱砂根 紫金牛科 紫金牛属

Ardisia crenata

Cinnabarroot | zhūshāgēn

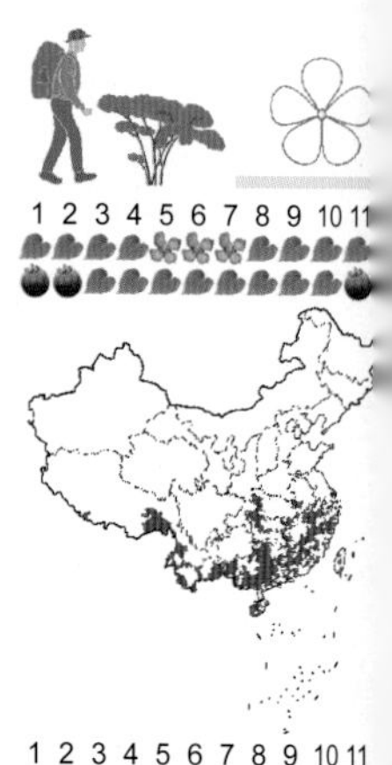

常绿灌木；茎不分枝；叶近革质，长圆形、长圆状披针形至椭圆形，长7～12厘米，宽2～4厘米，边缘具波状圆齿，齿端具腺点①，有时边缘下卷，腺点凸出，两面无毛，下面具腺点，侧脉每边11～15条，弯弓网结为边脉②；叶柄长1厘米；伞形花序，长5～15厘米，花梗长7～10毫米；花长5～6毫米；花瓣白色或微红，长4～5毫米；果球形，径6～8毫米，鲜红色，具腺点③。

全山广布。生林下阴湿灌木丛中。

相似种：紫金牛【*Ardisia japonica*，紫金牛科 紫金牛属】蔓生小灌木，具匍匐根状茎；叶椭圆形，无边缘腺点，有细锯齿，无毛；伞形花序腋生，花下垂④；果球形④。全山广布；生林下。

朱砂根叶缘具边缘腺点，具边脉，具波状圆齿；紫金牛叶缘无边缘腺点，不具边脉，具细齿。

1 2 3 4 5 6 7 8 9 10 11

鹅掌楸 马褂木 木兰科 鹅掌楸属

Liriodendron chinense

China Tuliptree | ézhǎngqiū

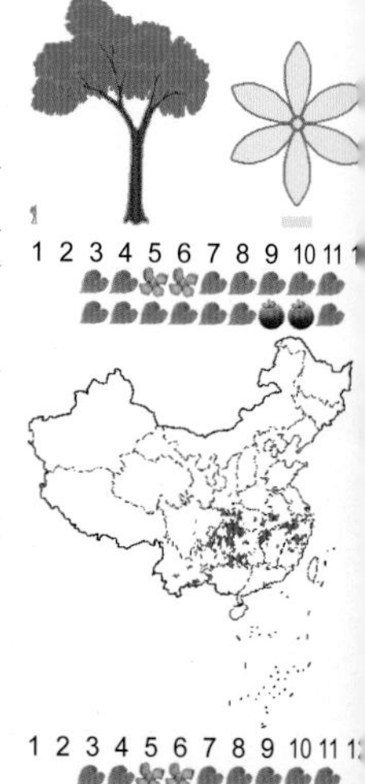

落叶乔木；叶互生，马褂状，长6～15厘米，宽5～15厘米，近基部每边具1枚侧裂片①，老叶下面密被乳头状的白粉点②；叶柄长4～8厘米；花单生枝顶，花被片9枚，外轮3片萼状，绿色，内2轮花瓣状黄绿色，长3～4厘米，基部有黄色纵条纹；雄蕊多数，花丝长5～6毫米；雌蕊多数，雌蕊群超出花被之上；聚合果纺锤形，长7～9厘米，直径1.5～2厘米。

树木园有栽培。生山地林中或庭院。

相似种：杂交鹅掌楸【*Liriodendron chinense*×*tulipifera*，木兰科 鹅掌楸属】叶近基部每边具1～2枚侧裂片③；花被片两面近基部具不规则的橙黄色带④；聚合果⑤。树木园有栽培。

鹅掌楸叶近基部每边具1枚侧裂片；杂交鹅掌楸的叶近基部每边具1～2枚侧裂片。

1 2 3 4 5 6 7 8 9 10 11 12

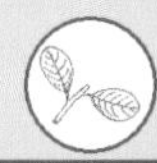

1
3
2
4
1
3
2
4
5

栀子　茜草科　栀子属

Gardenia jasminoides

Cape Jasmine | zhīzǐ

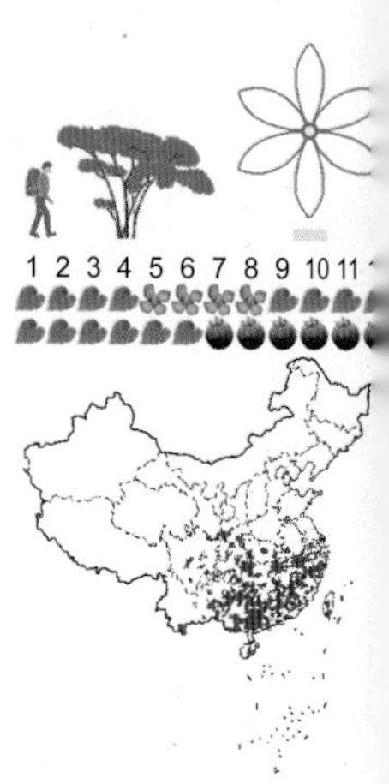

常绿灌木；嫩枝常被毛；叶对生，革质，叶形多样，常为长圆状披针形、倒卵状长圆形，倒卵形或椭圆形①，基部楔形或短尖，两面无毛；侧脉上面平，下面凸起；托叶膜质；花芳香，单生枝顶，花梗长3～5毫米；萼管倒圆锥形或卵形，有纵棱，檐部管形，膨大，顶部5～8裂，果时宿存；花冠白色或乳黄色，高脚碟状，冠管狭圆筒形，顶部常6裂②；果卵形、近球形，黄色或橙红色，有翅状纵棱5～9条，顶部宿存萼片长达4厘米③。

全山可见。生旷野、溪边、林中或灌丛中。

栀子为常绿灌木，叶对生，革质，两面无毛，花芳香，单生枝顶，花冠白色或乳黄色，顶部常6裂，果有翅状纵棱5～9条，顶部宿存萼片。

毛叶木姜子　毛叶山鸡椒　樟科　木姜子属

Litsea mollis

Hairyleaf Litse | máoyèmùjiāngzǐ

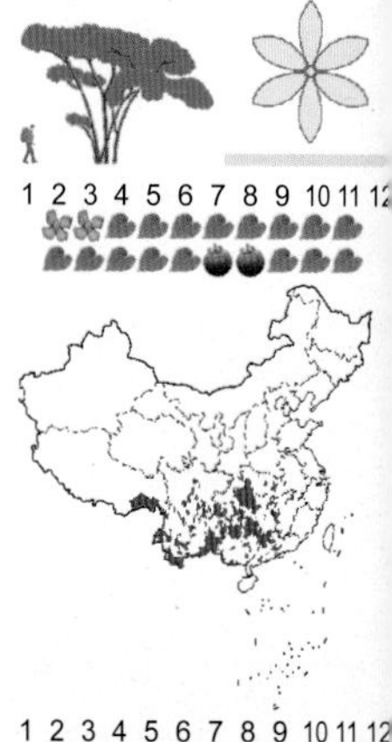

落叶灌木；芽密被白色毛；叶互生，纸质，长圆状椭圆形，长6～13厘米，宽2～4厘米，两端尖楔形①，下面苍白色，密生白色柔毛，羽状脉②；叶柄长1～1.5厘米；伞形花序，具花4～6朵；总苞常2～5枚簇生短枝上，花序梗长6毫米，下垂；浆果球形，黑色，径约5毫米，下面有浅杯状果托③。

全山广布。生于山地灌丛或疏林内。

相似种：山鸡椒【*Litsea cubeba*，樟科　木姜子属】别名山苍子、山胡椒。落叶灌木；除幼嫩枝有绢毛外，全体无毛；叶披针形或长圆状披针形，两面均无毛④；枝、叶、花、果干后呈黑色。全山广布；生境同上。

毛叶木姜子叶长圆状椭圆形，下面密生白色柔毛；山鸡椒叶披针形或长圆状披针形，下面无毛。

1 2 3 4 5 6 7 8 9 10 11 12

①
③
②
①
③
②
④

红楠 红润楠 樟科 润楠属

Machilus thunbergii

Red Nanmu | hóngnán

常绿乔木；嫩枝和幼叶红色①，叶互生，革质，倒卵形或椭圆形，先端短渐尖，基部楔形，边全缘，两面无毛①②；叶柄长1.5～3.5厘米，常红色；圆锥花序长5～12厘米，无毛，总花梗带紫红色③；花被片6枚，外面无毛，内面密被柔毛；浆果球形，熟时蓝黑色，直径约10毫米，基部具外反的宿存花被（①右下），果梗扁平，红色。

衡山散见。生山地阴坡沟谷或溪边。

相似种：湘楠【*Phoebe hunanensis*，樟科 楠木属】常绿小乔木；叶倒卵形或倒卵状披针形④；圆锥或总状花序腋生④，花被片在开花后变革质，紧贴或松散在果的基部；果卵形。广济寺可见；生山谷或溪边阔叶林中。

红楠幼叶红色，全株无毛，果球形，基部具反折的花被裂片；湘楠幼叶不呈红色，枝叶被毛，果卵形，宿存花被裂片多紧贴果基部，不反折。

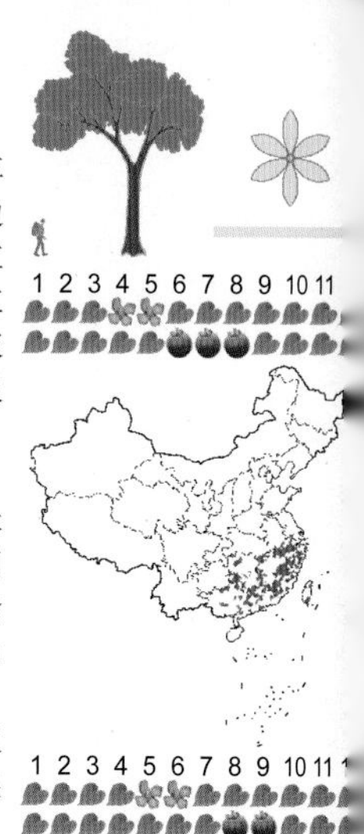

红果山胡椒 红果钓樟 樟科 山胡椒属

Lindera erythrocarpa

Redfruit Spicebush | hóngguǒshānhújiāo

落叶灌木，小枝粗糙，密布凸起皮孔③；叶互生，纸质，倒披针形或倒卵状披针形，先端渐尖，基部楔形下延①，上面绿色，下面稍灰白色，羽状脉，侧脉4～5对；叶柄长约1厘米；雌雄异株；伞形花序叶腋，具总梗长0.5～1厘米；花单性，花被片6枚，黄色②；果球形①，径7～8毫米，熟时红色，果梗长1.5～1.8厘米，先端增粗。

衡山散见。生向阳山坡或山谷杂木林中。

相似种：山橿【*Lindera reflexa*，樟科 山胡椒属】落叶灌木或小乔木；小枝光滑④；叶椭圆形或宽椭圆形，基部圆形，侧脉6～8对⑤；果球形⑤。全山广布；生山谷及灌丛中。

红果山胡椒小枝粗糙，密布凸起皮孔，叶倒卵状披针形，基部楔形下延；山橿小枝光滑，叶椭圆形或宽椭圆形，基部圆形。

1
2
3
4
1
3
4
2
5

樟 香樟 樟科 樟属

Cinnamomum camphora

Camphortree | zhāng

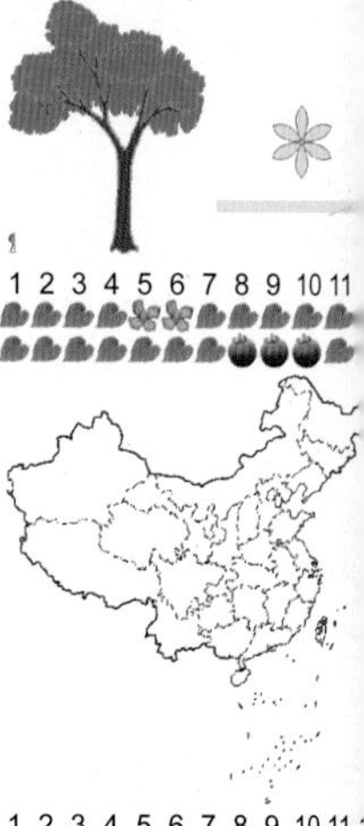

常绿乔木①；枝、叶、木材有樟脑气味；树皮老时褐色纵裂；叶薄革质，卵形或椭圆状卵形，基部圆形，离基三出脉，背面微被白粉③，脉腋有腺点，两面光滑无毛；叶柄长2～2.5厘米；圆锥花序腋生②，长3.5～7厘米；花黄绿色；果球形，径6～8毫米，成熟时紫黑色；果托杯状，三角状倒圆锥形③。

全山广布。生疏林或村边。

相似种：天竺桂【*Cinnamomum japonicum*，樟科 樟属】常绿乔木；叶近对生，卵圆状长圆形至长圆状披针形，先端锐尖或渐尖，基部宽楔形或钝形④；圆锥花序腋生④；果长圆形，果托浅杯状。树木园有栽培。

樟树叶互生，卵形或椭圆状卵形；天竺桂叶近对生，卵圆状长圆形至长圆状披针形。

红毒茴 披针叶八角 莽草 八角科 八角属

Illicium lanceolatum

Poisonous Eightangle | hóngdúhuí

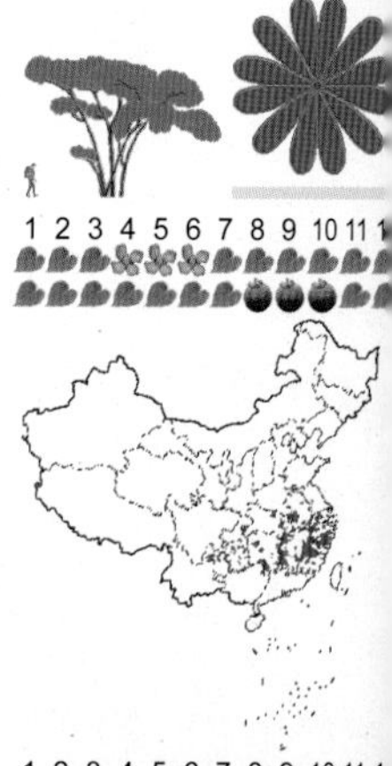

常绿灌木或小乔木；全株无毛；叶互生或稀疏聚生枝顶成假轮生状，革质，披针形或倒卵状椭圆形，先端渐尖或尾尖，基部窄楔形，网脉不明显①；叶柄纤细，长7～15毫米；花腋生或近顶生，深红色，花梗纤细，长达6厘米②；花被片肉质③；聚合蓇葖果，直径3.4～4厘米，蓇葖10～14枚轮状排列，沿腹缝开裂，顶端有弯曲的钩状尖头④。

藏经殿、广济寺附近可见。生阴湿峡谷或溪流沿岸的灌丛中。

相似种：八角【*Illicium verum*，八角科 八角属】别名八角茴香。常绿乔木；花粉红，聚合蓇葖果，蓇葖多为8枚，成八角形，先端钝或钝尖⑤。南岳树木园有栽培。

红毒茴的蓇葖10～14枚，顶端有钩状尖头；八角的蓇葖多为8枚，顶端钝或钝尖。

1
2
3
4
1
3
2
4
5

深山含笑 光叶白兰 木兰科 含笑属

Michelia maudiae

Maudia Michelia | shēnshānhánxiào

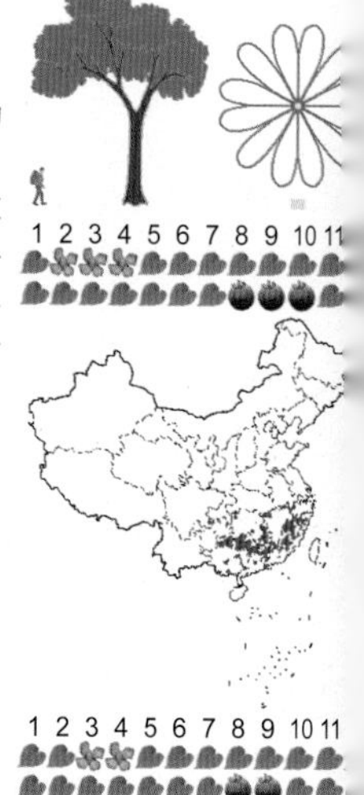

常绿乔木①；树皮薄，浅灰或灰褐色；各部均无毛；芽、幼枝、叶背均被白粉；叶互生，革质，长圆状椭圆形②，上部深绿色，叶背灰淡绿色，被白粉，边全缘，先端急尖；叶柄长1～3厘米；花单生于枝梢叶腋，花纯白色③，芳香；聚合蓇葖果长圆柱形或倒卵圆形，长7～15厘米，种子红色，斜卵圆形。

树木园等地有栽培。生山地密林中或庭院。

相似种：阔瓣含笑【*Michelia platypetala*，木兰科 含笑属】常绿乔木；芽、幼枝、嫩叶均密被红褐色绢毛④，后变为灰色，脱落；叶薄革质，下面被灰色毛，微被白粉；花黄白色⑤。树木园等地有栽培。

深山含笑全体无毛，叶背被白粉，花纯白色；阔瓣含笑芽、幼枝、嫩叶均密被红褐色绢毛，叶背微被白粉，花黄白色。

厚朴 木兰科 木兰属

Magnolia officinalis

Officinal Magnolia | hòupò

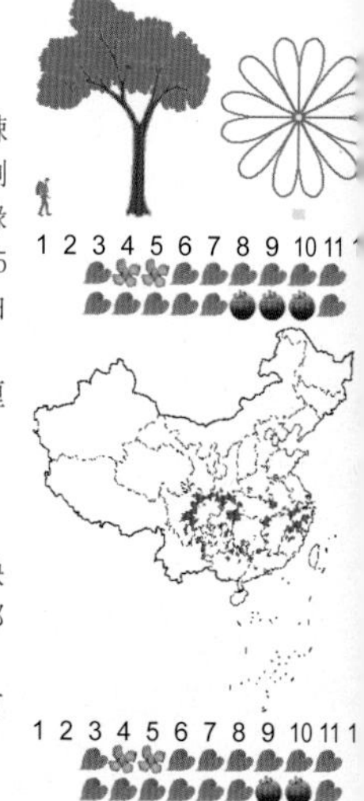

落叶乔木①；树皮厚，褐色，不开裂，有辛辣味；顶芽大，无毛；叶革质，常集生于小枝顶，倒卵状椭圆形，先端短急尖或圆钝，基部楔形，全缘而微波状，下面被灰色毛，有白粉②；叶柄长3～5厘米，托叶痕达叶柄中部以上；花单生枝顶，白色，芳香，后叶开放；花被片厚肉质；雄蕊多数，花丝红色；聚合蓇葖果卵状圆柱形，长9～15厘米；蓇葖木质，顶端有喙。

树木园等地栽培。生林中或路边。

相似种：凹叶厚朴【*Magnolia officinalis* subsp. *biloba*，木兰科 木兰属】落叶乔木；叶先端有凹缺或2钝圆浅裂④；花单生枝顶，白色③；聚合果基部较狭窄④。树木园等地栽培。

厚朴叶先端短急尖或圆钝；凹叶厚朴叶先端有凹缺或2钝圆浅裂。

1
3
2
4
5
1
3
2
4

玉兰 白玉兰 木兰科 玉兰属

Yulania denudata

Yulan Magnolia | yùlán

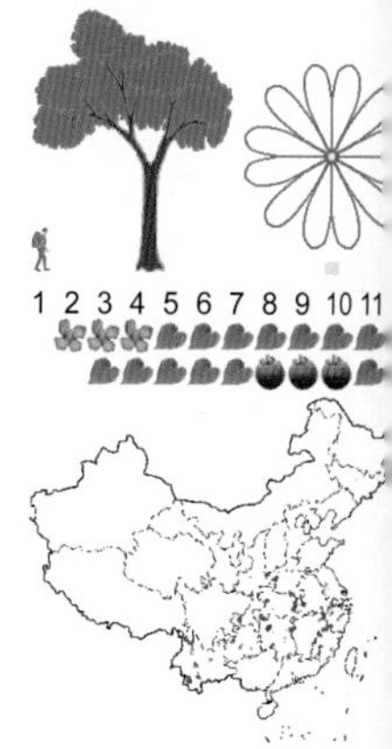

落叶乔木；冬芽及花梗密被淡灰黄色长毛；叶互生，纸质，宽倒卵形或倒卵状椭圆形，先端突尖而短钝，中部以下渐狭为楔形①；叶柄长1～1.5厘米，托叶痕为叶柄长1/4～1/3；花先叶开放，直立，钟状，芳香；花梗显著膨大，密被淡黄色长绢毛；花被片白色，基部略带粉红色②；聚合果圆柱形③，长8～12厘米；蓇葖结合，厚木质③。

衡山散见。生山地阔叶林中或路边。

相似种：紫玉兰【*Yulania liliflora*，木兰科 玉兰属】别名辛夷。落叶灌木；小枝紫褐色，无毛；托叶痕达叶柄长的1/2；花先叶开放，花被片紫色或紫红色，外轮3枚花被片萼片状，形小，早落④；聚合果圆柱形。树木园等地栽培；生林缘或路边。

玉兰为乔木，花白色；紫玉兰为灌木，花为紫色或紫红色。

桂南木莲 南方木莲 木兰科 木莲属

Manglietia chingii

S.Guangxi Woodlotus | guìnánmùlián

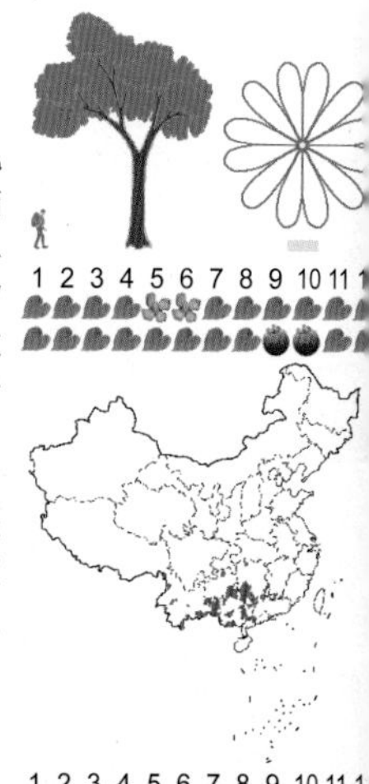

常绿乔木①；树皮光滑；芽、嫩枝有红褐色毛；叶薄革质，倒披针形或狭倒卵状椭圆形；叶柄长2～3厘米，上面具窄沟，初被平伏柔毛；花单生枝顶，白色，花梗较细，向下弯垂②，长6～7厘米；花被片9～11枚；雌蕊群无柄，心皮全部发育；聚合果卵圆形③，长4～5厘米，沿背缝线开裂；蓇葖具疣状凸起，先端具短喙。

树木园等地栽培。生山地林中或林缘。

相似种：木莲【*Manglietia fordiana*，木兰科 木莲属】常绿乔木；叶革质；花白色，直立，花梗长1～2厘米；聚合果卵形，直立④。树木园等地栽培。

桂南木莲的叶质地较薄，花梗细长，下垂；木莲的叶质地较厚，花梗略粗短，直立。

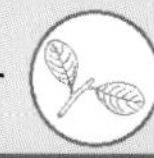

①
③
②
④
①
③
②
④

吊石苣苔 苦苣苔科 吊石苣苔属

Lysionotus pauciflorus

Lysionotus | diàoshí jùtái

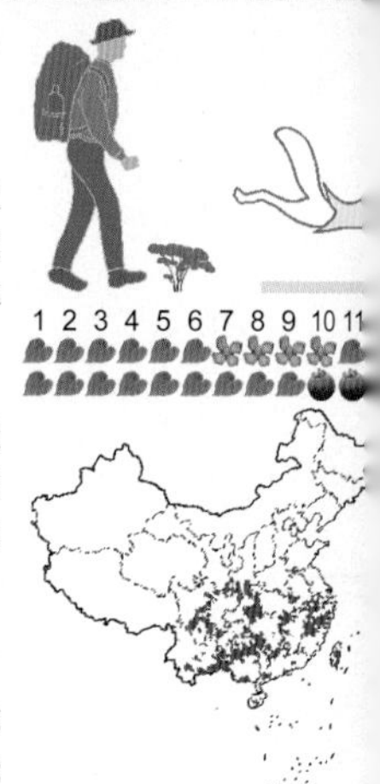

小灌木①；叶对生或多3叶轮生，具短柄或近无柄；叶片革质，形态变化较大，长1.5～5.8厘米，宽0.4～1.5厘米，顶端急尖，基部宽楔形，边缘在中部以上有齿①，两面无毛，中脉上面下陷，侧脉不明显；叶柄长1～4毫米，上面常被短伏毛；花序腋生，具花1～2朵，花序梗纤细，无毛；花冠白色带淡紫色，长3.5～4.8厘米，唇形，上唇2浅裂，下唇3裂②；蒴果线形③，长5.5～9厘米，宽2～3毫米，无毛。

藏经殿、上封寺、广济寺等地可见。生林中、岩石上或树上。

吊石苣苔为附生小灌木，叶多3叶轮生，中部以上边缘有齿，两面无毛，花序腋生，具花1～2朵，花冠白色带淡紫色，唇形，蒴果线形。

豆腐柴 臭娘子 臭黄荆 马鞭草科 豆腐柴属

Premna microphylla

Japan Premna | dòufǔchái

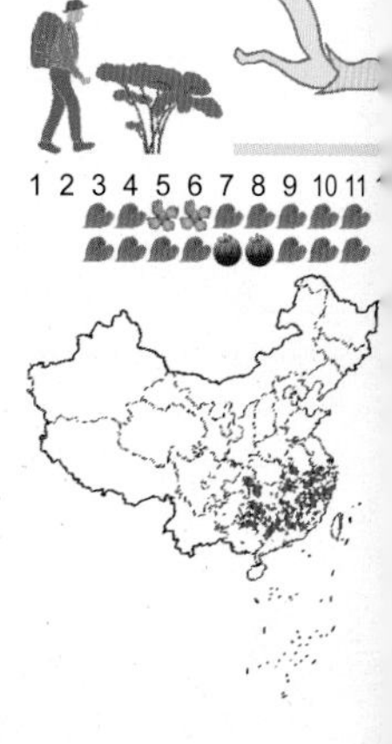

落叶灌木①；全株有臭气；单叶对生，叶卵状披针形、卵形或椭圆形，长4～13厘米，宽2～6厘米，基部楔形渐窄，下延至叶柄成为翅，全缘或疏具浅齿②；叶柄长0.5～1.5厘米；聚伞花序组成顶生塔形圆锥花序③，长7～13厘米；萼杯状，有腺点，5浅裂；花冠微二唇，上唇裂片1枚，下唇裂片3枚，冠管短，喉部有毛，花冠淡黄色，长7～8毫米，有柔毛和腺点；雄蕊4枚，2长2短；核果紫色，球形或倒卵形④，径5毫米。

全山广布。生山坡林下或林缘。

豆腐柴全株有臭气，叶基部下延至叶柄成为翅，全缘或疏具浅齿，聚伞花序组成顶生塔形圆锥花序，花冠淡黄色，微二唇，核果紫色。

1
2
3
1
3
2
4

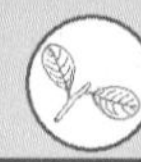

兰香草 莸 马鞭草科 莸属

Caryopteris incana

Common Bluebeard | lánxiāngcǎo

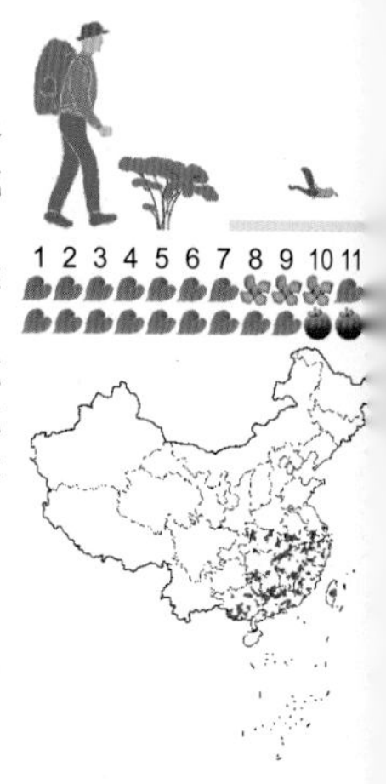

亚灌木①；茎圆柱形，基部木质，多分枝，略带淡紫红色，密生茸毛；叶对生，厚纸质，卵形或卵状披针形，长2～5厘米，宽1～3厘米，先端钝，基部楔形或圆形，边缘有粗锯齿②，两面密生短柔毛，下面灰白色，有黄色腺点；聚伞花序腋生③；花梗短，密被短茸毛；花萼钟形，外被茸毛；花冠淡蓝色或淡紫色，二唇形，下唇中裂片边缘流苏状；雄蕊4枚，花丝伸出花冠④；蒴果倒卵状球形，被粗毛，果瓣有宽翅。

全山广布。生较干旱的山坡、路旁或林缘。

兰香草茎圆柱形，略带淡紫红色，密生茸毛，叶对生，边缘有粗锯齿，聚伞花序腋生，花冠淡蓝色或淡紫色，二唇形，蒴果果瓣有宽翅。

白花泡桐 泡桐 玄参科 泡桐属

Paulownia fortunei

Paulownia | báihuāpāotóng

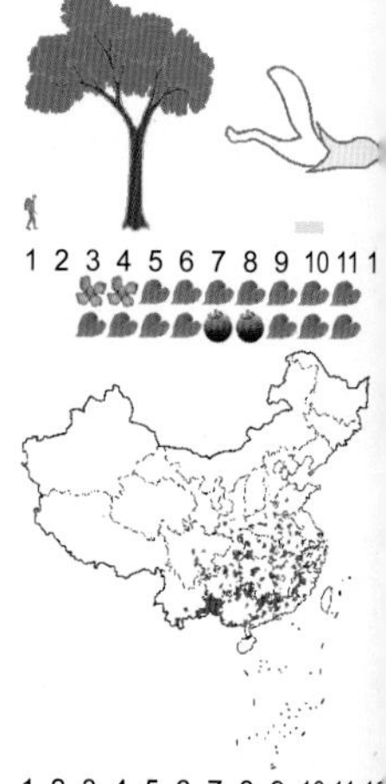

落叶乔木①；嫩枝和花序及幼果均被黄褐色星状茸毛；叶长卵状心形，先端长渐尖或锐尖①；叶柄长8～12厘米；圆锥花序分枝短，长约25厘米；小聚伞花序具明显总花梗，与花梗等长；花萼分裂至1/4～1/3处；花冠白色，管状漏斗形，外面稍带紫色或淡紫色，内面有紫色斑块②；果长圆形或长圆状椭圆形，长6～10厘米，顶端具喙。

衡山散见。生山坡、林中、山谷及荒地。

相似种：台湾泡桐【*Paulownia kawakamii*，玄参科 泡桐属】叶心脏形，全缘或3～5裂或有角，两面均有黏毛③，上面常有腺，花萼深裂至1/2以上；小聚伞花序无总花梗，花冠近钟形，浅蓝色至蓝紫色，外面有腺毛④。衡山散见；生境同上。

白花泡桐叶长卵状心形，两面无黏毛，花冠白色，内有紫色斑块；台湾泡桐叶心脏形，两面均有黏毛，花浅蓝色至蓝紫色。

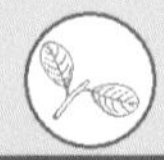

黄花倒水莲　远志科 远志属

Polygala fallax

Yellowflower Milkwort | huánghuādàoshuǐlián

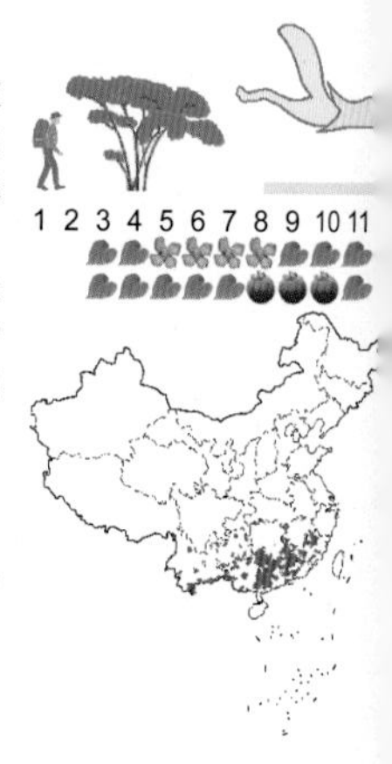

落叶灌木，全株有甜味；根粗壮肉质；树皮灰白色；叶互生，膜质至纸质，椭圆状披针形或长圆形①，长可达20厘米，宽3～7厘米，先端渐尖，基部渐窄或楔形，两面无毛或疏生短柔毛，边全缘；叶柄长1～1.3厘米，被微毛；总状花序下垂，长可达30厘米②；花梗长约5厘米；花黄色，左右对称；花瓣3枚，中间龙骨瓣近顶端处有流苏状附属物③；蒴果扁平，宽倒心形②。

衡山散见。生山坡疏林下或沟谷丛林中。

黄花倒水莲全株有甜味，叶互生，边全缘，总状花序下垂，花黄色，左右对称，花瓣3枚，中间龙骨瓣近顶端处有流苏状附属物，蒴果扁平。

梓树　紫葳科 梓属

Catalpa ovata

Catalpa | zǐshù

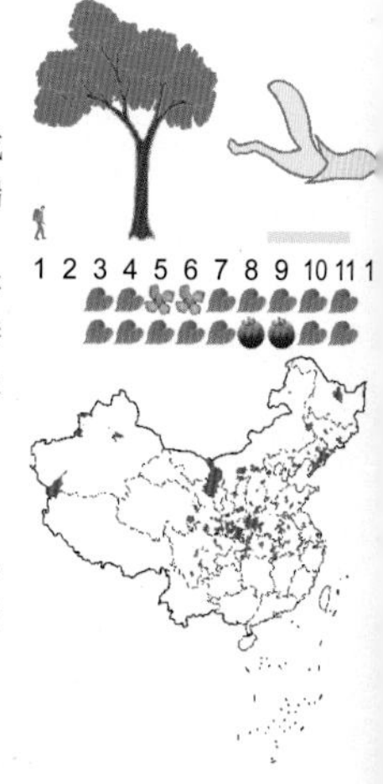

落叶乔木①；树冠伞形，主干通直；叶对生或近对生，阔卵形，长宽近相等，长约25厘米，顶端渐尖，基部心形②，全缘或浅波状，掌状脉5条，两面均粗糙；叶柄长6～18厘米；顶生圆锥花序②；花序梗长12～28厘米；花萼蕾时圆球形，2唇开裂；花冠钟状，淡黄色，内面具2条黄色条纹及紫色斑点③；蒴果线形，下垂④，长20～30厘米；种子长椭圆形，两端有平展长毛。

衡山散见。多栽培于村庄附件或路旁。

梓树叶对生，阔卵形，长宽近相等，基部心形，两面粗糙，顶生圆锥花序，花冠钟状，淡黄色，内面具2条黄色条纹及紫色斑点，蒴果线形，下垂。

①
②
③
①
③
②
④

醉鱼草 马钱科 醉鱼草属

Buddleja lindleyana

Lindley Summerlilic | zuìyúcǎo

落叶灌木①；小枝四棱形，嫩枝、叶背、叶柄、花序、苞片均密被星状茸毛和腺毛②；叶对生，膜质，卵形、椭圆形或卵状披针形，顶端渐尖，边全缘或具波状齿；叶柄长2～15毫米；穗状聚伞花序顶生；花密集，紫色，芳香；花萼钟状，花冠管弯曲；蒴果长圆状或椭圆状，具鳞片，基部具宿存花萼，2瓣裂。

全山广布。生路旁、林缘或河谷灌丛中。

相似种：大叶醉鱼草【*Buddleja davidii*，马钱科 醉鱼草属】小枝圆柱形；叶片狭卵形或狭椭圆形，具细锯齿③；聚伞花序排成狭长总状，顶生③；花淡紫色，后变近白色，花冠管直展④；蒴果狭椭圆形。全山广布；生境同上。

醉鱼草小枝四棱形，叶相对宽短，穗状花序，花紫色；大叶醉鱼草小枝圆柱形，叶相对狭长，总状花序，花淡紫色，后变白色。

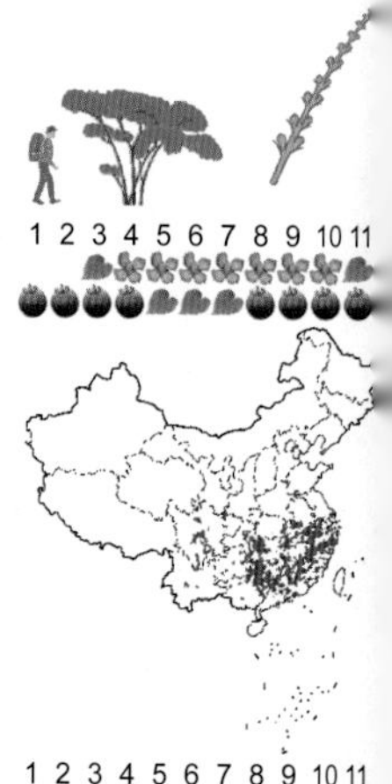

缺萼枫香树 金缕梅科 枫香树属

Liquidambar acalycina

Calyxless Sweetgum | quē'èfēngxiāngshù

落叶乔木；叶阔卵形，掌状3裂，中央裂片较长，先端尾状渐尖，两侧裂片三角卵形，稍平展，上下两面均无毛，掌状脉3～5条，边缘有具腺锯齿①②；叶柄长4～8厘米；托叶线形，生叶柄基部，有褐色茸毛；雌性头状花序单生短枝叶腋，有雌花15～25朵；头状果序径2.5厘米，干后变黑褐色，宿存花柱粗短而弯曲，不具萼齿③。

全山广布。生山地阔叶林中。

相似种：枫香树【*Liquidambar formosana*，金缕梅科 枫香树属】别名枫树。枝叶密被星状毛，叶薄革质，掌状3裂⑤；雌性头状花序具花20～30朵；萼齿4～7枚，针形；头状果序径3～4厘米，宿存花柱萼齿针刺状④。全山广布；生境同上。

缺萼枫香树枝叶无毛，头状果序疏松，具蒴果15～25枚，无萼齿；枫香树枝叶密被星状毛，头状果序紧密，具蒴果20～40枚，具宿存萼齿。

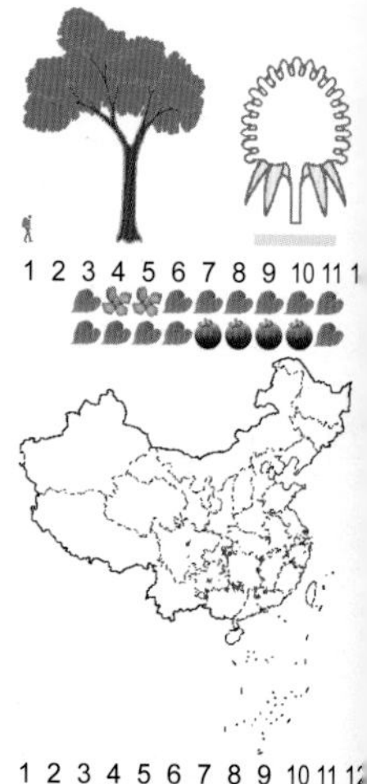

1
2
3
4
1
3
4
2
5

喜树 旱莲木 蓝果树科 喜树属

Camptotheca acuminata

Common Camptotheca | xǐshù

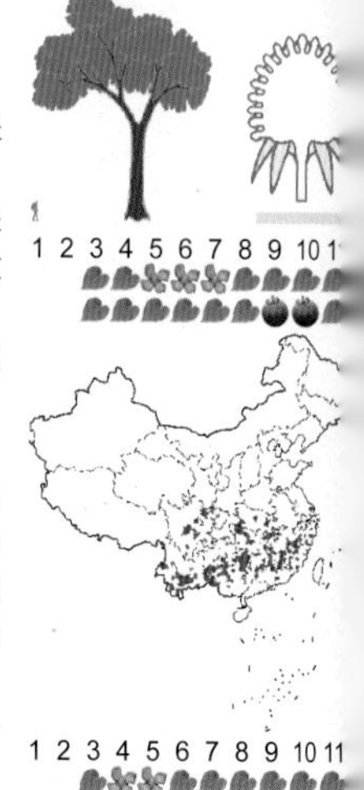

落叶乔木，树皮灰白色；叶互生，纸质，长圆状卵形或椭圆形，先端短突尖，基部近圆形，全缘①，下面疏被短柔毛，侧脉11～15对；叶柄长1.5～3厘米，带红色，无毛；头状花序近球形，数个组成圆锥花序，上部为雌花序，下部为雄花序，总花梗长4～6厘米②；翅果长圆形，长2～2.5厘米，两侧具窄翅，顶端具宿存花盘③。

全山广布。生林缘或溪边。

相似种：蓝果树【*Nyssa sinensis*，蓝果树科 喜树属】落叶乔木；叶椭圆形或长椭圆形，边缘略波状④；侧脉6～10对；叶柄长1.5～2厘米，无毛；花序伞形或短总状，花梗密被疏长毛；核果长椭圆形④，长1～1.2厘米。衡山散见；生境同上。

喜树果为翅果，两侧具窄翅，多数聚集成头状；蓝果树果为核果，常3～4个簇生。

细叶水团花 水杨梅 茜草科 水团花属

Adina rubella

Thinleaf Adina | xìyèshuǐtuánhuā

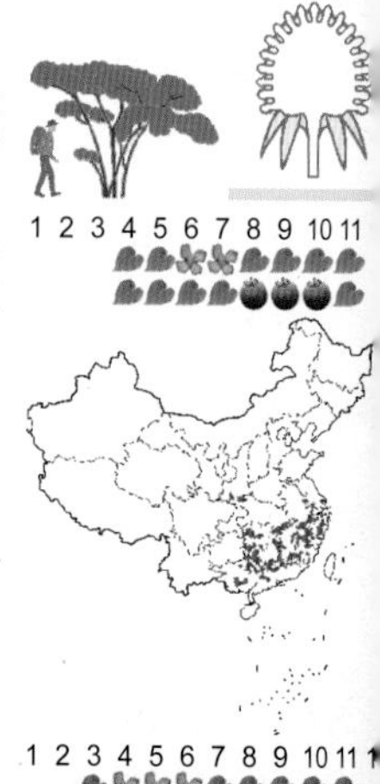

落叶灌木①；叶对生，近无柄，薄革质，卵状椭圆形，全缘，长3～4厘米，宽1～1.5厘米，下面沿中脉有柔毛，侧脉每边5～6条②；托叶2深裂，披针形，早落；头状花序单生枝顶①；小苞片线形或线状棒形；花萼管疏被短柔毛，萼裂片匙形；花冠紫红色③，长3毫米，5裂；果序球径约1厘米。

广济寺附近可见。生山谷沟边。

相似种：风箱树【*Cephalanthus tetrandrus*，茜草科 风箱树属】落叶小乔木和灌木；叶对生或轮生，卵状披针形④，长10～15厘米，宽3～5厘米，全缘；头状花序顶生或腋生，花冠白色④；果序直径1～2厘米。广济寺等地附近可见；生境同上。

细叶水团花的叶小，无柄，花冠紫红色；风箱树的叶大，具柄，花冠白色。

1
3
2
4
1
3
2
4

构树 桑科 构属

Broussonetia papyrifera

Papermulberry | gòushù

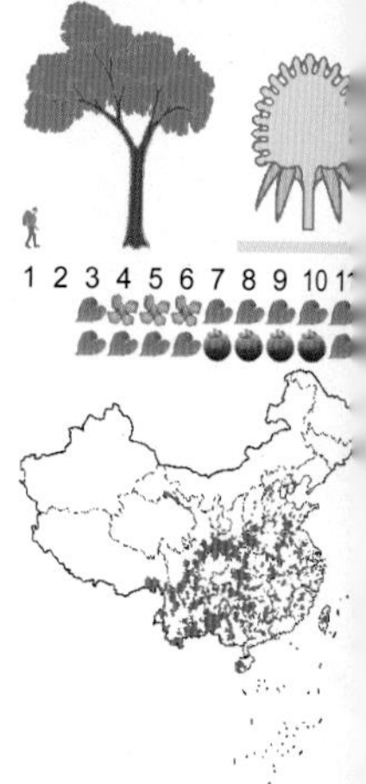

落叶乔木①；树皮平滑；全株含乳汁；小枝密被柔毛；叶互生，厚纸质，阔卵形，先端渐尖，基部圆形或浅心形，边缘有粗齿，幼叶或小树上叶3～5深裂②，上面粗糙，被糙伏毛，下面密被柔毛，基出脉3条；叶柄长2.5～10厘米；雌雄异株，雄花序圆柱状，粗壮，长3～8厘米；雌花序头状；聚花果球形，直径1.5～3厘米，肉质，熟时橙红色③；小核果无柄。

全山可见。生山地丘陵或村旁路边。

相似种：小构树【*Broussonetia kazinoki*，桑科 构属】别名楮。落叶灌木；叶卵形或斜卵形④，长5～10厘米，宽3～6厘米，叶不裂或2～3裂；叶柄长6～20毫米；花雌雄同株；聚花果直径1厘米④。全山可见；生境同上。

构树为乔木，叶阔卵形，多3～5深裂，聚花果大，直径1.5～3厘米；小构树为灌木，叶斜卵形，聚花果小，直径约1厘米。

异叶榕 桑科 榕属

Ficus heteromorpha

Diverseleaf | yìyèróng

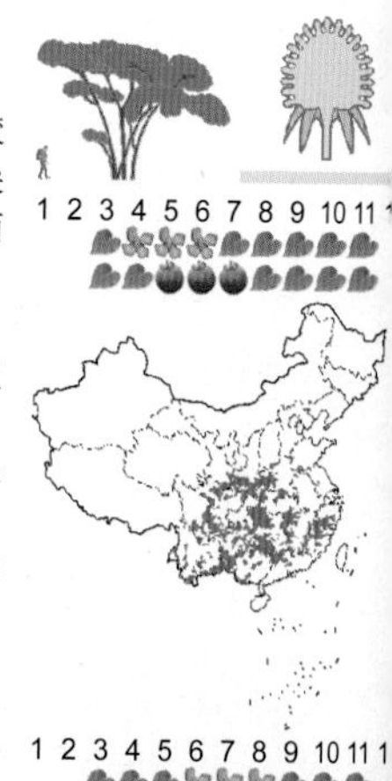

落叶灌木或小乔木，具乳汁①；小枝红褐色，被短柔毛，具环状托叶痕；单叶互生，叶形变化较大，琴形，阔披针形或倒卵状椭圆形，先端长渐尖至尾尖，基部圆形或浅心形，全缘，偶3裂，上面粗糙①，下面具细小钟乳体；叶脉基生三出脉②；叶柄长2～6厘米，带红色，无毛；隐头花序腋生，无梗，球形，径6～8毫米；隐花果球形，光滑，直径6～10厘米②。

魔镜台和广济寺附近可见。生山谷、坡地及林中。

相似种：琴叶榕【*Ficus pandurata*，桑科 榕属】常绿小灌木；叶提琴形或倒卵形，先端急尖，边全缘③；隐头果单生叶腋④，鲜红色，被糙毛；总梗长4～5毫米，密被毛。石涧潭和魔镜台附近可见；生境同上。

异叶榕叶形多变，多为阔披针形、倒卵状椭圆形；琴叶榕叶提琴形或倒卵形。

1
3
2
4
1
3
2
4

柘 柘树 柘桑 桑科 柘属

Maclura tricuspidata

Storehousebush | zhè

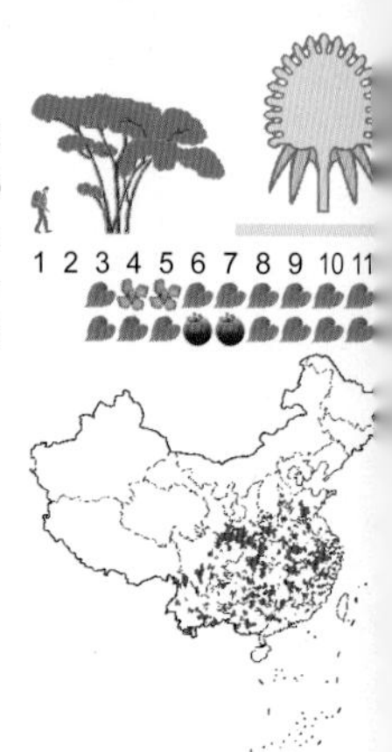

落叶灌木或小乔木；小枝无毛，略具棱，有棘刺；叶卵形或菱状卵形②，长5～14厘米，宽3～6厘米，先端渐尖，常3裂①，两面无毛或沿主脉上有柔毛，边全缘；雌雄异株，雌雄花序均为球形头状花序③，单生或成对腋生，具短总花梗；聚花果近球形，肉质，熟时橘红色④。

衡山散见。生灌丛或林缘。

落叶灌木，叶卵形或菱状卵形，常3裂。

四照花 山荔枝 山茱萸科 四照花属

Dendrobenthamia japonica* var. *chinensis

Four-involucre | sìzhàohuā

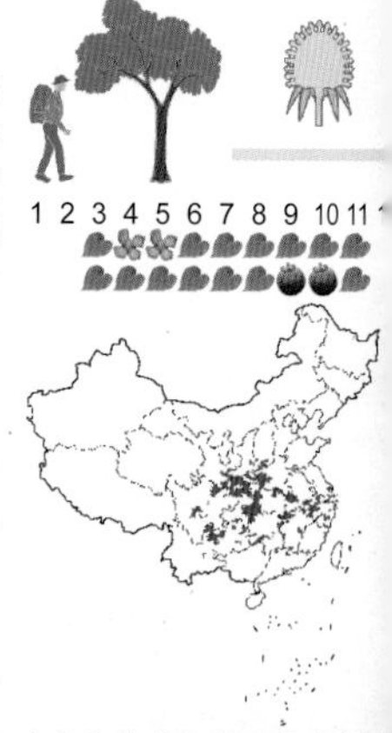

落叶小乔木；叶对生，纸质，卵形或卵状椭圆形，先端渐尖或尾尖，基部宽楔形或圆形，两面被毛，边全缘，侧脉弯弓①；叶柄长8～10毫米，被白色贴生短柔毛；头状花序球形，顶生，有白色花瓣状的总苞片4枚②；果序球形，熟时红色，被白色细毛；果序梗纤细，长6～10厘米，近无毛③。

藏经殿、上封寺附近可见。生林中或林缘。

相似种:尖叶四照花【*Dendrobenthamia angustata*，山茱萸科 四照花属】常绿乔木；叶革质，长圆椭圆形或卵状椭圆形，果序球形④。南台寺和穿岩诗林可见；生混交林中。

四照花落叶，叶纸质，卵形或卵状椭圆形，宽4～7厘米；尖叶四照花常绿，叶革质，长圆椭圆形或卵状椭圆形，宽2.5～4.5厘米。

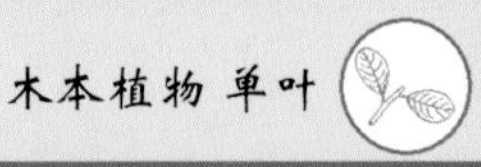

①
③
②
④
①
②
③
④

算盘子 野南瓜 馒头果 大戟科 算盘子属

Glochidion puberum

Puberulous Glochidion | suànpánzǐ

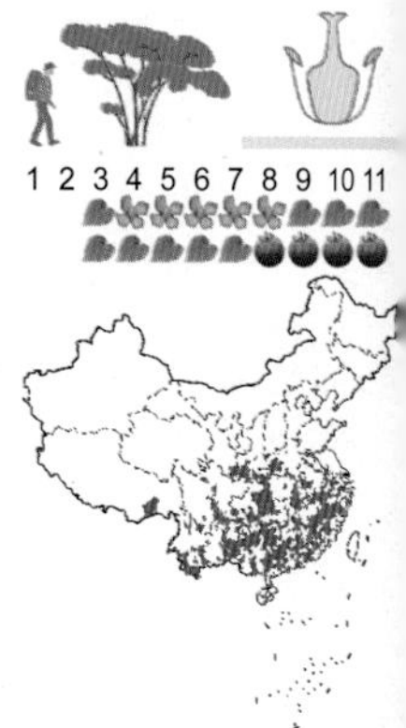

落叶灌木①；小枝、叶背、叶柄、萼片、子房和果实均被淡褐色短柔毛；叶长圆形至长椭圆状披针形②，长3～6厘米，宽2～2.5厘米，下面粉绿色，侧脉每边5～7条；叶柄长1～3毫米；花数朵簇生叶腋②；雄花位于下部，花梗长4～10毫米；雌花生上部，花梗长1毫米；萼片均为6枚；雄蕊3枚，合生；子房圆球形，花柱合生呈环状；蒴果扁球形③，径8～12毫米，红色，花柱宿存④。

全山广布。生山坡、溪边灌丛中或林缘。

算盘子小枝、叶背、叶柄、萼片、子房和果实均被淡褐色短柔毛，叶长圆形至长椭圆状披针形，花簇生叶腋，雄花位于下部，雌花生上部，蒴果扁球形，红色，花柱宿存。

乌桕 蜡子树 大戟科 乌桕属

Sapium sebiferum

China Tallowtree | wūjiù

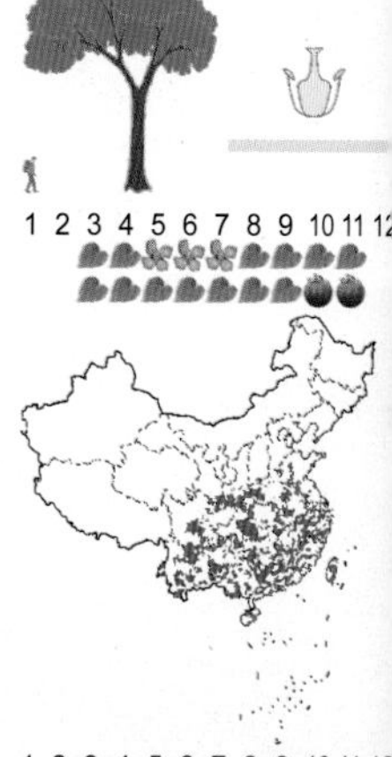

落叶乔木①，有乳汁；全体无毛；叶互生，纸质，菱形或菱状卵形①，长3～7厘米，宽3～8厘米，先端突尖，基部宽楔形，全缘；叶柄长3～6厘米，顶端有2腺体；总状花序顶生，长6～12厘米，雌雄同序，雄花生上部，雌花生下部②；花黄绿色；蒴果梨状球形，径1～1.5厘米，室背开裂为3个分果瓣；种子黑色，外被白色蜡层③。

全山广布。生疏林或水边。

相似种：山乌桕【*Sapium discolor*，大戟科 乌桕属】落叶乔木；叶椭圆状卵形或椭圆形④，长4～10厘米，宽2～5厘米；叶柄长2～7厘米，顶端具2腺体；蒴果球形④，种子外被蜡层。树木园、半山亭等地可见；生境同上。

乌桕的叶菱形，长宽近相等；山乌桕叶椭圆形，长为宽的2倍以上。

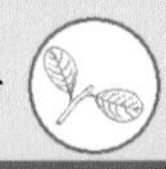

1
3
2
4
1
3
2
4

野桐　大戟科 野桐属

Mallotus tenuifolius

Japan Wildtung | yětóng

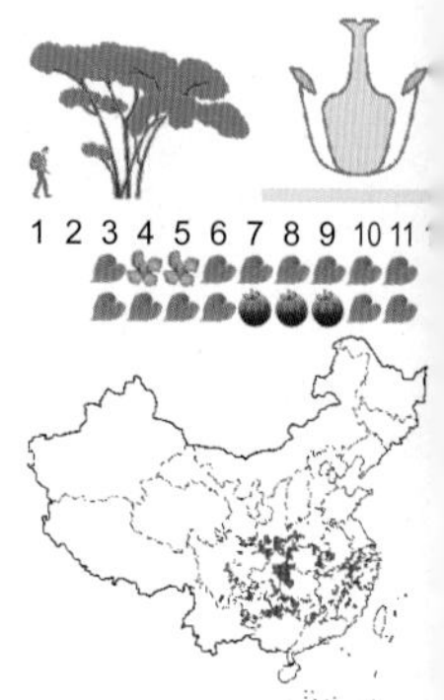

落叶灌木或小乔木，幼枝、叶背及花序等被星状毛；单叶互生，宽卵形，长6～15厘米，宽10～15厘米，全缘①，基部近截形，有2腺点，叶背有灰白色星状柔毛及黄色腺点；总状花序顶生（①右下）；果序粗壮，不分枝，长达25厘米，密被星状茸毛②；蒴果球形，径约1厘米，表面有软刺②。

全山广布。生山地疏林及林缘。

相似种：石岩枫【*Mallotus repandus*，大戟科 野桐属】藤状灌木；嫩枝、叶柄、花序密生黄色星状毛；叶卵形或椭圆状卵形③，长4～8厘米，宽3～5厘米；花序总状，雌花序长5～10厘米；蒴果密被黄色粉末状毛和颗粒状腺体④。全山广布；生境同上。

野桐直立灌木或小乔木，叶较大，蒴果外被软刺；石岩枫藤状灌木，叶较小，蒴果外无软刺。

青灰叶下珠　大戟科 叶下珠属

Phyllanthus glaucus

Greyblue Underleaf pearl | qīnghuīyèxiàzhū

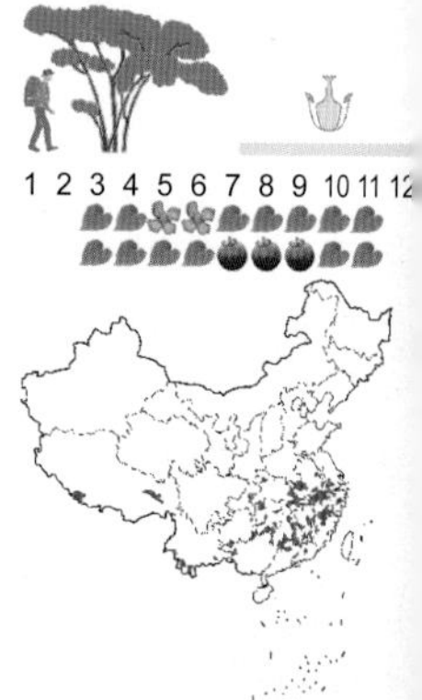

落叶灌木①；小枝纤细，全体无毛；叶互生，膜质，椭圆形至长圆形，长2～3厘米，宽1.5～2.5厘米，顶端有小尖头，边全缘，背面灰绿色①②；花单性同株，簇生于叶腋，无花瓣；雌花通常1朵，着生于雄花簇中，花盘环状，子房3室，花柱3枚；浆果球形②，紫黑色，具宿存花柱。

全山可见。生山地灌丛中或疏林下。

相似种：叶下珠【*Phyllanthus urinaria*，大戟科 叶下珠属】一年生草本③；茎直立，通常带紫红色，有纵棱；叶2列，互生，作覆瓦状排列，长椭圆形，长0.5～1.5厘米，宽0.2～0.5厘米。全山可见；生旷野平地、山地路旁或林缘。

青灰叶下珠为落叶灌木，叶相对较大；叶下珠为一年生草本，叶相对较小。

1
3
2
4
1
2
3

杜仲 杜仲科 杜仲属

Eucommia ulmoides

Eucommia | dùzhòng

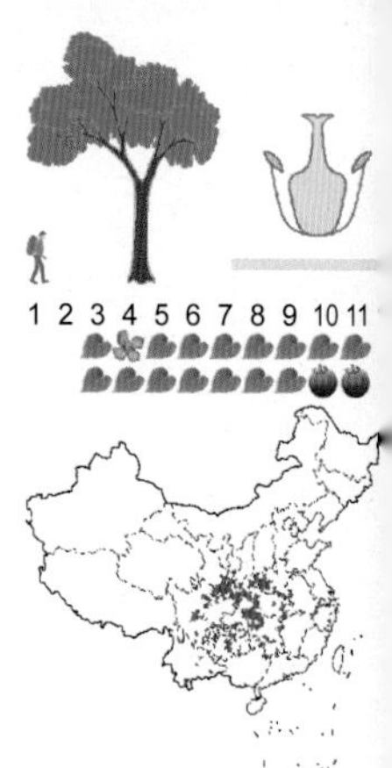

落叶乔木；小枝无毛，植物各部富含银白色胶丝②；单叶互生，椭圆形，长6～17厘米，宽3.5～7.5厘米，先端渐尖，基部宽楔形，边缘具细锯齿①，下面脉上被毛，上面有皱纹，侧脉6～9对，在边缘弯弓相连；叶柄长1～2厘米；花单性，雌雄异株，生小枝下部叶腋内，无花被；雄花簇生，具短梗④；雌花单生，子房长圆形，上面“V”形2裂③；小坚果扁平有翅，长椭圆形⑤，长3～4厘米，熟时黄色；种子1枚。

树木园有栽培。生树林中。

杜仲各部富含银白色胶丝，叶互生，边具细锯齿，叶柄长1～2厘米，雌雄异株，无花被，雄花簇生，雌花单生，小坚果扁平有翅，长椭圆形。

交让木 虎皮楠科 虎皮楠属

Daphniphyllum macropodum

Macropodous Tigernanmu | jiāoràngmù

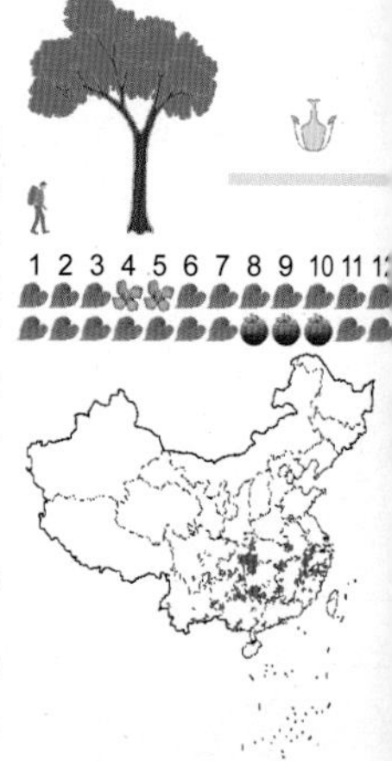

常绿乔木；单叶互生而丛生枝顶，厚革质，矩圆形，全缘①，中脉带红色，先端渐尖，下面淡绿色，无乳突体和白粉；叶柄紫红色，长3～4厘米①；新叶红色，展开时老叶全部凋落，故称“交让木”；总状花序腋生；雌雄异株②，雄花序长5～7厘米；花萼不发育；果序长8～18厘米，果梗长1.3～2.2厘米；核果长椭圆形，长约1厘米，蓝黑色，被白粉，柱头宿存③。

衡山散见。生阔叶林中。

相似种：虎皮楠【*Daphniphyllum oldhami*，虎皮楠科 虎皮楠属】叶倒卵状披针形，先端渐尖，基部楔形，下面被白粉和乳突体；花萼不整齐4～6裂；果序基部无宿存萼片④。上封寺、狮形山等地可见；生阔叶林中。

交让木叶下面淡绿色，无乳突体和白粉，花萼不发育；虎皮楠叶下面被白粉，具细小乳突体，花萼不整齐4～6裂。

1
3
4
2
5
1
3
2
4

黑弹树 朴树 小叶朴 榆科 朴属

Celtis bungeana

China Nettletree | hēidànshù

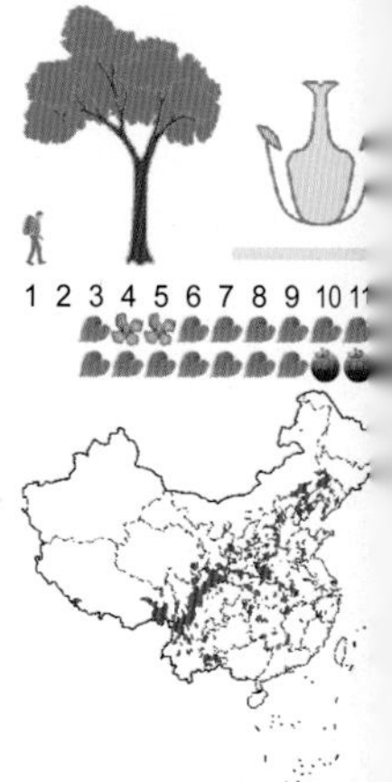

落叶乔木①；芽鳞和小枝无毛；叶纸质，卵状椭圆形，长5～10厘米，宽2.5～4.5厘米，基略偏，中部以上具浅齿，三出脉，侧脉弧曲上弯，不直达齿端②；叶柄长8～13毫米；花杂性同株；花被片4～5枚；核果常单生叶腋，熟时蓝黑色，近球形，径6～8毫米③；果梗细柔，无毛，长1～2.5厘米。

福严寺、藏经殿和半山亭附近可见。生山坡、灌丛或阔叶林中。

相似种：铜钱树【*Paliurus hemsleyanus*，鼠李科马甲子属】叶宽椭圆形至近圆形，长5～12厘米，宽4～9厘米，边缘具圆钝齿，两面无毛④；聚伞花序或聚伞圆锥花序，无毛；核果草帽状，周围具革质宽翅，红褐色，无毛④。衡山有栽培。

黑弹树的核果近球形，无翅；铜钱树的核果草帽状，周围具革质宽翅。

山油麻 榆科 山黄麻属

Trema cannabina* var. *dielsiana

Diels Wildjute | shānyóumá

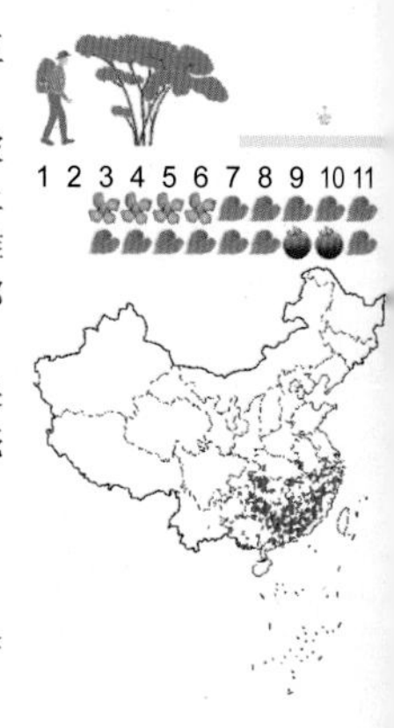

落叶灌木，小枝及叶柄密被伸展粗毛③；叶互生，厚纸质，卵形或卵状披针形，先端尾状渐尖，基部圆，边缘具细锯齿①，上面被糙毛，下面密被柔毛，在脉上有粗毛，三出脉，侧脉2～3对，上弯，不达齿端②；叶柄长5～10毫米；花单性，雌雄同株；聚伞花序成对腋生③，雌花序生花枝上部叶腋，雄花序生花枝下部叶腋；雄花花被片5枚，卵形，外面被细糙毛和多少明显的紫色斑点；果梗长1～2毫米；核果球形，熟时橘红色④，径3毫米，花被和柱头宿存。

中低海拔可见。生山地向阳灌丛中。

山油麻小枝、叶柄、叶两面及花被片密被毛，叶互生，先端尾状渐尖，花单性，雌雄同株，聚伞花序成对腋生，核果小，球形，花被和柱头宿存。

1
3
2
4
1
3
2
4

枫杨 胡桃科 枫杨属

Pterocarya stenoptera

China Wingnut | fēngyáng

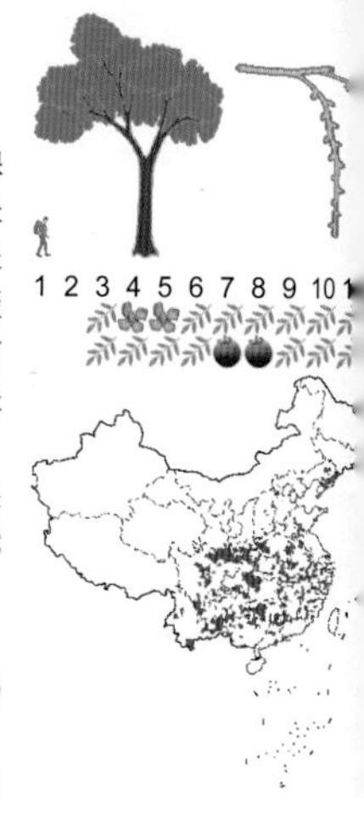

落叶乔木①；裸芽具柄，密被锈褐色盾状腺体；叶多为偶数羽状复叶，叶轴有翅②，叶柄长2～5厘米；小叶10～16枚，对生，长椭圆形，长8～12厘米，宽2～3厘米，先端钝或短尖，基部歪斜，边缘有细锯齿②，两面有腺鳞，下面脉腋有簇生毛；雄花序为下垂的柔荑花序，长6～10厘米③；雌花序单生小枝顶端，下垂，长10～15厘米，花序轴均有毛；花被片4枚；果序长20～45厘米，果序轴常被毛；坚果，基部具1枚宿存的鳞状苞片及2枚革质条形的翅，伸向果的斜上方，具平行脉④。

全山广布。生山谷水湿地。

枫杨为偶数羽状复叶，叶轴有翅，小叶10～16枚，对生，长椭圆形，基部歪斜，边缘有细锯齿，两面有腺鳞，花序下垂，坚果，基部具2枚革质翅。

化香树 胡桃科 化香树属

Platycarya strobilacea

Dyetree | huàxiāngshù

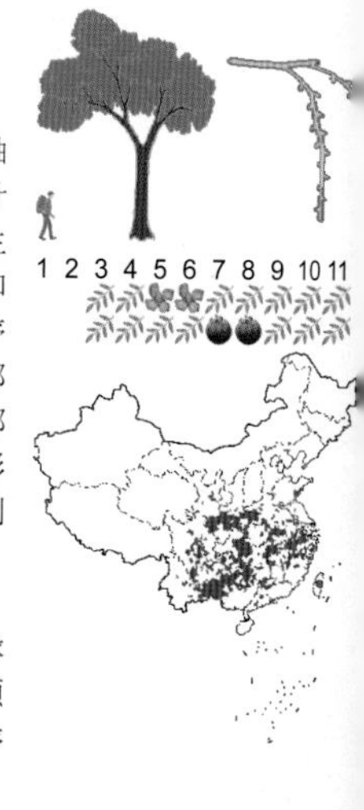

落叶小乔木①；奇数羽状复叶，总叶柄比叶轴短许多②；小叶7～21枚，对生，纸质，卵状披针形，先端长渐尖，基部偏斜，边缘具锯齿②；侧生小叶无叶柄，顶生小叶具2～3厘米的柄；雄花序和两性花序组成伞房状花序束，生枝顶③；两性花序着生在复花序束的中央顶端，上部为雄花序，下部为雌花序；雌花序有多数苞片组成，每苞片腋部具1朵雌花，无花被；果序球果状，椭圆状圆柱形④，长2.5～5厘米，苞片木质；小坚果压扁，两侧具狭翅。

全山广布。生低山、疏林或灌丛中。

化香树为奇数羽状复叶，小叶基部偏斜，边缘具锯齿，伞房状花序束生枝顶，两性花序生中央顶端，雌花序每苞片腋部具1朵雌花，无花被，果序球果状，小坚果两侧具狭翅。

1
3
2
4
1
3
2
4

青钱柳 摇钱树 胡桃科 青钱柳属

Cyclocarya paliurus

Cyclocarya | qīngqiánliǔ

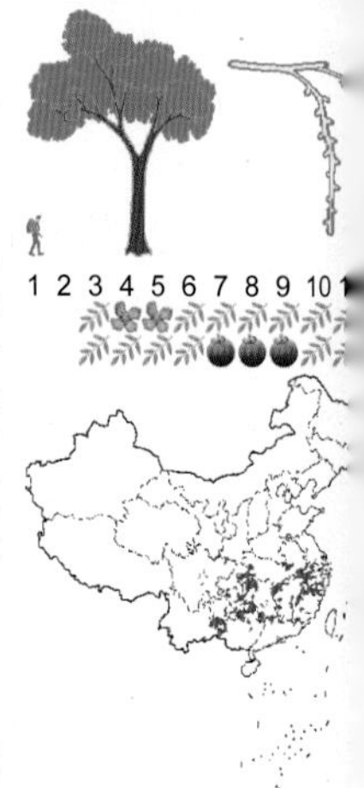

落叶乔木①；奇数羽状复叶，长20～25厘米，小叶7～9对，对生或近对生，叶轴密被短柔毛，叶革质，长6～15厘米，宽2～6厘米，先端钝或急尖，基部歪斜，近圆形，侧生小叶柄短，有短柔毛，顶生小叶长椭圆形至长椭圆状披针形②，小叶柄长达1.5厘米；小叶下面被腺体，沿中脉及侧脉生短柔毛，脉腋有粗毛，边缘有锐锯齿；雌雄同株，雄柔荑花序2～4条成1束；雌柔荑花序单独顶生；果序长20～30厘米②；果扁球形，具水平圆盘状翅③，连翅径达7厘米，翅革质，干时淡褐色，果实及翅被腺体。

衡山散见。生阔叶林中或溪边。

青钱柳为奇数羽状复叶，小叶7～9对，小叶边缘有锐锯齿，雄花序2～4条成1束，雌花序单独顶生，果扁球形，具水平向的圆形翅，翅革质。

绒毛皂荚 豆科 皂荚属

Gleditsia japonica* var. *velutina

Japan Honeylocust | róngmáozàojiá

落叶乔木；具粗而扁的枝刺，常分枝，紫褐色；一回羽状复叶；小叶3～10对，纸质至厚纸质，卵状长圆形至长圆形，顶端钝，有芒尖头或微凹，基部略偏斜②，边缘有圆钝锯齿，两面无毛；花黄绿色，组成穗状花序；荚果扁平，长20～35厘米，宽约3厘米，不规则扭曲或呈镰刀状，密被黄绿色茸毛，顶端具喙①；种子多数，着生处呈泡状隆起。

广济寺附近可见，衡山特有。生阔叶林中。

相似种：皂荚【*Gleditsia sinensis*，豆科 皂荚属】落叶乔木；小枝上有分枝圆刺；一回羽状复叶；总状花序；花黄白色；荚果直伸不扭曲或稍呈新月形③。大庙、祝圣寺、福严寺、沙湾附近可见；生林中或路旁。

1 2 3 4 5 6 7 8 9 10 11

绒毛皂荚荚果不规则扭曲或呈镰刀状，密被黄绿色茸毛；皂荚荚果直伸或稍呈新月形，不被毛。

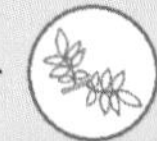

1
2
3
1
2
3

伯乐树 钟萼木 伯乐树科 伯乐树属

Bretschneidera sinensis

China Bretschneidera | bólèshù

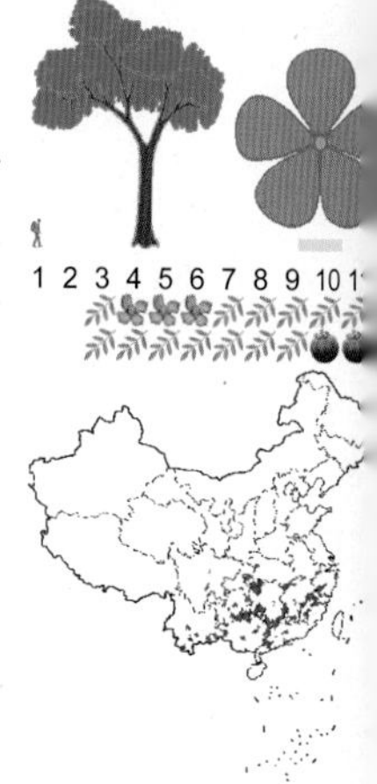

落叶乔木①；树皮灰白色，小枝有明显皮孔②；奇数羽状复叶，小叶7～15枚，对生，狭椭圆形或长圆状披针形，先端渐尖，基部钝圆，下面粉绿色或灰白色，有短柔毛，全缘③；叶柄长10～18厘米；总状花序顶生、直立，长20～40厘米，总花梗、花梗、花萼外面被棕色短茸毛；花粉红色，花梗长2～3厘米，花瓣无毛，里面有红色纵条纹；子房被白色柔毛，花柱有柔毛；蒴果近球形，长3～5.5厘米，径2～3.5厘米，3～5瓣裂④；种子椭圆球形，橙红色。

衡山阔叶林中散见。生山地阔叶林中。

伯乐树为奇数羽状复叶，叶全缘，总状花序顶生，直立，大型，总花梗、花梗、花萼外面被棕色短茸毛，蒴果木质，3～5瓣裂。

楝 苦楝 楝科 楝属

Melia azedarach

Melia | liàn

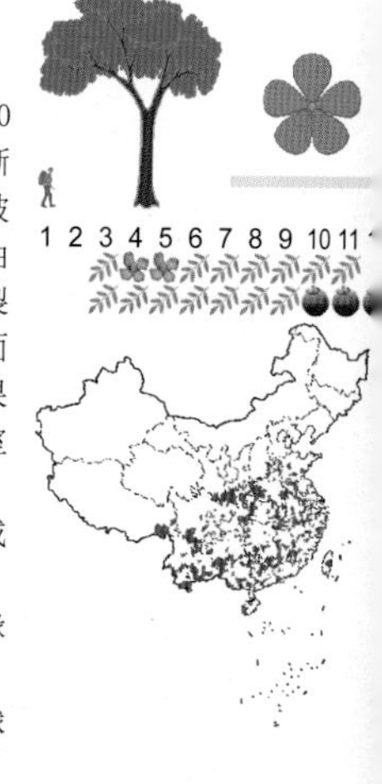

落叶乔木①；二至三回羽状复叶②，长30～40厘米，小叶对生，卵形、椭圆形至披针形，先端渐尖，基部楔形，多数偏斜，边缘有钝锯齿，幼时被星状毛，侧脉12～16对；圆锥花序腋生，大型，由多个二歧聚伞花序组成；花两性，花萼5深裂，裂片外被微柔毛；花瓣淡紫色，倒卵状匙形③，两面被微柔毛；子房5～6室，花柱不伸出雄蕊管；核果球形至椭圆形④，长1～2厘米，内果皮木质，每室具1粒种子。

南岳镇等地附近可见。生低海拔旷野、路旁或疏林中。

楝为二至三回羽状复叶，小叶基部楔形，边缘有钝锯齿，圆锥花序大型，与叶近等长，花两性，花瓣淡紫色，倒卵状匙形，两面被微柔毛；核果球形至椭圆形。

1
2
3
4
1
2
3
4

盐肤木 漆树科 盐肤木属

Rhus chinensis

China Sumac | yánfūmù

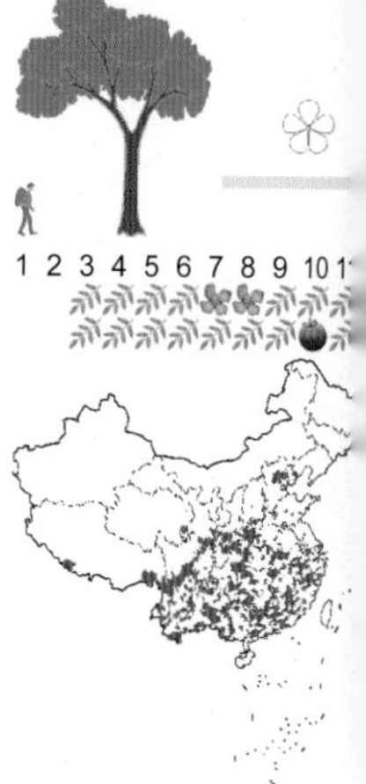

落叶小乔木，小枝密被锈色柔毛；奇数羽状复叶，具小叶7～13枚，叶轴具宽翅①，叶轴和叶柄密被锈色柔毛，小叶自下至上渐大，先端短突尖，基部圆，顶生小叶基部楔形，边缘具粗齿①，下面被褐色柔毛；小叶无柄；圆锥花序顶生②，密被褐色柔毛，花小，黄白色；核果球形③，径4～5毫米，被具节柔毛和腺毛，成熟时红色。

全山广布。生疏林或灌丛中。

相似种：野漆【*Toxicodendron succedaneum*，漆树科 漆属】落叶乔木；全体无毛，奇数羽状复叶，叶轴无翅④，小叶9～15枚，下面常被白粉；聚伞圆锥花序腋生④；核果径7～10毫米。衡山散见；生山坡沟谷林中或林缘。

盐肤木小枝、叶轴、叶柄、叶背及花序密被褐色柔毛，叶轴具宽翅，花序顶生；野漆全体无毛，叶轴无翅，花序腋生。

小果蔷薇 山木香 蔷薇科 蔷薇属

Rosa cymosa

Smallfruit Rose | xiǎoguǒqiángwēi

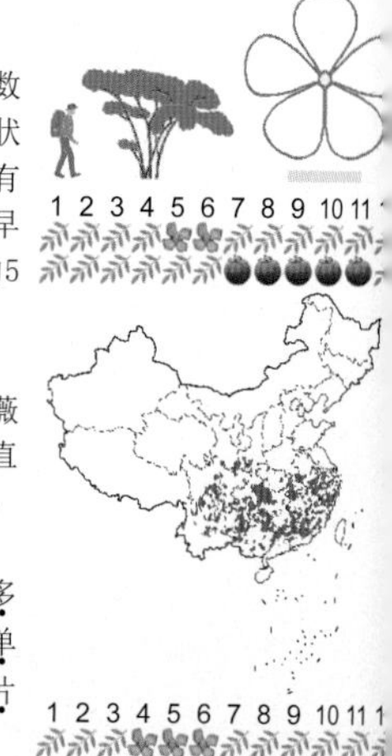

攀援灌木，小枝圆柱形，具钩状皮刺①；单数羽状复叶互生，小叶3～5枚，稀7枚，小叶片卵状披针形或椭圆形，先端渐尖，基部近圆形，边缘有细锯齿，两面无毛①；托叶膜质，离生，线形，早落；复伞房花序②；蔷薇果球形，肉质，直径约5毫米，萼片脱落①。

全山广布。生向阳山坡、路旁或溪边。

相似种：金樱子【*Rosa laevigata*，蔷薇科 蔷薇属】攀援灌木；小叶多为3枚，花单生③，较大，直径5～7厘米，花梗、萼筒密被刺毛④，果近球形，萼片宿存。全山广布；生境同上。

小果蔷薇复伞房花序，花较小，花梗、萼筒多光滑，果梨形或倒卵形，萼片脱落；金樱子花单生，较大，花梗、萼筒密被刺毛，果近球形，萼片宿存。

①
③
②
④
①
③
②
④

空心泡 空心藨 刺莓 蔷薇科 悬钩子属

Rubus rosifolius

Roseleaf Raspberry | kōngxīnpāo

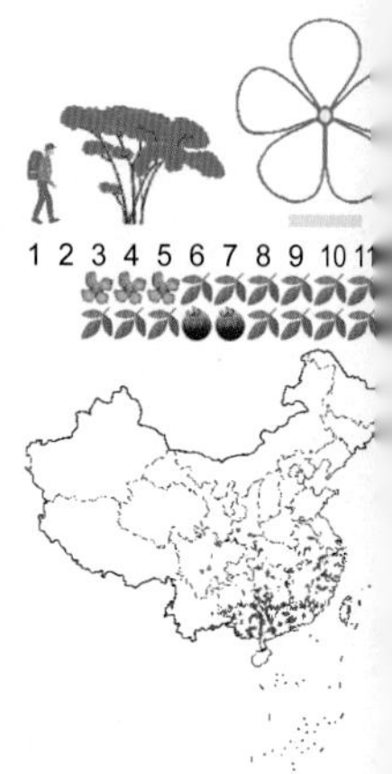

直立或攀援灌木①；小枝圆柱形，疏生较直立皮刺；奇数羽状复叶②，小叶5～7枚，卵状披针形或披针形，顶端渐尖，基部圆形，边缘有尖锐缺刻状重锯齿；叶柄长2～3厘米；花常1～2朵，顶生或腋生；花直径2～3厘米；萼片顶端长尾尖，花后常反折；花瓣长圆形、长倒卵形或近圆形，白色②③，基部具爪；雌蕊很多；聚合果卵球形，长1～1.5厘米，红色④，有光泽。

全山可见。生于海拔2000米以下山地杂木林内。

落叶灌木，奇数羽状复叶，小叶5～7枚，披针形或卵状披针形，两面均有腺点，聚合果。

珂楠树 清风藤科 泡花树属

Meliosma alba

White Meliosma | kēnánshù

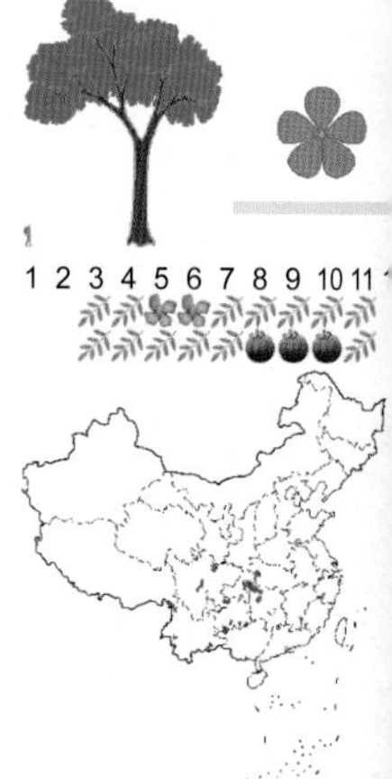

乔木；芽裸露，被褐色茸毛；当年生枝被褐色短茸毛，二年生枝淡灰白色；奇数羽状复叶①②，小叶5～13枚，纸质，卵形或狭卵形，嫩叶面、叶背、小叶柄及叶轴均被褐色短柔毛③，顶生小叶具关节；圆锥花序常数个集生近枝端①，广展而下垂；花小，两侧对生，花瓣5枚，淡黄色，外面3枚较大，里面2枚较小；核果球形④，直径6～7毫米，核扁球形，中肋圆钝隆起。

方广寺附近可见。生湿润山地林中。

乔木，奇数羽状复叶，小叶5～13枚，圆锥花序集生近枝顶，花淡黄色，核果。

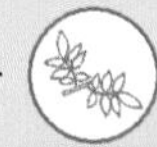

1
3
2
4
1
3
2
4

野鸦椿 省沽油科 野鸦椿属

Euscaphis japonica

Common Euscaphis | yěyāchūn

落叶小乔木，全体无毛；芽及小枝红紫色，枝叶揉碎后有奇臭；奇数羽状复叶①，对生，长15～35厘米，小叶5～9枚，厚纸质，长卵形或椭圆形，长8～9厘米，宽2～4厘米，先端尾尖，基部钝圆，边缘具疏尖齿，齿端具腺体，两面无毛；下部小叶柄长4～5毫米；圆锥花序顶生，无毛；花黄白色②；花梗长2毫米；蓇葖果长1～2厘米，每一花发育为1～3枚蓇葖果，果皮软革质，紫红色，有明显的纵脉纹③；种子近圆形④。

全山广布。生溪边、林缘或杂木林中。

野鸦椿全体无毛，枝叶揉碎后有奇臭，奇数羽状复叶，对生，小叶5～9枚，边缘具疏尖齿，齿端具腺体，圆锥花序顶生，花黄白色，蓇葖果1～3枚，果皮紫红色，有明显的纵脉纹。

复羽叶栾树 无患子科 栾树属

Koelreuteria bipinnata

Bougainvillea Goldraintree | fùyǔyèluánshù

落叶乔木①；二回羽状复叶②，长45～70厘米，羽片5～10对，每羽片有小叶5～17枚；小叶斜卵形，长3.5～7厘米，边缘有细锯齿，下面密被柔毛，叶轴和叶柄被短柔毛；大型圆锥花序顶生①，长40～65厘米，开展；花杂性，两侧对称，花黄色，花瓣长6～9毫米，有爪；蒴果椭圆形，中空如灯笼状，具3棱，淡紫红色，长4～7厘米，先端钝圆，果皮膜质，有网纹③；种子球形。

衡山散见。生山地树林中。

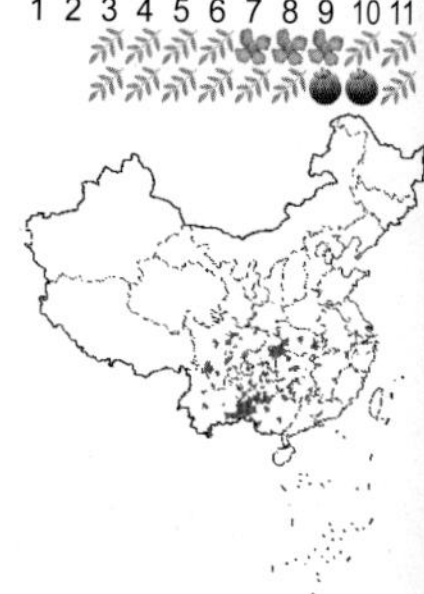

复羽叶栾树二回羽状复叶，小叶斜卵形，边缘有细锯齿，叶轴和叶柄被短柔毛，大型圆锥花序顶生，花黄色，蒴果中空如灯笼状，具3棱，淡紫红色，果皮有网纹。

1
3
2
4
1
2
3

楤木　五加科 楤木属

Aralia chinensis

China Aralia | sǒngmù

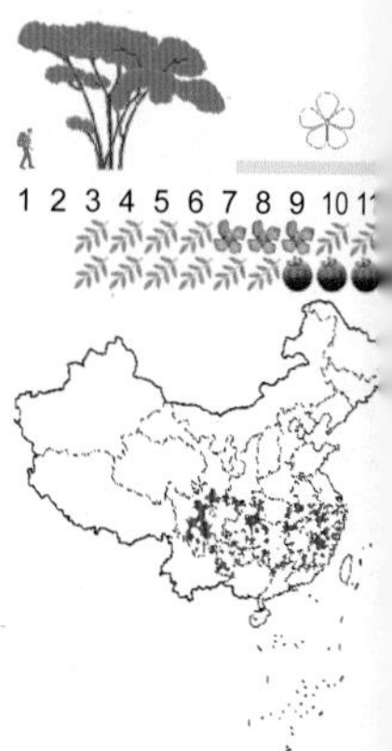

落叶灌木或小乔木①；小枝被黄棕色茸毛，疏生粗壮直刺③；二回羽状复叶①；叶柄粗长；托叶与叶柄基部合生，纸质，耳廓形；羽片有小叶5～11枚，基部有小叶1对；小叶片卵形或阔卵形，基部圆形，上面粗糙，下面有短柔毛，脉上更密，边缘有锯齿；圆锥花序密被短柔毛，第二级花序为数个小伞形花序①；花白色；果球形，具宿存花柱。

全山广布。生林缘、路边及灌丛中。

相似种：棘茎楤木【*Aralia echinocaulis*，五加科 楤木属】小枝密生细长直刺④；叶柄和叶轴深紫色②；二回羽状复叶，具5～9枚小叶，小叶基部歪斜，两面无毛；花序主轴长，与分枝常带紫褐色，初时被糠屑状毛⑤。全山广布；生山地疏林下、沟边或路边。

楤木小枝疏生直刺，圆锥花序主轴较短；棘茎楤木小枝密生长刺，圆锥花序主轴较长。

糙毛五加　五加科 五加属

Acanthopanax gracilistylus var. *nudiflorus*

Slenderstyle Acanthopanax | cāomáowǔjiā

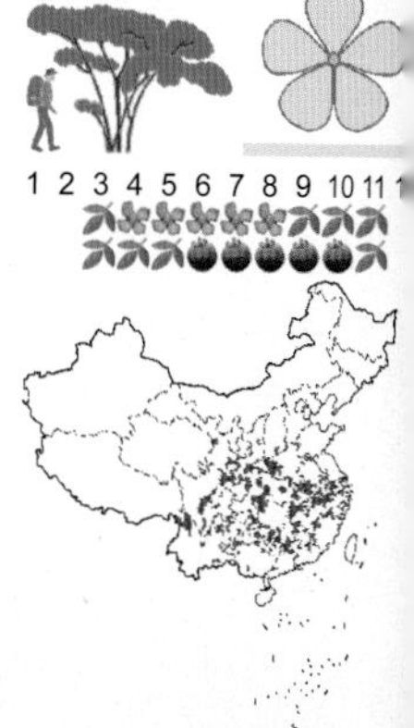

落叶蔓生灌木①，小枝细弱下垂，具皮刺；掌状复叶具5枚小叶；叶柄长2～6厘米，无毛，小叶纸质，倒卵形或倒披针形，先端短渐尖，基部楔形，两面粗糙，有刚毛，边缘有疏钝齿①；伞形花序腋生或顶生，总花梗长1～2厘米，花梗长6～10毫米，均无毛；花黄绿色②；果扁球形，黑色，花柱宿存，反曲③。

全山广布。生林内、林缘、路边或灌丛中。

相似种：白簕【*Eleutherococcus trifoliatus*，五加科 五加属】枝粗壮，灰白色，无毛，疏生基部扁平、先端弯钩的刺④；掌状复叶具3枚小叶，小叶椭圆状卵形，宽3～7厘米④。全山广布；生境同上。

糙毛五加复叶具5小叶，小叶倒卵形，宽1～3厘米；白簕复叶具3小叶，小叶椭圆状卵形，宽3～7厘米。

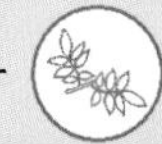

1
3
4
2
5
1
2
3
4

竹叶花椒 芸香科 花椒属

Zanthoxylum armatum

Bambooleaf Prickleyash | zhúyèhuājiāo

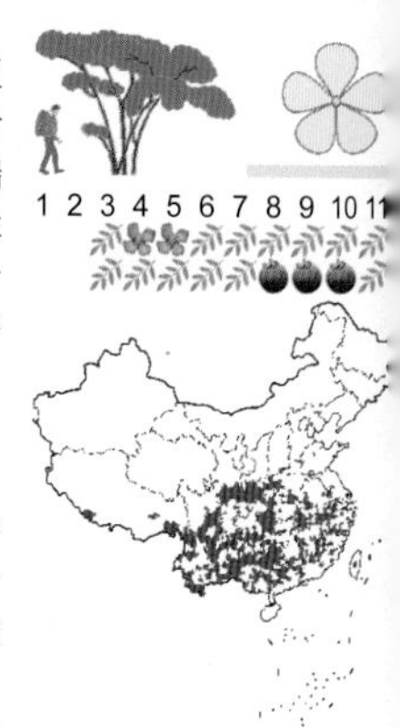

落叶灌木，具皮刺，刺基部扁平；奇数羽状复叶，叶轴具明显叶翼，小叶3～9枚，对生①，披针形或近椭圆形，长3～12厘米，宽1～3厘米，顶端渐尖，基部楔形或宽楔形，上面深绿色，腺毛中脉上常有小刺，中脉基部两侧有丛状柔毛，顶生小叶最大，基部一对最小，小叶柄近无；花单性，花序直立，长2～5厘米；蓇葖果紫红色，径4～5毫米，分果瓣2～3枚，成熟分果瓣有油点凸起②。

全山广布。生山坡、路旁或灌丛中。

相似种：梗花椒【*Zanthoxylum stipitatum*，芸香科 花椒属】灌木或小乔木；叶轴无明显叶翼，小叶11～17枚③；叶长1～3厘米，宽不及1厘米；果实基部骤然收窄成1～3毫米的柄④。全山广布；生山地林中。

二者均为奇数羽状复叶；竹叶花椒的小叶3～9枚，叶轴具明显叶翼，叶较大；梗花椒的小叶11～17枚，叶轴无明显叶翼，叶较小。

臭辣吴萸 臭辣树 芸香科 吴茱萸属

Evodia fargesii

Farges Evodia | chòulàwúyú

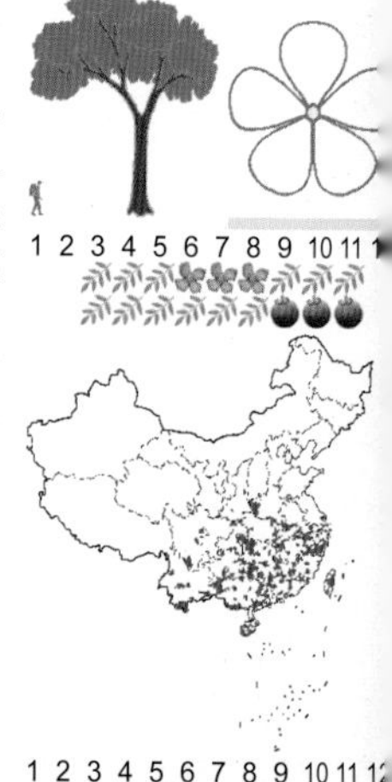

落叶乔木①；小枝无毛，散生皮孔；叶和小叶均对生，奇数羽状复叶，小叶5～9枚，斜卵形至斜披针形②，先端长渐尖，基部两侧不对称，上面无毛，下面脉腋上有卷曲丛毛，边缘波状或有细钝齿；小叶柄长3～7毫米，顶生小叶柄长达2厘米；叶轴及小叶柄均无毛；雌雄异株；聚伞圆锥花序顶生①，花5数，成熟心皮5～4枚，紫红色或淡红色；蓇葖果，沿背腹开裂，每分果瓣1粒种子。

衡山散见。生山谷阴湿处。

相似种：吴茱萸【*Evodia rutaecarpa*，芸香科 吴茱萸属】落叶小乔木或灌木；小枝、小叶及花序轴均被长柔毛③；果序密集成卵球形④。衡山散见；生山地疏林或灌丛中。

臭辣吴萸小枝、小叶及花序轴无毛，果彼此疏离；吴茱萸小枝、小叶及花序轴均被长柔毛，果序密集成卵球形。

1
3
2
4
1
2
3
4

阔叶十大功劳 小檗科 十大功劳属

Mahonia bealei

Broadleaf Mahonia | kuòyèshídàgōngláo

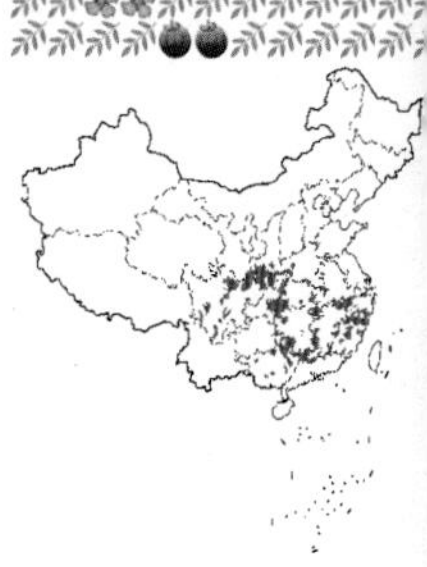

常绿灌木①；内皮层及木质部黄色②；少分枝，全体无毛；叶常集生枝端，长25～40厘米；一回奇数羽状复叶①，光洁无毛，小叶9～15枚，厚革质，宽卵形至狭卵形，顶生小叶最大，边缘每边具缺刻状粗大齿3～6枚，下面干后呈黄绿色，有白粉③；总叶柄长，基部抱茎，侧生小叶无柄，常具关节；总状花序约10个簇生枝端（①左下），长5～15厘米；花有梗，萼片9枚，花瓣6片，雄蕊6枚，柱头盾状膨大；浆果球形，蓝黑色，长约8毫米，被白粉④。

衡山散见。生山地密林或疏林下阴湿处。

阔叶十大功劳全体无毛，一回奇数羽状复叶，小叶厚革质，卵形边缘具粗大齿，下面有白粉，总叶柄基部抱茎，总状花序约10个簇生枝端，浆果球形，被白粉。

大叶胡枝子 豆科 胡枝子属

Lespedeza davidii

Bigleaf Bushclover | dàyèhúzhīzi

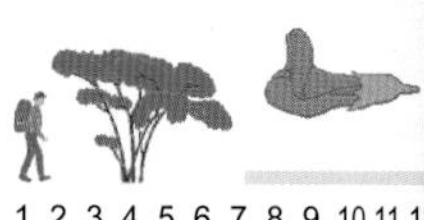

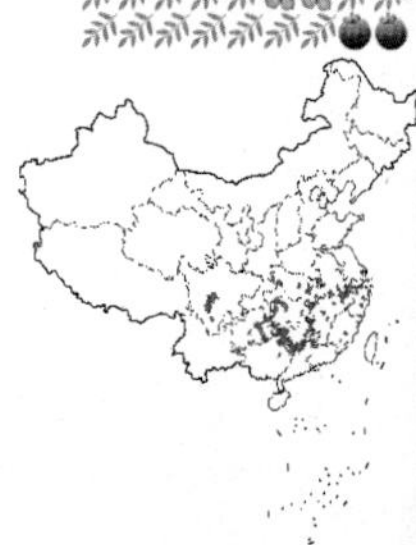

落叶灌木①；小枝粗，密被长柔毛，有显著纵棱②；复叶具3小叶，叶柄长2～4厘米；小叶近革质，宽卵圆形或宽倒卵形，顶生小叶较大，先端圆而微凹，基部圆形，两面密被黄白色绢毛③；总状花序腋生，生枝顶聚为圆锥花序，总花梗和花梗密被白色长柔毛；花冠红紫色①；子房密被毛；荚果卵形，顶端有小尖头，边脉密被绢毛。

全山广布。生山坡、路旁或灌丛中。

相似种：杭子梢【*Campylotropis macrocarpa*，豆科 杭子梢属】小叶椭圆形或宽椭圆形，先端具小尖头，上面无毛，下面有柔毛；总状花序单一，长4～10厘米④；苞片腋部仅1朵花，苞片早落④；花梗长约1厘米，花冠紫红色；浆果长圆形。麻姑仙境附近可见；生境同上。

大叶胡枝子苞片宿存，内有2朵花，花梗较短；杭子梢苞片早落，腋部仅1朵花，花梗较长。

①
②
③
④
①
③
②
④

美丽胡枝子 豆科 胡枝子属

Lespedeza formosa

Spiffy Bushclover | měilìhúzhīzǐ

落叶灌木，多分枝，被疏柔毛；羽状复叶具3小叶，小叶椭圆形或长圆状椭圆形，两端稍尖或钝，边全缘①；总状花序单一，腋生，或构成顶生的圆锥花序②；总花梗可达10厘米，被短柔毛；花萼钟状，5深裂；花冠紫红色③；荚果倒卵形，长约8毫米，花萼宿存。

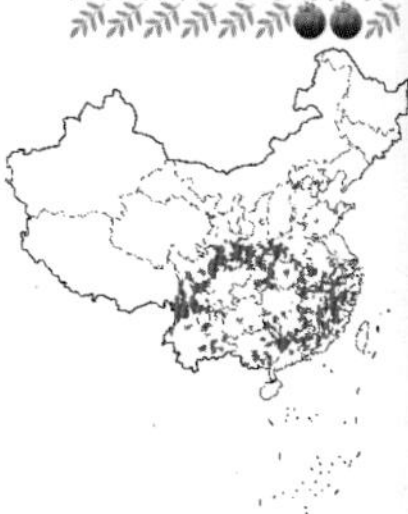

全山广布。生灌丛中或林下、林缘。

相似种：中华胡枝子【*Lespedeza chinensis*，豆科 胡枝子属】小灌木；全株被白色伏毛④；小叶倒卵状长圆形或长圆形；花二型；有瓣花集成总状花序，腋生，少花，不超出叶，总花轴极短；花冠白色；无瓣花簇生于茎下部叶腋；荚果卵圆形，基部稍偏斜。衡山散见；生山坡灌丛中或林缘。

美丽胡枝子为灌木，总花梗长，花冠紫红色；中华胡枝子为小灌木，总花梗极短，花二型，有瓣花花冠白色，无瓣花生于茎下部叶腋。

黄荆 马鞭草科 牡荆属

Vitex negundo

Negundo Chastetree | huángjīng

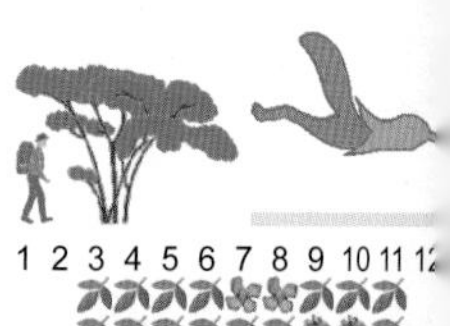

落叶灌木；小枝四棱形，密生灰白色茸毛；掌状复叶，小叶5枚，少有3枚；小叶片长圆状披针形至披针形，先端渐尖，基部楔形，多全缘或少有浅锯齿①，上面淡绿色，下面灰白色①，密被短柔毛；圆锥花序顶生②，长10～27厘米；花萼钟状，顶端5裂；花冠淡紫色，外面有茸毛，顶端5裂，2唇形，上唇2裂，下唇3裂③；雄蕊4枚，2强；核果球形，黑褐色，基部有宿萼。

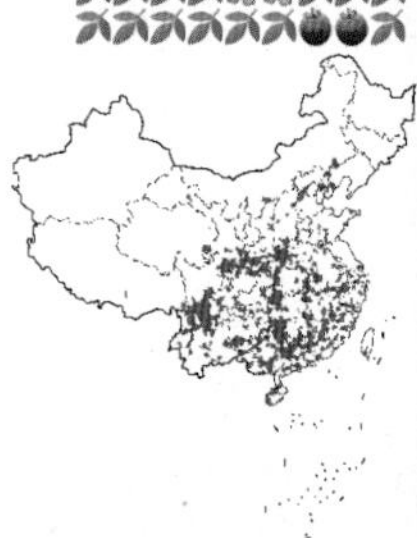

全山广布。生山坡路旁或灌丛中。

相似种：牡荆【*Vitex negundo* var. *cannabifolia*，马鞭草科 牡荆属】落叶灌木；小枝四棱形，掌状复叶，小叶5枚，边缘有粗锯齿④，叶下面淡绿色；圆锥花序顶生，花冠淡紫色。全山广布；生境同上。

黄荆叶边多全缘，叶下面灰白色；牡荆叶边有粗锯齿，叶下面淡绿色。

1
3
2
4
1
3
2
4

合欢 豆科 合欢属

Albizia julibrissin

Silktree Siris | héhuān

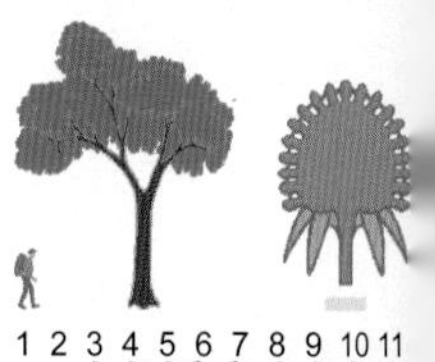

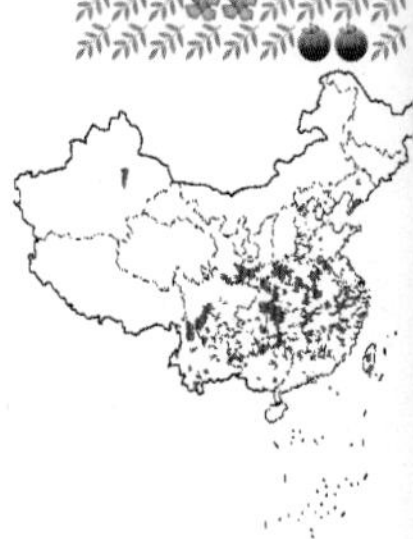

落叶乔木①；小枝有棱角，嫩枝、花序和叶轴被毛；二回羽状复叶，总叶柄近基部及最顶端一对羽片着生处各有1枚腺体；羽片及小叶对生，小叶10～30对，线形至条形②，长6～12毫米，宽1～4毫米，向上偏斜，先端急尖，有缘毛，基部楔形，叶脉偏于上部边缘，近无柄；头状花序生枝顶排成圆锥状花序，花粉红色，雄蕊20～50枚，花丝细长，长于花冠，基部合生成管②；荚果扁平条形，长9～15厘米，宽1.2～2.5厘米。

全山广布。生山坡或栽培。

相似种：山槐【*Albizia kalkora*，豆科 合欢属】别名山合欢。二回羽状复叶，总叶柄近基部及叶轴顶端有1圆形腺体，腺体密被黄色茸毛③④；小叶长圆形，长2.5～4.5厘米，宽7～20毫米，基部偏斜⑤；花黄白色（⑤右下）；荚果扁平。全山广布；生境同上。

二者均为二回羽状复叶；合欢小叶短小，条形，花粉红色；山槐小叶大，长圆形，花黄白色。

苦枥木 木犀科 白蜡树属

Fraxinus insularis

Insular Ash | kǔlìmù

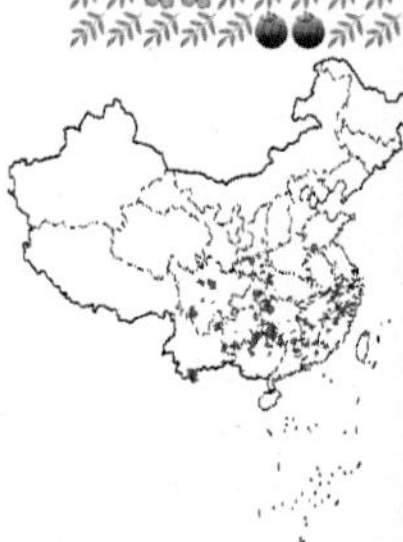

落叶乔木；芽具芽鳞1对，暗黑色；小枝具膨大的节并密被皮孔；奇数羽状复叶①；小叶3～5枚，纸质，卵形或卵状披针形，长5～10厘米，宽2～4厘米，基部偏斜，具浅锯齿，两面无毛，侧脉每边7～11条，网脉明显；小叶柄长1～1.5厘米；圆锥花序长10～15厘米，狭长，无毛；花梗长3毫米；花冠白色，4深裂，裂片条形，雄蕊伸出裂片外；翅果长匙形，长2.5～3.5厘米②。

全山可见。生山地、河谷林中。

相似种：白蜡树【*Fraxinus chinensis*，木犀科 白蜡树属】芽具褐色茸毛；小叶5～7枚③，叶下面中脉两侧丛生白色柔毛④；圆锥花序；无花冠，先花后叶；翅果长匙形。广济寺附近可见；生山地杂木林中。

苦枥木先叶后花，小叶3～5枚，花有花冠；白蜡树先花后叶，小叶5～7枚，花无花冠。

①
③
④
②
⑤
①
③
②
④

白木通　木通科 木通属

Akebia trifoliata* subsp. *australis

Austral Akebia | báimùtōng

落叶木质藤本，全体无毛；掌状复叶；叶柄长7～11厘米；小叶3枚，革质，卵状长圆形或卵形，先端圆形，中央凹陷，边全缘②；雌雄同株，总状花序长7～9厘米①；花紫色；雄花小，生花序上部，萼片3枚，紫色，雄蕊6枚，离生；雌花大，生于花序下部，萼片暗紫色，心皮5～7枚，离生，圆柱形，紫色①；果长圆形，长6～8厘米，熟时黄褐色②。

全山广布。生山坡灌丛或沟谷疏林边。

相似种：三叶木通【*Akebia trifoliata*，木通科木通属】小叶纸质或薄革质，卵形或阔卵形，边具波状齿或浅裂③；雌花心皮圆柱状，橙黄色；网脉两面凸起，果长圆形。衡山散见；生境同上。

白木通叶革质，边全缘；三叶木通叶纸质或薄革质，边缘具波状圆齿或浅裂。

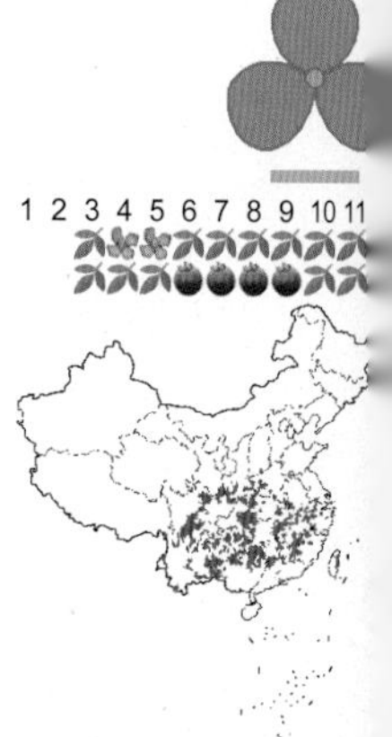

山木通　毛茛科 铁线莲属

Clematis finetiana

Finet Clematis | shānmùtōng

木质藤本，无毛；茎圆柱形，有纵条纹，小枝有棱；叶对生，三出复叶①，基部有时为单叶；小叶片薄革质或革质，卵状披针形、狭卵形至卵形①，顶端锐尖至渐尖，基部圆形，边全缘，两面无毛；花常单生或为1～3朵成聚伞花序，与叶近等长②；苞片小，钻形；萼片4枚，开展，白色，外面边缘密生；瘦果镰刀状狭卵形，长约5毫米，有柔毛，宿存花柱长达3厘米，有黄褐色长柔毛。

衡山散见。生疏林、林缘或灌丛中。

相似种：威灵仙【*Clematis chinensis*，毛茛科 铁线莲属】木质藤本；一回羽状复叶有5小叶③④；小叶片纸质；圆锥状聚伞花序，花白色；瘦果扁，3～7个，卵形至宽椭圆形。衡山散见；生境同上。

山木通具3小叶，薄革质或革质；威灵仙具5小叶，纸质。

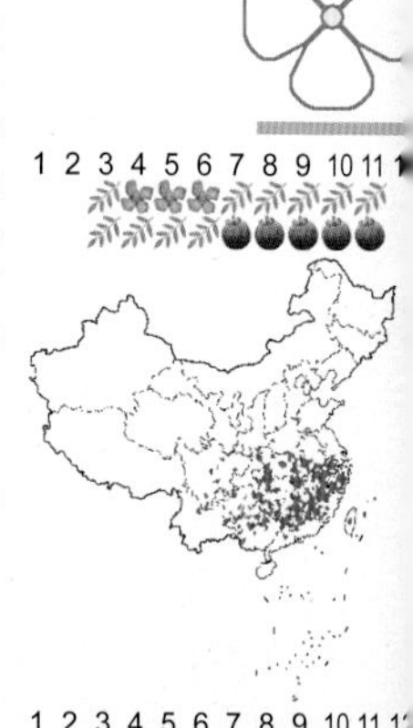

清香藤　木犀科 素馨属

Jasminum lanceolarium

Lanceolate Jasmine | qīngxiāngténg

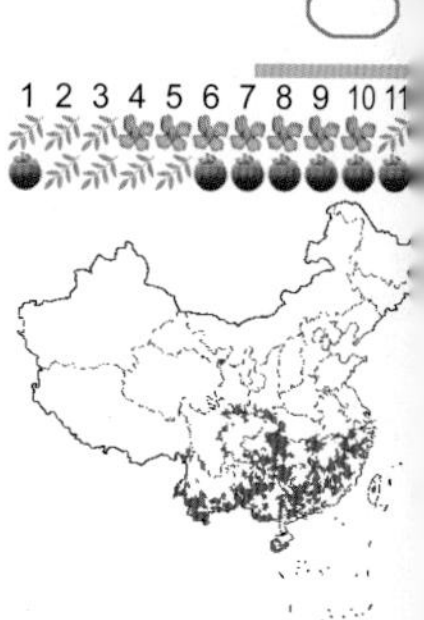

木质藤本或藤状灌木；三出复叶①，叶柄长1～4厘米；小叶片椭圆形至窄长圆形，先端短而渐尖，基部楔形，全缘，顶生小叶长6～15厘米，宽2～8厘米，侧生小叶略小，两面光滑或被柔毛，小叶柄长0.8～3.5厘米；聚伞花序呈圆锥状排列②；苞片线形；萼筒状，果时增大宿存；花冠白色，高脚碟形，长2～3.8厘米，冠筒纤细②；浆果球形。

广济寺、麻姑仙境附近可见。生山谷密林或灌丛中。

相似种：华素馨【*Jasminum sinense*，木犀科 素馨属】别名华清香藤。枝圆柱形，幼时被毛；三出复叶，顶生小叶几为侧生小叶2倍大③，叶下面密被灰黄色柔毛；总花梗、花梗、花萼均被毛；花冠黄白色；浆果长圆形④。槠木潭附近可见；生境同上。

1 2 3 4 5 6 7 8 9 10 11

清香藤顶生小叶与侧生小叶近等大；华素馨顶生小叶为侧生小叶2倍大。

乌蔹莓　五爪龙　葡萄科 乌蔹莓属

Cayratia japonica

Japan Caryatia | wūliǎnméi

落叶草质藤本；小枝圆柱形，有纵棱纹①；卷须2～3叉分枝；叶为鸟足状5小叶，中间小叶长椭圆形或椭圆状披针形，基部楔形，侧生小叶椭圆形或长椭圆形，边具锯齿，两面无毛；叶柄长1.5～10厘米，中央小叶柄长0.5～2.5厘米；复二歧聚伞花序腋生②，花序梗长1～13厘米；花小，黄绿色，具短梗；萼怀状；花瓣三角状卵圆形②；浆果近球形，直径约1厘米，成熟时黑色。

全山广布。生山谷林中或山坡灌丛中。

相似种：光叶蛇葡萄【*Ampelopsis heterophylla* var. *hancei*，葡萄科 蛇葡萄属】木质藤本；单叶互生，心形或卵形，常3～5中裂，顶端渐尖，基部心形③；花5基数④。全山广布；生境同上。

1 2 3 4 5 6 7 8 9 10 11

乌蔹莓为草质藤本，叶为鸟足状5小叶，花4基数；光叶蛇葡萄为木质藤本，单叶，常3～5中裂，花5基数。

①
③
②
④
①
③
②
④

飞蛾藤　　旋花科 飞蛾藤属

Dinetus racemosus

Porana | fēi'éténg

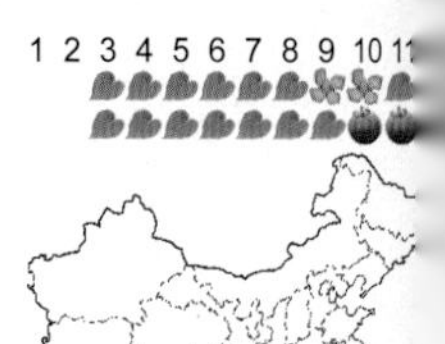

草质藤本①；茎缠绕，圆柱形；叶卵形，长6～11厘米，宽5～10厘米，先端渐尖或尾尖，具小尖头，基部深心形，两面疏被毛②；掌状脉7～9条；叶柄等长或短于叶片；圆锥花序腋生，分枝略宽阔，苞片叶状，小苞片钻形③；花梗长3～6毫米；萼片线状披针形，常被毛，果时增大，长圆状匙形，具3条纵脉；花冠漏斗形③，长1厘米，白色，管部带黄色，无毛，5裂至中部，裂片开展，长圆形；雄蕊内藏；子房无毛，花柱1枚，柱头棒状，2裂；蒴果卵形，具小短尖头，无毛。

全山广布。生山地灌丛中。

飞蛾藤为攀缘灌木，叶卵形，基部深心形，掌状脉，圆锥花序腋生，萼片线状披针形，果时增大，花冠白色，管部带黄色，5裂至中部，蒴果卵形。

冠盖藤　　虎耳草科 冠盖藤属

Pileostegia viburnoides

Common Pileostegia | guāngàiténg

常绿攀缘状灌木或木质藤本；叶对生，薄革质，披针状椭圆形至倒披针形，全缘或有疏齿①；叶柄长1～3厘米；密集聚伞花序再组成圆锥花序，顶生①，长10～20厘米；花梗长1～2毫米；花瓣卵形，白色，上部联合成花盖；蒴果陀螺状半球形，长2～3毫米，顶端平截，具5～10条纵肋，无毛；种子顶端有翅。

全山广布。生山谷林中。

相似种：钻地风【*Schizophragma integrifolium*，虎耳草科 钻地风属】落叶木质藤本；叶椭圆形至阔卵形，叶柄长3～8厘米②；伞房状聚伞花序③，不育花萼片多为1枚，长卵形，黄白色，花梗长2～3厘米；孕性花黄绿色；蒴果长6～8毫米。广济寺、上封寺及方广寺附近可见；生山谷、山坡林中。

冠盖藤常绿，花序全部为孕性花；钻地风落叶，花序具不育花和孕性花，不育花的萼片多单生，大形。

1
2
3
1
2
3

俞藤 粉叶爬山虎 葡萄科 俞藤属

Yua thomsonii

Thomson Creeper | yúténg

木质藤本①；小枝圆柱形，嫩枝略有棱纹，无毛；卷须2叉分枝②，相隔2节间断与叶对生；叶为掌状5小叶①，草质，小叶披针形或卵披针形，长2.5～7厘米，宽1.5～3厘米，基部楔形，边缘上半部具细锐锯齿，下面常被白色粉霜，近无毛②；叶柄长2.5～6厘米，无毛；复二歧聚伞花序，与叶对生，无毛③；萼碟形，边全缘，无毛；花瓣5枚；果近球形，直径1～1.3厘米，紫黑色④。

全山广布。生山坡林中。

俞藤为木质藤本，全体无毛，卷须2叉分枝，掌状5小叶，小叶边缘上半部具细锐锯齿，下面常被白色粉霜，复二歧聚伞花序，与叶对生，果近球形。

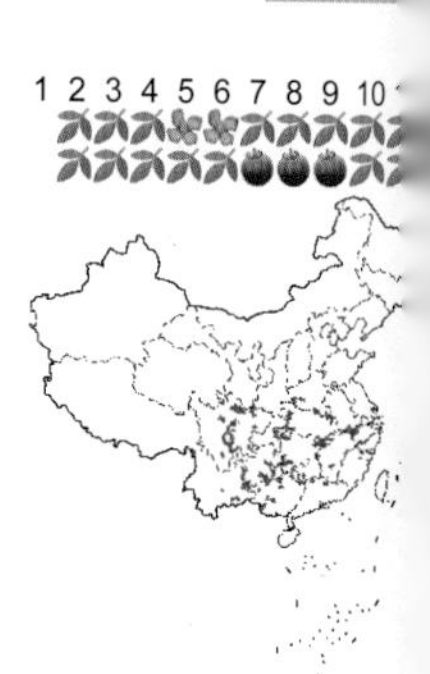

扶芳藤 卫矛科 卫矛属

Euonymus fortunei

Fortune Euonymus | fúfāngténg

常绿攀缘灌木②；小枝方棱不明显；叶对生，薄革质，椭圆形或长倒卵形，长3.5～8厘米，宽1.5～4厘米，先端钝或急尖，基部楔形，边缘不明显浅齿③；叶柄长3～6毫米；聚伞花序3～4次分枝①；花序梗长1.5～3厘米；花白绿色④；花盘方形，花丝细长，长2～3毫米，花药圆心形；子房三角锥状，四棱，粗壮；蒴果粉红色，果皮光滑，近球形，直径6～12毫米；果序梗长2～3.5厘米，小果梗长5～8毫米；种子有橙红色假种皮。

全山广布。生山坡或山谷林中。

扶芳藤为常绿攀缘灌木，叶对生，边具不明显浅齿，聚伞花序3～4次分枝，花白绿色，4数，花盘方形，子房三角锥状，蒴果粉红色，果皮光滑。

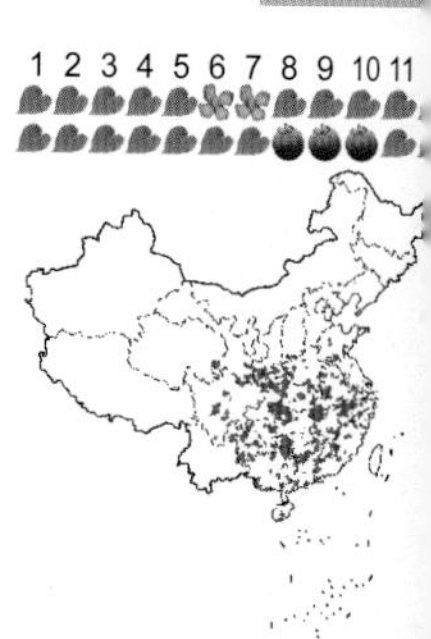

龙须藤　豆科 羊蹄甲属

Bauhinia championii

Champion Bauhinia | lóngxūténg

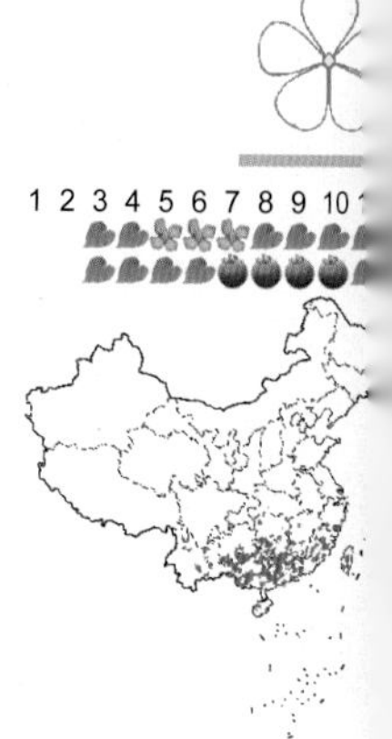

落叶木质藤本①；卷须卷曲状④；幼枝、幼叶、叶下面、花序梗均被柔毛；叶互生，纸质，卵形，长4～12厘米，宽3～7厘米，先端急尖、圆钝、微凹或2裂，基部圆形或截形，边全缘①②；叶柄长2～3.5厘米，先端膨大；总状花序或数个再组成复总状花序，长10～20厘米③；花梗长约10～15毫米，花小；萼5深裂，裂片长尖，花瓣白色；荚果扁平，暗紫色，长约7～12厘米，宽约2.5～3厘米，无毛，开裂④。

树木园、忠烈祠附近可见。生山地灌丛或林中。

龙须藤卷须卷曲状，幼枝、幼叶、叶下面、花序梗均被柔毛，叶互生，卵形，先端变化大，边全缘，叶柄先端膨大，复总状花序，花瓣白色，荚果扁平。

南赤瓟　葫芦科 赤瓟属

Thladiantha nudiflora

Nakedflower Tubergourd | nánchìpáo

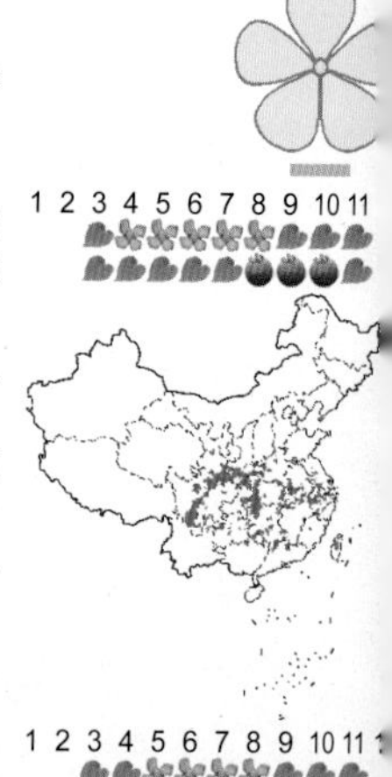

草质藤本①；全体密生柔毛状硬毛②；根块状；茎具深棱沟；叶柄长3～10厘米；叶质较硬，卵状心形、宽卵状心形或近圆形，长5～15厘米，宽4～12厘米，边具细锯齿①；卷须稍粗壮，密被硬毛，下部有明显沟纹，上部2歧；雌雄异株；花黄色①；雄花为总状花序，雌花单生；果梗粗壮，长2.5～5.5厘米；果实圆球形，被腺毛，熟时红色②。

福严寺、广济寺附近可见。生沟边、林缘或灌丛中。

相似种：栝楼【*Trichosanthes kirilowii*，葫芦科栝楼属】草质藤本；块根圆柱状；茎具纵棱及槽，被白色伸展柔毛；叶纸质，近圆形，3～5中裂，裂片边缘再浅裂④；雌雄异株，花白色③；果椭圆形或圆形④。全山广布；生林下、林缘或灌丛中。

南赤瓟的叶卵状心形，不裂，花黄色；栝楼的叶近圆形，3～5中裂，裂片边缘再浅裂，花白色。

1
3
2
4
1
3
2
4

绞股蓝　　葫芦科 绞股蓝属

Gynostemma pentaphyllum

Fiveleaf Gynostemma | jiǎogǔlán

草质藤本①；茎具纵棱及槽；叶柄长3～7厘米；叶鸟足状，常具5～7小叶，小叶片卵状长圆形或披针形，侧生边缘波状齿，侧脉背面凸起①；卷须2歧分枝；花雌雄异株；雄花圆锥花序，花序轴多分枝，长10～15厘米；花冠淡绿色或白色，5深裂②；雌花圆锥花序短小；果肉质不裂，球形，成熟后黑色，光滑无毛③。

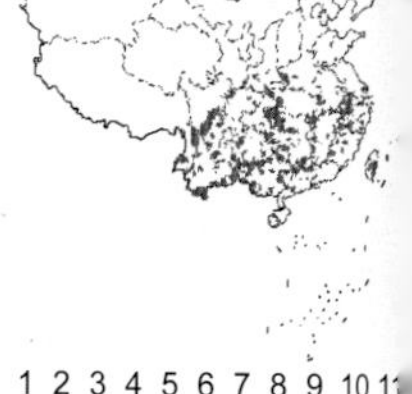

全山广布。生林下、灌丛中或路旁草丛中。

相似种：雪胆【*Hemsleya chinensis*，葫芦科 雪胆属】攀缘草本；趾状复叶由5～9枚小叶组成，多为7枚小叶⑤；花橙黄色，花萼反折，花瓣反折围住花萼成灯笼状④；果矩圆状椭圆形，具纵棱。上封寺附近可见；生杂木林下或林缘沟边。

绞股蓝鸟趾状复叶多为5枚小叶，花淡绿色，花萼和花瓣不反折；雪胆多为7枚小叶，花橙黄色，花萼和花瓣反折。

络石　　夹竹桃科 络石属

Trachelospermum jasminoides

China Starjasmine | luòshí

常绿木质藤本①，全株具白色乳汁，小枝无毛；叶对生，革质，椭圆形至披针形①，两端尖，下面疏被柔毛；叶柄内侧和腋部有腺点；聚伞花序排成圆锥状；总花梗长2.5～5厘米，被柔毛；花冠高脚碟状，白色，中部膨大，顶端5裂②；雄蕊生冠筒中部，藏于冠喉内；蓇葖果2枚，叉开，长条状披针形，长10～18厘米，径5～10毫米。

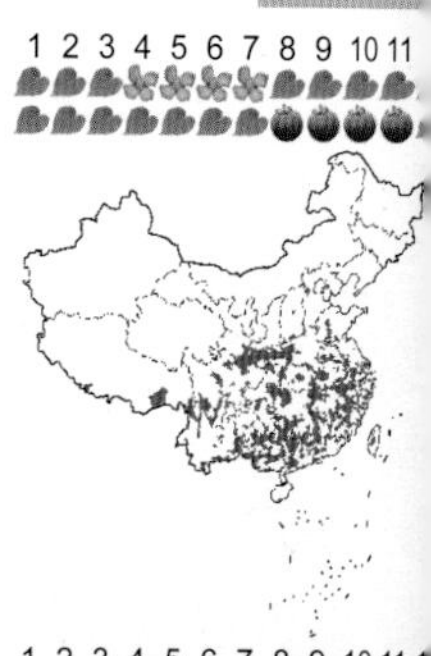

全山广布。生林下、林缘、溪边或岩缝中。

相似种：紫花络石【*Trachelospermum axillare*，夹竹桃科 络石属】全株具白色乳汁④，叶倒披针形或倒卵形③；花冠紫色，雄蕊生花冠筒基部⑤；蓇葖果圆柱状长圆形，平行，黏生。衡山散见；生山谷疏林或灌丛中。

络石花冠白色，雄蕊生冠筒中部，2枚蓇葖果叉开伸展；紫花络石花冠紫色，雄蕊生管筒基部，2枚蓇葖果平行黏生。

1
3
2
4
5
1
3
2
4
5

金钱豹 土党参 土人参 桔梗科 金钱豹属

Campanumoea javanica* subsp. *japonica

Japan Leopard | jīnqiánbào

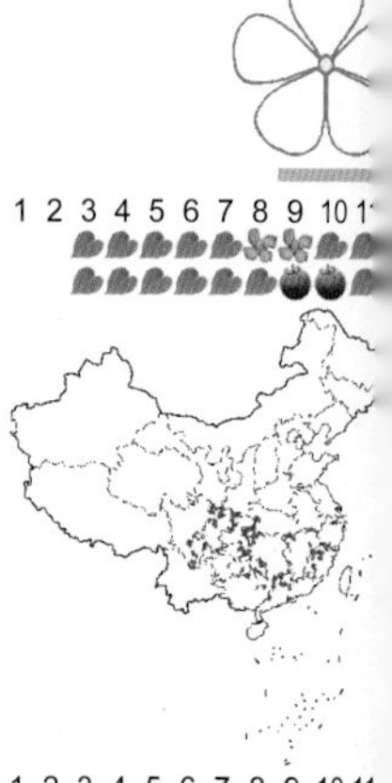

草质缠绕藤本①，具乳汁；茎无毛，多分枝；叶对生，具长柄①，叶片心形或心状卵形，边缘有浅锯齿①；花单朵生叶腋，各部无毛，花萼与子房分离，5裂达基部；花冠上位，白色或黄绿色，内面紫色，钟状，裂至中部②；雄蕊5枚；浆果黑紫色或紫红色，球状②。

方广寺附近可见。生疏林或灌丛中。

相似种：羊乳【*Codonopsis lanceolata*，桔梗科党参属】又叫轮叶党参。叶在主茎上互生，在小枝顶端2～4枚簇生或近轮生，叶柄短小③；花生小枝顶端，黄绿色或乳白色，内有紫色斑（③左下）；蒴果下部半球状④。全山可见；山地灌木林下或沟边阴湿处。

金钱豹叶对生，具长柄，浆果球状；羊乳叶在主茎上互生，在小枝顶端簇生，叶柄短小，蒴果下部半球状。

何首乌 蓼科 何首乌属

Fallopia multiflora

Heshouwu | héshǒuwū

多年生草质藤本①；块根肥厚，长椭圆形，黑褐色；茎缠绕，具纵棱，无毛；叶卵形或长卵形，顶端渐尖，基部心形或近心形，两面粗糙，边全缘①；叶柄长1.5～3厘米；托叶鞘膜质，偏斜，无毛③；花序圆锥状②，分枝开展，均细纵棱；花梗细弱，下部具关节；花被片5枚深裂；瘦果卵形，具3棱，黑褐色，有光泽，包于宿存花被内。

全山广布。生林下或石缝。

相似种：杠板归【*Polygonum perfoliatum*，蓼科蓼属】一年生；全株具稀疏倒生皮刺；叶三角形，基部截形，上面无毛；叶柄盾状着生于叶片近基部⑤；托叶鞘叶状，圆形，穿叶④；总状花序，花白色或淡红色；瘦果球形⑤。全山广布；生山谷湿地或路旁。

何首乌无刺，叶卵形或长卵形，托叶鞘膜质，偏斜；杠板归具倒生皮刺，叶三角形，托叶鞘草质，圆形，穿叶。

1
3
2
4
1
3
4
2
5

牛皮消　萝藦科 鹅绒藤属

Cynanchum auriculatum

Auriculate Mosquitotrap | niúpíxiāo

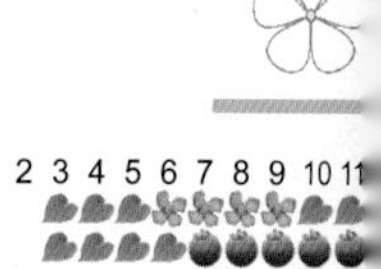

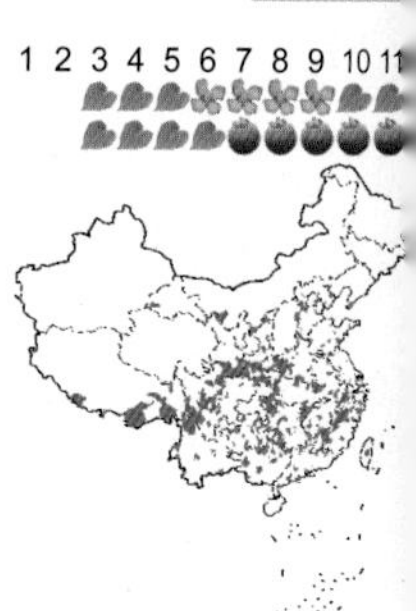

草质藤本①，具乳汁②；宿根肥厚，呈块状；叶对生，膜质，被微毛，宽卵形至卵状长圆形，顶端短渐尖，基部心形①；聚伞花序伞房状，花序梗长达10厘米；花冠白色，裂片长圆形或卵状长圆形，内面有疏柔毛，反折；副花冠浅杯状，肉质，钝头③；柱头圆锥状，顶端2裂；蓇葖双生，披针形，长8厘米，直径1厘米。

衡山散见。生林缘或沟谷灌丛中。

藤本，具乳汁，叶对生，基部心形，聚伞花序伞房状，花冠白色，裂片反折，蓇葖双生，披针形。

中华猕猴桃　猕猴桃科 猕猴桃属

Actinidia chinensis

Yangtao Kiwifruit | zhōnghuámíhóutáo

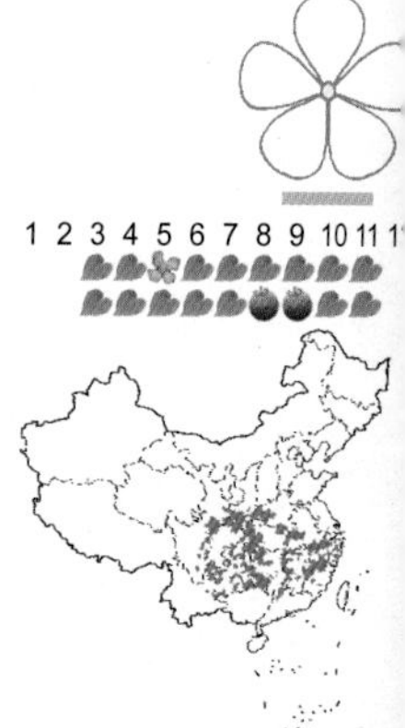

落叶木质藤本；幼枝密被灰白色或灰褐色茸毛，老时无毛；叶厚纸质，圆形、阔卵形或倒阔卵形①，先端平截或微凹，基部圆形至近心形，边缘具刺芒锯齿，上面仅脉上有疏柔毛，下面密被星状柔毛②；叶柄长3.5～8厘米，聚伞花序具1～3朵花②，被黄褐色茸毛；果圆形至长圆形，长4～5厘米，径3～4厘米，褐色，初时密被褐色茸毛③，果熟时毛较稀少。

全山广布。生疏林、灌丛或林缘。

相似种：毛花猕猴桃【*Actinidia eriantha*，猕猴桃科 猕猴桃属】植物体各部毛被白色；叶卵形至阔卵形，先端短渐尖⑤；果圆柱形，密被白色密而厚的长茸毛，宿存萼片反折④。衡山散见；生灌丛中。

1 2 3 4 5 6 7 8 9 10 11 12

中华猕猴桃叶近圆形，果初时密被褐色茸毛；毛花猕猴桃叶卵形或阔卵形，果密被白色密而厚的长茸毛。

1
2
3
1
3
4
2
5

刺葡萄　葡萄科 葡萄属

Vitis davidii

Spine Grape | cìpútáo

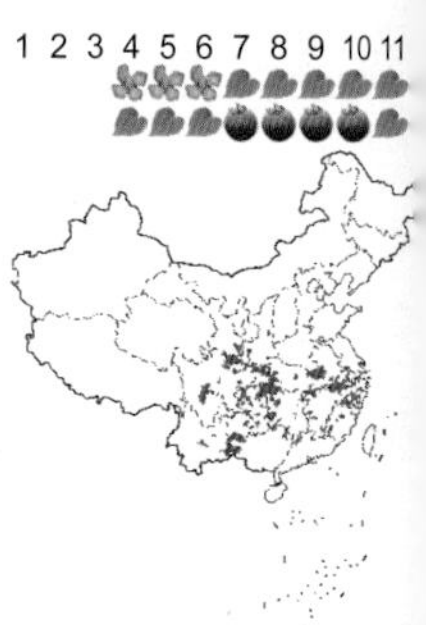

落叶木质藤本①；小枝圆柱形，纵棱纹幼时不明显，被皮刺②，无毛；卷须2叉分枝；叶卵圆形或卵状椭圆形，基部心形，基凹缺成钝角，边具密锯齿，齿端尖锐①，两面无毛；花雌雄异株；圆锥花序基部分枝发达，花序梗长1～2.5厘米，无毛；花梗无毛；花瓣5枚，呈帽状黏合脱落③；果球形③。

衡山散见。生疏林中、林缘或灌丛中。

相似种：腺枝葡萄【*Vitis adenoclada*，葡萄科 葡萄属】木质藤本；小枝无刺，有棕褐色短柔毛和杂生腺刚毛⑤；叶卵圆形，边具浅锯齿，上面脉上有短柔毛，下面密被灰褐色柔毛④；叶柄长6～10厘米，有柔毛和腺刚毛；圆锥花序；花轴密被锈色短毛；浆果。方广寺和广济寺等地可见；生沟谷林缘。

刺葡萄叶两面无毛；腺枝葡萄叶上面脉上有短柔毛，下面密被灰褐色柔毛。

东南葡萄　葡萄科 葡萄属

Vitis chunganensis

SE China Grape | dōngnánpútáo

落叶木质藤本①；小枝圆柱形，老枝具纵棱纹，无毛；卷须2叉分枝；叶卵形或卵状长椭圆形，基部心形，基缺两侧几靠近①，边缘具细齿，背面被白色粉霜②；叶柄无毛；托叶早落；花雌雄异株；圆锥花序疏散①，长5～9厘米，与叶对生，下部分枝发达；花序梗长1～2厘米；花瓣5枚，呈帽状黏合脱落；肉质浆果球形③，成熟时紫黑色。

衡山散见。生灌丛或疏林中。

相似种：毛葡萄【*Vitis heyneana*，葡萄科 葡萄属】落叶木质藤本；小枝、卷须、叶柄、叶背、花序梗密被茸毛④；叶卵圆形、卵状五角形，基部近心形，叶边缘具尖锐锯齿④。衡山散见；生境同上。

东南葡萄全株近无毛，叶背被白色粉霜；毛葡萄小枝、卷须、叶柄、叶背、花序梗密被茸毛，叶背无粉霜。

1
3
2
4
5
1
3
2
4

鸡矢藤　茜草科 鸡矢藤属

Paederia scandens

China Fevervine | jīshǐténg

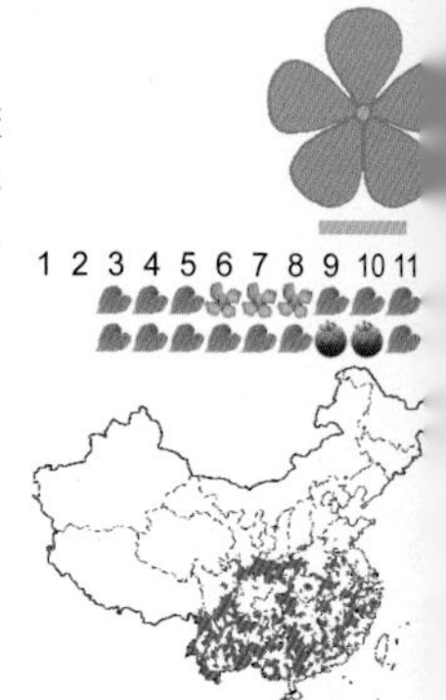

木质藤本①；全株有臭味；叶对生，形状变化很大，卵形、卵状长圆形至披针形①；叶柄长1.5～7厘米；圆锥花序式的聚伞花序腋生或顶生①，扩展，分枝对生，末次分枝上着生的花常呈蝎尾状排列；花几无梗；萼管陀螺形，檐部5裂，裂片三角形；花冠浅紫色，外被粉末状柔毛，里面被茸毛，顶部5裂②；果球形，成熟时黄色，有光泽，平滑，萼檐裂片和花盘宿存果顶部③；小坚果无翅。

全山广布。生林下、林缘或灌丛中。

相似种：毛鸡矢藤【*Paederia scandens* var. *tomentosa*，茜草科 鸡矢藤属】木质藤本；小枝和叶常被毛④；花序常被毛；花冠外面常有海绵状白毛。全山广布；生境同上。

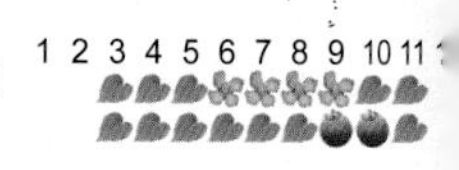

鸡矢藤茎和叶上无毛；毛鸡矢藤茎和叶上常被毛。

白英　茄科 茄属

Solanum lyratum

Nightshade | báiyīng

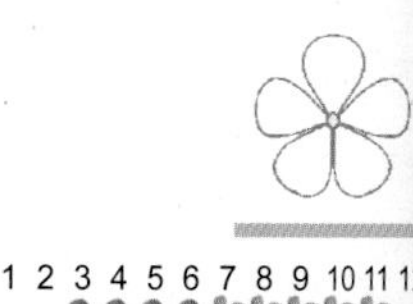

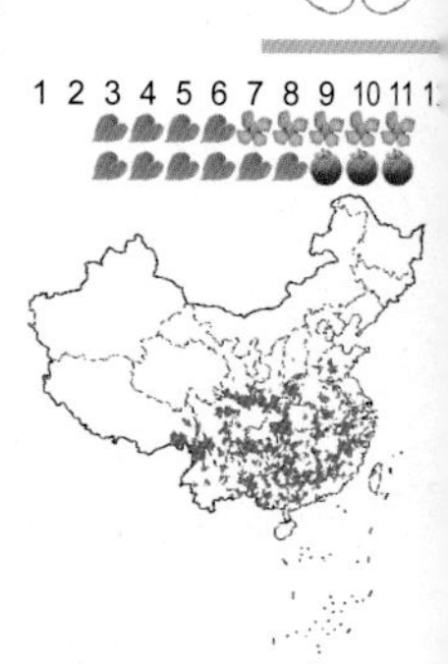

草质藤本①；茎及小枝、叶柄、总花梗密被具节的长柔毛②；叶互生，多为琴形，长1.5～5.5厘米，宽2.5～4.8厘米，基部常3～5深裂，裂片全缘，中裂片较大，卵形，愈接近基部裂片愈小，先端渐尖，两面均被白色发亮的长柔毛；叶柄长1～3厘米；聚伞花序③，总花梗长2～2.5厘米；花梗长0.8～1.5厘米，无毛，顶端稍膨大，基部具关节；花冠筒隐于萼内，5深裂，先端被微柔毛；浆果球状，熟时红黑色①。

全山广布。生山谷草地或路旁、田边。

白英草质藤本，茎及小枝、叶柄、总花梗密被长柔毛，叶互生，多为琴形，两面被毛，聚伞花序，浆果球状。

1
3
2
4
1
2
3

粉背南蛇藤　卫矛科 南蛇藤属

Celastrus hypoleucus

Pale Bittersweet ｜ fěnbèinánshéténg

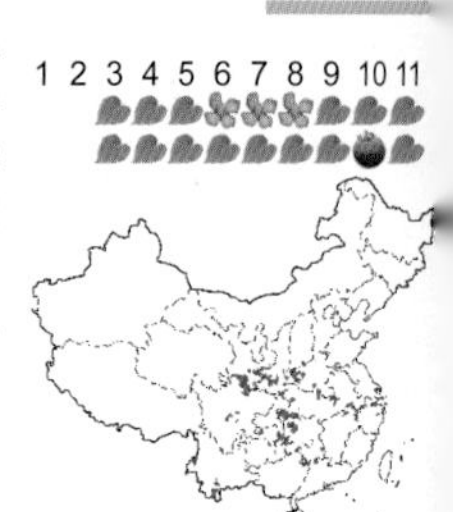

落叶藤状灌木；叶椭圆形或长方椭圆形，长6～9.5厘米，先端短渐尖，基部钝楔形，边缘具锯齿，侧脉5～7对，叶面绿色，光滑①，叶背粉灰色③；叶柄长1.2～2厘米；顶生聚伞圆锥花序①，长7～10厘米，多花，花序梗较短，小花梗长3～8毫米，花后明显伸长，小花梗关节在中部以上；花盘杯状，顶端平截；果序顶生，长而下垂，腋生花多不结实②；蒴果疏生，球状③④，有细长小果梗③④，果瓣内侧有棕红色细点。

衡山散见。生山坡灌丛或疏林中。

粉背南蛇藤为落叶灌木，叶椭圆形，边缘具锯齿，叶背粉灰色，顶生聚伞圆锥花序，果序顶生，长而下垂，蒴果疏生，球状，有细长小果梗。

常春藤　五加科 常春藤属

Hedera nepalensis* var. *sinensis

China Hvy ｜ chángchūnténg

常绿木质藤本①；茎有气生根；叶互生，革质，在不育枝上通常为三角状卵形或三角状长圆形，先端短渐尖，基部楔形，边全缘或3裂②；花枝上的叶常为椭圆状卵形至椭圆状披针形③，长5～16厘米，宽1.5～10.5厘米，先端渐尖，全缘或1～3浅裂，上面有光泽；叶柄长2～9厘米，有鳞片；伞形花序单个顶生或2～7个顶生③；花小，黄白色或绿白色，花5数，花柱合生成柱状；果球形，浆果状，黄色或红色，宿存花柱长1～1.5毫米④。

全山广布。生树上或岩石上。

常春藤常绿木质藤本，叶互生，革质，全缘或3浅裂，不育枝上叶三角状卵形，花枝上叶为椭圆状卵形，伞形花序，花小，果球形，宿存花柱。

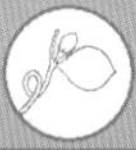

旋花 篱天剑 旋花科 打碗花属

Calystegia sepium

Japan Hedge Glorybind | xuánhuā

草质藤本，全体无毛；茎缠绕，有细棱；叶形多变，三角状卵形或宽卵形，边全缘或基部具2～3裂片①；叶柄常近等长于叶片；单花腋生①；花梗稍长于叶柄；苞片宽卵形，顶端锐尖；萼片卵形；花冠白色，有时淡红色或紫色，漏斗状，冠檐微裂③；子房无毛，柱头2裂；蒴果卵形，长约1厘米，为增大宿存的苞片和萼片所包被②。

全山广布。生路边、溪边或草丛中。

相似种：牵牛【*Ipomoea nil*，旋花科 番薯属】一年生草质藤本；茎、叶、叶柄及萼片被硬毛或刚毛；叶宽卵形或近圆形，常3裂④；花序梗比叶柄短；花单一或2朵生花序梗顶；花冠蓝紫色或紫红色④；蒴果近球形。全山可见；荒地或路旁逸生。

旋花全体无毛，花单生，花冠白色，偶有淡红色或紫色；牵牛茎、叶、叶柄及萼片被毛，花单生或2朵集生，花冠蓝紫色或紫红色。

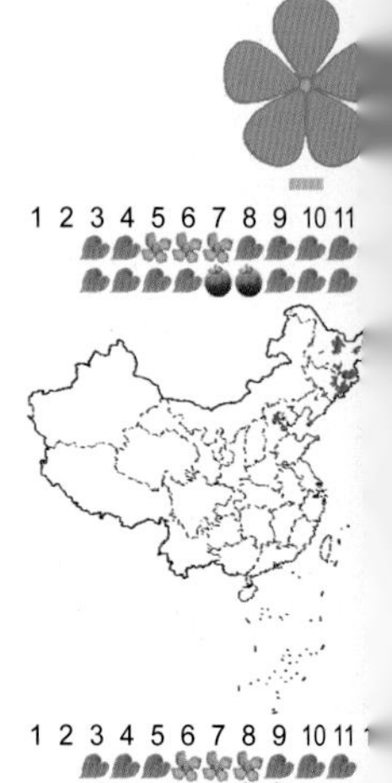

金灯藤 日本菟丝子 旋花科 菟丝子属

Cuscuta japonica

China Dodder | jīndēngténg

一年寄生缠绕草本；茎较粗壮，黄色，常带紫红色瘤状斑点，多分枝，无叶①；花序穗状，基部常多分枝；苞片及小苞片鳞片状，卵圆形，顶端尖；花萼碗状，5裂，裂片卵圆形，顶端尖，常有紫红色瘤状突起；花冠钟状，绿白色，顶端5浅裂，裂片卵状三角形；花冠里面基部具流苏状鳞片；雄蕊5枚；花柱单一；蒴果卵圆形②，近基部盖裂，种子1～2枚，光滑，褐色。

全山广布。生山坡阳面或路边灌丛中。

相似种：菟丝子【*Cuscuta chinensis*，旋花科 菟丝子属】茎纤细，直径约1毫米，无叶③；花簇生成小伞形或团伞花序，侧生，总花梗近无；花萼杯状，花冠白色，壶形，裂片三角状卵形，向外反折，宿存；蒴果球形。全山广布；生境同上。

金灯藤茎粗如细绳，花序穗状，花柱单一，柱头2裂；菟丝子茎纤细如毛发，花簇生成小伞形或团伞花序，花柱2枚。

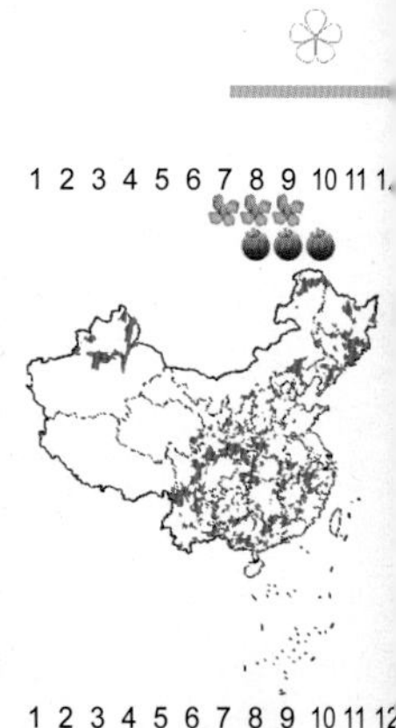

1
2
3
4
1
2
3

菝葜 百合科 菝葜属

Smilax china

China Greenbrier | báqiā

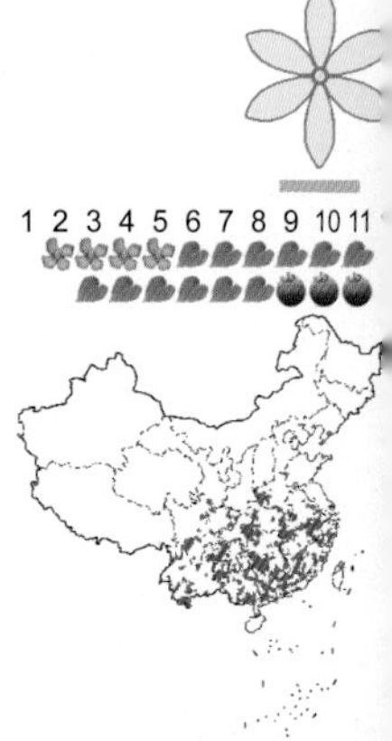

攀缘灌木①；根状茎坚硬，不规则块状；茎和枝条常具刺；叶薄革质或纸质，圆形或卵形，下面淡绿色，少苍白色①；叶柄长5～15毫米，部分具鞘，有卷须；伞形花序生小枝上，总花梗长1～2厘米；花序托稍膨大；花绿黄色，花被片6枚，离生②；浆果球形，成熟时红色③。

全山广布。生林下、灌丛中、路旁或山坡上。

相似种：土茯苓【*Smilax glabra*，百合科 菝葜属】又叫光叶菝葜；攀缘灌木；地上茎与枝条光滑，无刺；叶革质，椭圆状披针形，叶背有时苍白色，掌状脉5条④；伞形花序腋生；浆果球形，具粉霜，成熟时紫黑色。全山广布；生境同上。

菝葜的茎和枝条常具刺，叶较宽短，薄革质或纸质；土茯苓的茎和枝条光滑，无刺，叶较狭长，厚革质或革质。

1 2 3 4 5 6 7 8 9 10 11 1

牛尾菜 百合科 菝葜属

Smilax riparia

OxtailGreenbrier | niúwěicài

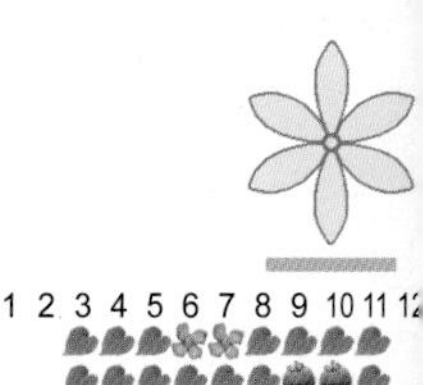

多年生草质藤本；茎中空，有少量髓；叶形状变化较大，卵形或卵状披针形①，先端渐尖，下面绿色，无毛②；叶柄长7～20毫米，中部以下有卷须；伞形花序，总花梗纤细，长3～5厘米；小苞片长1～2毫米，花期不落；花被片6枚；浆果球形，直径7～9毫米③。

全山广布。生山坡密林下或路边杂木林下。

相似种：白背牛尾菜【*Smilax nipponica*，百合科 菝葜属】多年生草本，稍攀缘；茎中空，无刺；叶卵形至矩圆形，叶背苍白色且具粉尘状微柔毛④；叶柄长1.5～4.5厘米；伞形花序④，小苞片极小，早落；浆果，有白色粉霜④。全山广布；生境同上。

牛尾菜叶背绿色，无毛；白背牛尾菜叶背苍白色且具粉尘状微柔毛。

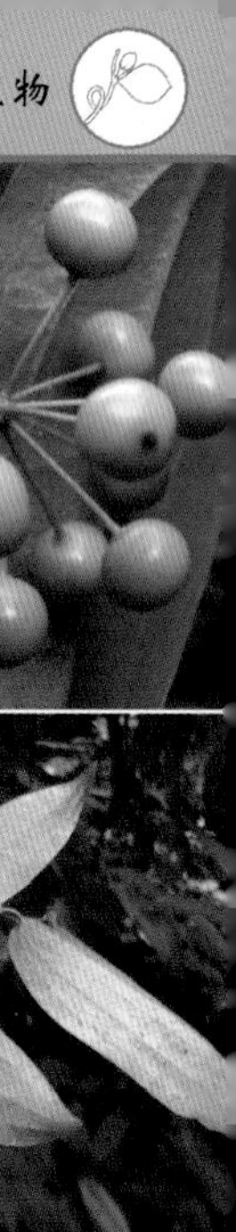

大血藤　大血藤科 大血藤属

Sargentodoxa cuneata

Bloodvine | dàxuèténg

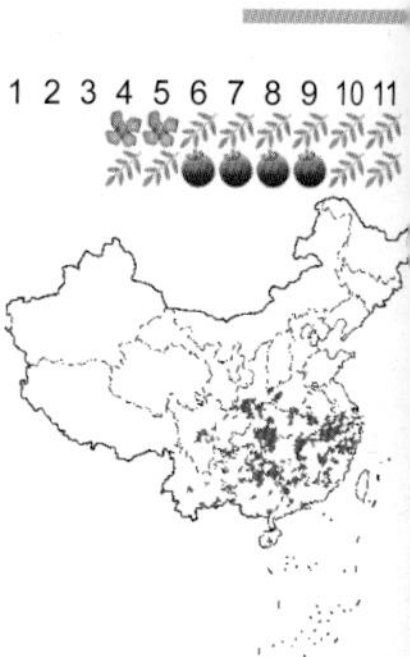

落叶木质藤本①；全株无毛；老茎纵裂，切断时有红色汁液渗出；三出复叶①；叶柄长3～12厘米；小叶革质，顶生小叶近棱状倒卵圆形，先端急尖，基部渐狭成短柄，全缘，侧生小叶斜卵形，先端急尖，无小叶柄①；总状花序长6～12厘米①；花梗细，长2～5厘米；苞片1枚，长卵形；萼片6，花瓣状；花瓣6枚，圆形②；雄蕊多数，螺旋状生于卵状突起的花托上；浆果卵圆形，直径约1厘米，熟时黑蓝色，被白粉③。

衡山散见。生山坡灌丛、疏林下或林缘。

大血藤为木质藤本，全株无毛，三出复叶，小叶革质，顶生小叶近棱状倒卵圆形，侧生小叶斜卵形，总状花序，浆果卵圆形，熟时黑蓝色。

金线吊乌龟　防己科 千金藤属

Stephania cepharantha

Oriental Staphania | jīnxiàndiàowūguī

落叶木质藤本①，无毛；块根团块状或近圆锥状；小枝紫红色；叶柄长，盾状着生于叶片近基部至近中部③；叶互生，纸质，三角状扁圆形或近圆形①，全缘，掌状脉7～9条；头状花序，具盘状花托③；雄花：萼片6枚，2轮，花瓣3或4枚；聚药雄蕊很短，盾状；雌花：萼片1枚，花瓣2枚，肉质；核果阔卵圆形②，熟时红色。

全山可见。生疏林下、林缘或旷野。

相似种：木防己【*Cocculus orbiculatus*，防己科木防己属】落叶木质藤本；嫩枝密被柔毛；叶形状变异大，常卵形或椭圆形，多全缘⑤；聚伞花序；雄花：萼片6枚，花瓣6枚，顶端2裂；雄蕊比花瓣短；雌花：心皮6枚；核果球形④。麻姑仙境、穿岩诗林等地可见；生疏林林缘、村边或灌丛等处。

1 2 3 4 5 6 7 8 9 10 11 12

金线吊乌龟的叶盾状着生，头状花序；木防己的叶非盾状着生，聚伞花序。

①
②
③
①
③
④
②
⑤

黄独　薯蓣科　薯蓣属

Dioscorea bulbifera

Airpotato Yam | huángdú

缠绕草质藤本①；块茎卵圆形或梨形，直径4～10厘米，多单生，表面具须根；叶腋内有紫棕色珠芽；叶互生，宽卵状心形，顶端尾状渐尖，基部心形，全缘；花单性，雌雄异株，花序丛生叶腋，穗状，花被片紫色②；蒴果反折下垂，三棱状长圆形；种子扁卵形，具种翅，长圆形。

全山可见。生杂木林缘或沟谷边。

相似种：盾叶薯蓣【*Dioscorea zingiberensis*，薯蓣科　薯蓣属】根状茎横生，具分枝，切面成鲜黄色；叶厚纸质，三角状卵形、心形或箭形，3裂，表面有不规则斑块③；叶柄盾状着生④；蒴果三棱形，四周有膜状翅。全山可见；生境同上。

黄独叶柄非盾状着生，蒴果反折下垂，种子生每室中轴顶端；盾叶薯蓣叶柄盾状着生，蒴果不反折，种子生每室中轴中部。

日本薯蓣　薯蓣科　薯蓣属

Dioscorea japonica

Japan Yam | rìběnshǔyù

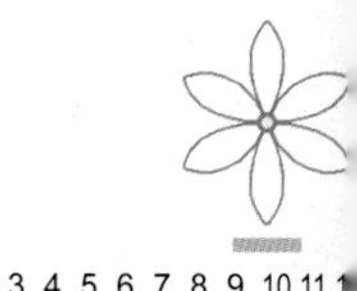

缠绕草质藤本①；块茎长圆柱形，垂直生长，直径3厘米，断面白色；茎右旋，下部叶互生，中部以上对生；叶纸质，长椭圆状狭三角形至披针形，基部心形、箭形至戟形，全缘，两面无毛②；叶柄长1.5～6厘米；雌雄异株；雄花序穗状直立①；雌花序穗状下垂；蒴果不反折，三棱状扁圆形③；种子四周有膜状翅。

全山可见。生向阳山坡、路旁或溪沟边。

相似种：薯蓣【*Dioscorea opposita*，薯蓣科　薯蓣属】又叫野脚板薯、淮山。茎紫红色，下部叶互生，上部叶对生，卵状三角形至戟形，叶缘常3裂④；蒴果不反折，三棱状扁圆形，外被白粉。全山可见；生境同上。

日本薯蓣的叶三角状披针形、长椭圆状狭三角形，边全缘；薯蓣的叶卵状三角形、宽卵形至戟形，边常3裂。

1
3
2
4
1
2
3
4

华中五味子 东亚五味子 五味子科 五味子属

Schisandra sphenanthera

Orange Magnoliavine | huázhōngwǔwèizǐ

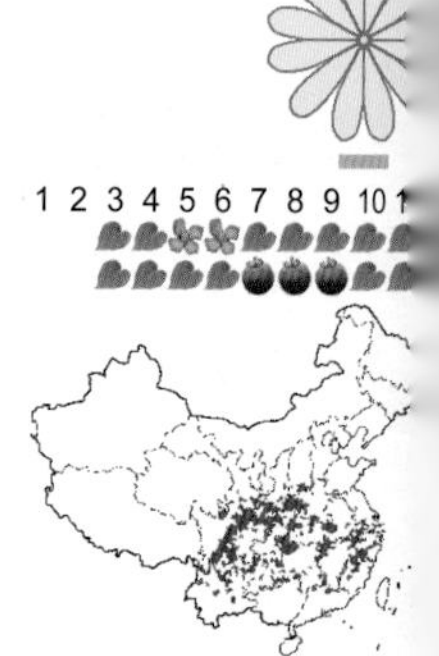

落叶木质藤本①；全株无毛，小枝红褐色；叶纸质，倒卵形或卵状椭圆形①，先端短渐尖，基部楔形，边缘有波状疏齿；叶柄红色，长1～3厘米；花生于近基部叶腋，花梗长2～5厘米①；花被片5～9枚，橙黄色②；雄蕊10～20枚；聚合果穗状，长6～17厘米；果梗长3～10厘米；小浆果分离，成熟时红色。

全山可见。生湿润山坡边或灌丛中。

相似种：翼梗五味子【*Schisandra henryi*，五味子科 五味子属】落叶木质藤本；全株无毛，小枝具3～5棱或翅，老枝具木栓翅③；叶阔卵形，下面被白粉④，叶缘具齿牙状锯齿；花黄绿色；聚合果④。全山可见；生沟谷边、山坡林下或灌丛中。

华中五味子小枝无棱翅，叶下面无白粉；翼梗五味子小枝具棱翅，叶下面被白粉。

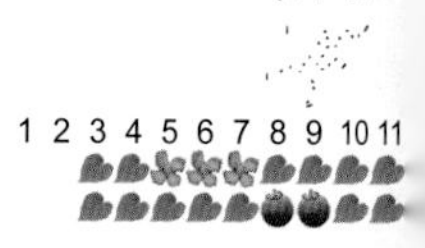

野大豆 劳豆 豆科 大豆属

Glycine soja

Wild Soja | yědàdòu

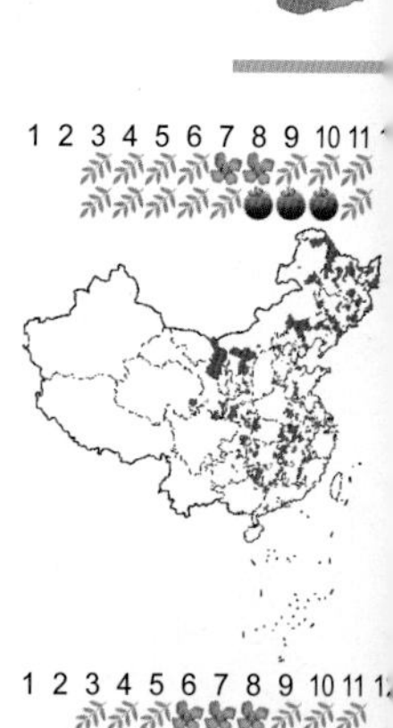

一年生缠绕草本①；全体疏被褐色长硬毛；叶具3小叶②；顶生小叶卵圆形或卵状披针形，基部近圆形，全缘，两面均被糙伏毛，侧生小叶斜卵状披针形②；总状花序短；花梗密生黄色长硬毛；花萼钟状，密生长毛，裂片5枚；花冠淡红紫色或白色②，旗瓣近圆形，先端微凹，翼瓣斜倒卵形，有明显的耳，龙骨瓣略小；荚果长圆形，两侧稍扁，密被长硬毛，种子间稍缢缩①。

全山广布。生山坡草丛、路边或田边。

相似种：土圞儿【*Apios fortunei*，豆科 土圞儿属】缠绕草质藤本；有块根；奇数羽状复叶，小叶3～7枚，多为5枚，卵形或菱状卵形③，下面近无毛；总状花序；花黄绿色或淡绿色，龙骨瓣略长③；荚果。麻姑仙境等地附近可见；生境同上。

野大豆具3枚小叶，叶两面均被糙伏毛；土圞儿具3～7枚小叶，多为5枚，叶下面近无毛。

1
3
2
4
1
2
3

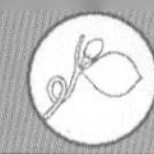

紫藤　豆科 紫藤属

Wisteria sinensis

Purplevine | zǐténg

落叶木质藤本①；茎左旋；奇数羽状复叶长15～25厘米；小叶7～13枚，卵状椭圆形至卵状披针形；小叶柄长3～4毫米，被柔毛；总状花序①，长15～30厘米，径8～10厘米，花序轴被白色柔毛；花梗细，长2～3厘米；花萼杯状，密被细绢毛；花冠淡紫色，旗瓣圆形，花后反折，翼瓣长圆形，龙骨瓣较翼瓣短②；荚果倒披针形，密被茸毛，悬垂枝上不脱落。

衡山散见。生向阳山坡或荒地。

相似种：香花崖豆藤【*Millettia dielsiana*，豆科崖豆藤属】奇数羽状复叶，小叶5枚，长圆形至披针形③；圆锥花序顶生③；花冠紫红色④；荚果带状。全山广布；生山谷灌丛中。

紫藤为落叶藤本，小叶3～6对，总状花序，花冠淡紫色，花期略早；香花崖豆藤为常绿藤本，小叶2对，圆锥花序，花冠紫红色，花期略迟。

1 2 3 4 5 6 7 8 9 10 11

忍冬　金银花　忍冬科 忍冬属

Lonicera japonica

Japan Honeysuckle | rěndōng

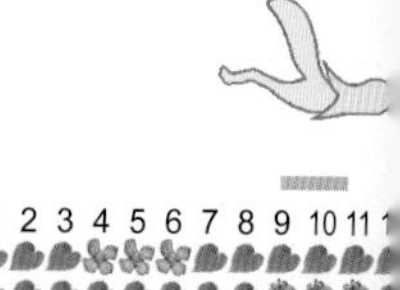

半常绿木质藤本①；幼枝密被黄褐色直糙毛，间有腺毛和短柔毛，后脱落呈红褐色；叶对生，纸质，卵形至长卵形，长3～6厘米，先端尖或渐尖，有缘毛，边全缘②，幼叶两面被短柔毛，后近无毛；叶柄长4～8毫米，密被短柔毛；花腋生，总花梗长1～4厘米，下方有叶状大苞片，长2～3厘米；花冠黄色或白色，长3～5厘米，唇形，外面被糙毛和腺毛，筒长于唇瓣，花柱和花丝伸出花冠③；果球形④，蓝黑色，径6～7毫米。

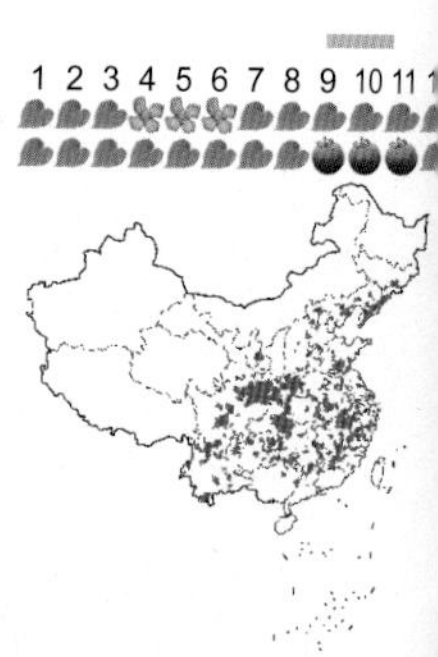

全山广布。生低海拔荒地、灌丛或林缘。

忍冬为半常绿木质藤本，叶对生，边全缘，叶柄密被短柔毛，花生总梗上，花冠黄色或白色，下方有叶状大苞片，花冠唇形，外面被糙毛和腺毛，果球形。

1
2
3
4
1
3
2
4

双蝴蝶 龙胆科 双蝴蝶属

Tripterospermum chinense

Dualbutterfly | shuānghúdié

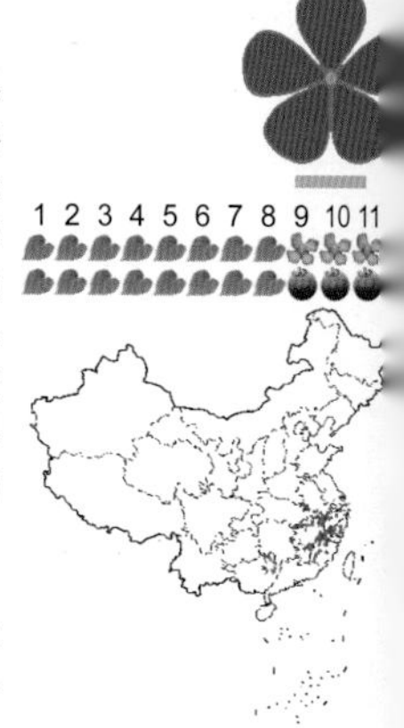

多年生缠绕草本；根状茎短；茎近圆形，具细条棱，上部螺旋状扭转，节间长7～17厘米；基生叶常2对，紧贴地面，密集呈蝴蝶状，卵形，长3～12厘米，宽2～6厘米，先端急尖或圆钝，基部圆形，全缘①；茎生叶卵状披针形，向上变小呈披针形，先端渐尖，叶脉3条，全缘②；花2～4朵呈聚伞花序②；花萼钟形，裂片线状披针形；花冠蓝紫色或淡紫色，钟形，裂片卵状三角形③；蒴果淡褐色，椭圆形，扁平，柄长1～1.5厘米，花柱宿存；种子具盘状双翅。

全山广布。生林中、林缘或灌丛中。

双蝴蝶为多年生缠绕草本，茎具细条棱，基生叶卵形，密集呈蝴蝶状，茎生叶卵状披针形，聚伞花序，花萼钟形，具狭翅，花冠蓝紫色或淡紫色，蒴果。

薜荔 桑科 榕属

Ficus pumila

Creeping Fig | bìlì

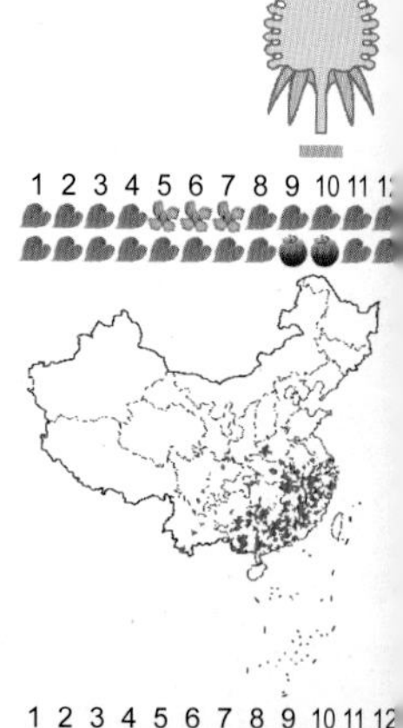

常绿木质灌木①，有乳汁；幼枝有棕色茸毛；叶二型；营养枝生不定根，叶卵状心形，基部偏斜，几无柄；结果枝无不定根，常攀缘于树上，叶革质，较大，卵状椭圆形，先端钝尖，基部圆形至浅心形，全缘②，下面被黄褐色柔毛；叶柄长5～10毫米，密被黄褐色柔毛；榕果单生叶腋，梨形或倒卵形②，长约5厘米，径约3～5厘米，先端平截。

全山可见。常攀附于树上或岩石上。

相似种：珍珠莲【*Ficus sarmentosa* var. *henryi*，桑科 榕属】粗壮木质藤本；叶卵状椭圆形至长椭圆形，先端尾尖，基部圆形③，叶柄密被褐色柔毛④；榕果圆锥形，径1～1.5厘米。全山可见；生境同上。

薜荔叶二型，结果枝叶卵状椭圆形，先端钝，榕果大；珍珠莲叶一型，卵状椭圆形，先端尾尖，榕果小。

①
②
③
1
③
2
④

构棘 穿破石 桑科 柘属

Maclura cochinchinensis

Tricuspid Cudrania | gòují

常绿灌木，有乳汁；具腋生枝刺②③；枝、叶、叶柄等各部无毛；叶互生，革质，椭圆状披针形或长圆形，全缘，基部楔形①；叶柄长1厘米；雌雄异株，雌花组成假头状花序；聚花果肉质，径2～5厘米，熟时橙红色②。

衡山散见。生灌丛或林缘。

相似种：毛柘藤【*Maclura pubescens*，桑科 柘属】落叶藤状灌木；极似构棘，但小枝和叶背密被黄褐色柔毛④。穿岩诗林附近可见；生境同上。

构棘为常绿藤状灌木，叶椭圆状披针形，枝、叶、叶柄无毛；毛柘藤为落叶藤状灌木，叶枝、叶背、叶柄密被黄褐色柔毛。

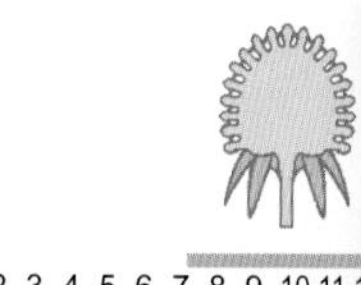

钩藤 茜草科 钩藤属

Uncaria rhynchophylla

Hookvine | gōuténg

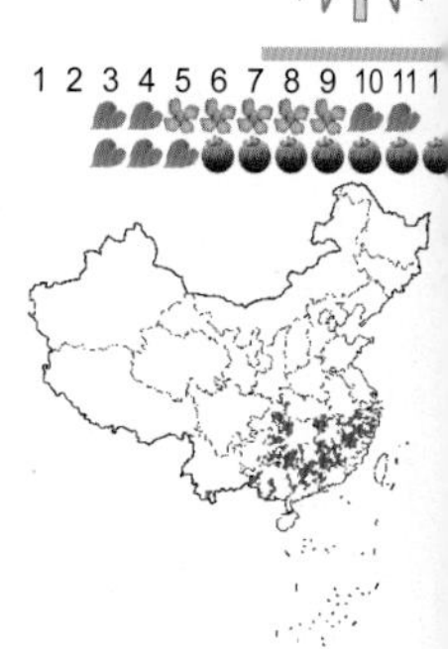

木质藤本①；营养侧枝变态为钩刺②；叶对生，纸质，椭圆形或椭圆状长圆形①，两面无毛，下面有时有白粉③，顶端短尖，基部楔形至截形；叶柄长5～15毫米，无毛；托叶狭三角形，深2裂③；头状花序单生侧枝叶腋④，总花梗长5厘米，具1节；花近无梗；花5数；花萼管疏被毛，萼裂片近三角形，花冠管伸出冠喉外，柱头棒状；果序直径10～12毫米；小蒴果长5～6毫米，被短柔毛，宿存萼裂片近三角形，星状辐射。

全山广布。生山谷、溪边疏林内或灌丛中。

钩藤为木质藤本，具钩刺，叶对生，两面无毛，头状花序单生叶腋，总花梗长5厘米，花近无梗，小蒴果被短柔毛，宿存萼裂片。

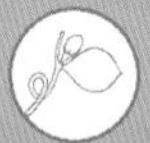

①
③
②
④
①
②
③
④

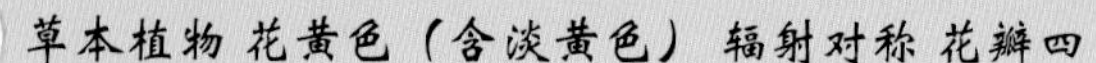

湖南淫羊藿 小檗科 淫羊藿属

Epimedium hunanense

Hunan Barrenwort | húnányínyánghuò

多年生草本①；根状茎短而横走；三出复叶基生和茎生，基生叶具小叶3枚；小叶革质，长10～13厘米，宽6厘米，顶生小叶长圆形，先端急尖，基部心形，两侧裂片对称，侧生小叶狭卵形，先端长渐尖，基部深心形，两侧裂片显著偏斜，背面苍白色，叶缘具细密刺齿②，花茎具2枚对生复叶；圆锥花序长10～15厘米，几光滑无毛，无总梗；花黄色，花瓣矩圆柱状，先端钝圆，水平开展③；蒴果长椭圆形，长约1.3厘米，宿存花柱喙状④。

方广寺、广济寺附近可见。生阴湿林下或石缝。

湖南淫羊藿三出复叶，顶生小叶基部心形，叶缘具细密刺齿，花茎具2枚对生复叶，圆锥花序几光滑无毛，花黄色，花瓣矩圆柱状，水平开展，蒴果。

临时救 聚花过路黄 报春花科 珍珠菜属

Lysimachia congestiflora

Denseflower Loosestrife | línshíjiù

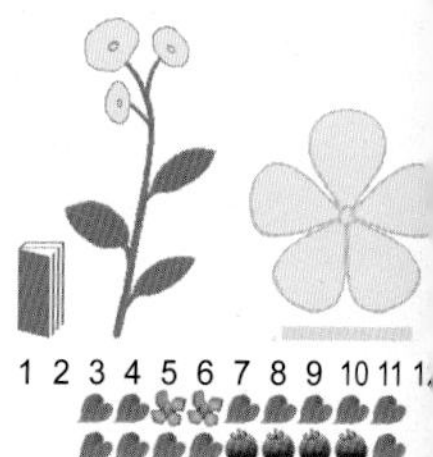

多年生草本①；茎下部匍匐，上部及分枝上升，密被多细胞卷曲柔毛；叶对生，卵形、阔卵形至近圆形①，长1.4～3厘米，宽1.3～2.2厘米；叶柄为叶片的1/2～1/3长，具草质狭边缘；总状花序②；花萼分裂近达基部，裂片披针形，背面被疏柔毛；花冠黄色，内面基部紫红色，5裂②；花丝下部合生成筒；蒴果球形。

全山广布。生沟边、林缘或草地等湿润处。

相似种：过路黄【*Lysimachia christiniae*，报春花科 珍珠菜属】多年生草本；叶卵圆形、近圆形或肾圆形③，叶柄略短于或等于叶片长；花单生叶腋；花冠黄色④；蒴果球形。全山广布；生境同上。

临时救叶卵形、阔卵形至近圆形，4～6朵花生茎或枝顶集成总状花序；过路黄叶卵圆形、近圆形或肾圆形，花单生叶腋。

1 2 3 4 5 6 7 8 9 10 11 12

酢浆草 酢浆草科 酢浆草属

Oxalis corniculata

Creeping Woodsorrel | cùjiāngcǎo

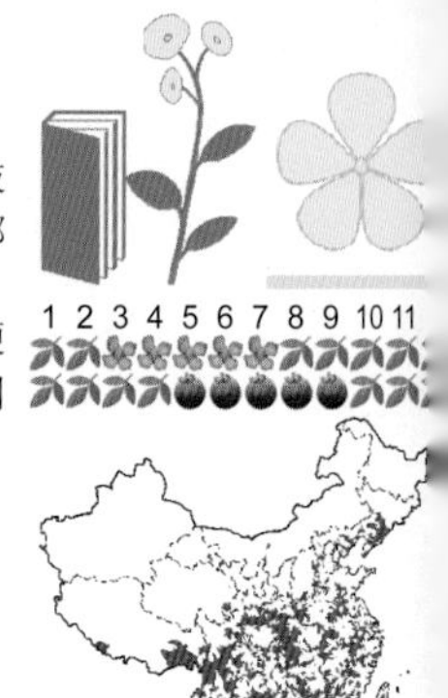

多年生草本，全株被柔毛；茎细弱，多分枝①；叶基生或茎上互生；叶柄长1～13厘米，基部具关节；小叶3枚，无柄，倒心形③，先端凹入，基部宽楔形；花单生或集为伞形花序，腋生，花梗长4～15毫米，果后延伸；花瓣黄色②；蒴果长圆柱形，5棱④。

全山广布。生河谷沿岸或林下阴湿处。

酢浆草花黄色；掌状三出复叶，小叶倒心形；花黄色，花瓣5枚；蒴果长圆柱形，有棱。

垂盆草 景天科 景天属

Sedum sarmentosum

Stringy Stonecrop | chuípéncǎo

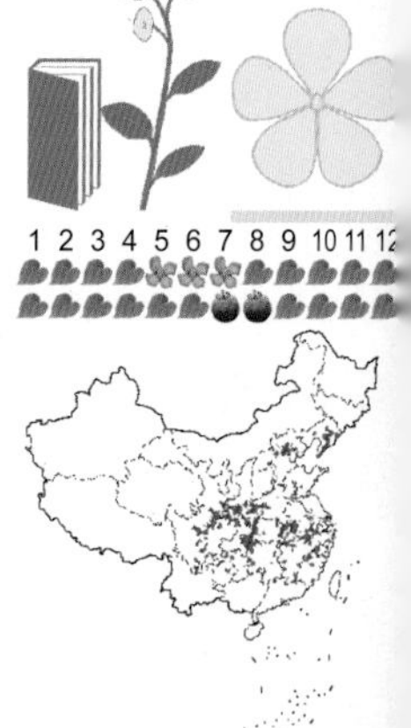

多年生草本；不育枝匍匐生根，结实枝直立，肉质①；3叶轮生，叶倒披针形至长圆形①，顶端急尖，基部有距，边全缘；聚伞花序直径5～6厘米，常3～5分枝；花淡黄色②，无梗；萼片5枚，花瓣披针形至长圆形，顶端外侧有长尖头；雄蕊10枚，较花瓣短；蓇葖果③；种子卵圆形，无翅，表面有乳头突起。

全山广布。生山坡阳处或石上。

相似种：佛甲草【*Sedum lineare*，景天科 景天属】茎肉质，不育枝斜上生；植株无毛；3叶轮生，叶线形④，长20～25毫米，宽约2毫米；聚伞花序，萼片5枚，狭披针形，常不等长，花瓣黄色，披针形。衡山散见；生草坡上。

垂盆草不育枝匍匐，叶倒披针形至长圆形；佛甲草不育枝斜上升，叶线形。

1 2 3 4 5 6 7 8 9 10 11 12

1
3
2
4
1
3
2
4

珠芽景天 景天科 景天属

Sedum bulbiferum

Bulbiferous Stonecrop | zhūyájǐngtiān

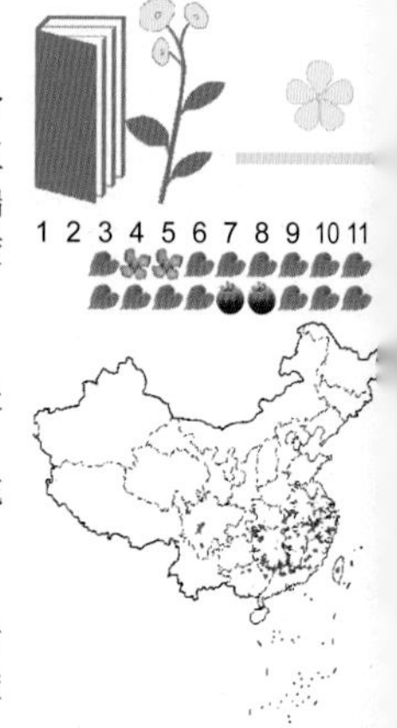

一年生草本；茎基部横卧，无不育枝，叶腋常有圆形、肉质小珠芽①；叶在基部对生，在上部互生，下部叶卵状匙形，上部叶匙状倒披针形，顶端钝；聚伞花序，花无梗；花瓣5枚，黄色②；蓇葖果，成熟后成星芒状排列。

衡山散见。生低山阴石上。

相似种：藓状景天【*Sedum polytrichoides*，景天科 景天属】多年生草本；茎带木质，丛生，斜上，具不育枝③；叶互生，线形或线状披针形；聚伞花序，花梗短；花瓣5枚，黄色；蓇葖果星芒状叉开。衡山散见；生境同上。

珠芽景天叶腋常有珠芽，基部叶对生，上部叶互生，较宽短；藓状景天叶腋无珠芽，叶互生，较细长。

马齿苋 马齿苋科 马齿苋属

Portulaca oleracea

Purslane | mǎchǐxiàn

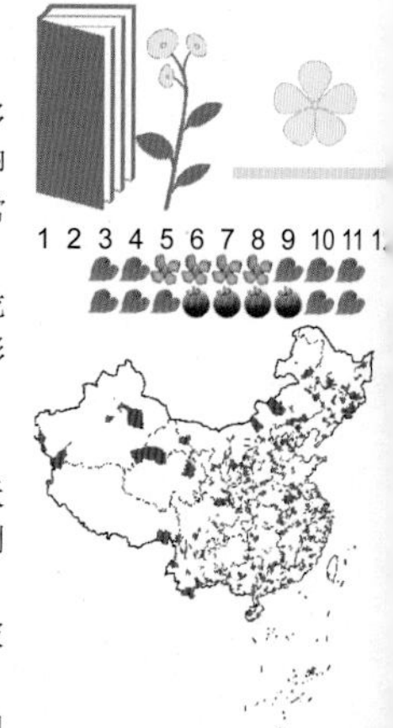

一年生草本，全株无毛①；茎平卧或斜升，多分枝，圆柱形；叶互生，叶片扁平，肥厚，倒卵形，基部楔形，全缘①；叶柄粗短；花无梗，常3～5朵簇生枝端，午时开放；苞片2～6枚，叶状，近轮生；萼片2枚，对生，绿色，盔形，背部具龙骨状凸起，基部合生；花瓣5枚，黄色，倒卵形②；蒴果卵球形。

全山广布。生田间或路旁。

相似种：凹叶景天【*Sedum emarginatum*，景天科 景天属】多年生草本；茎细弱；叶对生，匙状倒卵形至宽卵形，顶端圆，有凹缺③；聚伞花序顶生；花无梗；萼片5枚，花瓣5枚，黄色，线状披针形至披针形④；蓇葖果。衡山散见；生山坡阴湿处。

马齿苋为一年生，叶互生，全缘，花瓣倒卵形，蒴果；凹叶景天为多年生，叶对生，顶端有凹缺，花瓣线状披针形，蓇葖果。

1
2
3
1
3
2
4

毛茛 毛茛科 毛茛属

Ranunculus japonicus

Japan Buttercup | máogèn

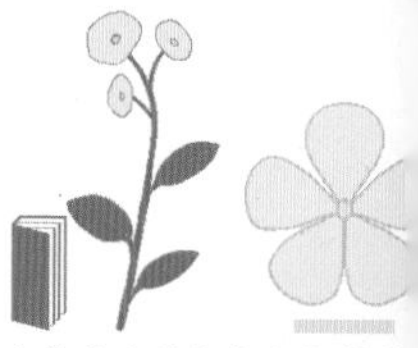

多年生草本①；茎与叶柄有伸展的柔毛②；基生叶和茎下部叶有长柄；叶片五角形，基部心形，3深裂，中央裂片宽菱形或倒卵形，3浅裂，疏生锯齿，侧生裂片不等2裂；叶柄长达15厘米；茎上部叶无柄，3深裂②；花序具数朵花；萼片5枚，浅绿色，花瓣5枚，黄色，倒卵形①，基部具蜜槽，上有分离的鳞片；聚合果近球形。

全山广布。生田沟边或路边湿草地上。

相似种：石龙芮【*Ranunculus sceleratus*，毛茛科 毛茛属】一年生草本，全株光滑无毛；叶片宽卵形，3深裂，中央裂片菱状倒卵形，3浅裂③；花小③，花瓣狭倒卵形，长1.5～3毫米，基部蜜槽无鳞片；聚合果矩圆形。全山广布；生境同上。

毛茛为多年生草本，茎叶被毛，花较大；石龙芮为一年生草本，茎叶无毛，花较小。

龙芽草 仙鹤草 蔷薇科 龙芽草属

Agrimonia pilosa

Cocklebur | lóngyácǎo

多年生草本①；全部密生长柔毛；根状茎短；奇数羽状复叶，小叶通常5～7枚，茎上部为3小叶；小叶片椭圆状倒卵形至倒卵披针形，顶端急尖，基部楔形，边缘有粗锯齿；茎上部托叶肾形，有粗大齿牙，抱茎，下部托叶披针形，常全缘；总状花序生枝顶（②左）；苞片3深裂；花直径6～9毫米；瘦果倒圆锥形，萼裂片宿存（②右）。

全山广布。生路旁、草地、灌丛及林缘。

相似种：路边青【*Geum aleppicum*，蔷薇科 路边青属】别名水杨梅。全株有长刚毛；基生叶羽状全裂③；托叶与叶柄合生；花单生茎顶，黄色，直径10～17毫米④；聚合果球形，宿存花柱先端有长钩刺。全山广布；生境同上。

龙芽草花较小，雌蕊2枚，包在萼筒内，瘦果；路边青花较大，雌蕊多数，着生在凸起花托上，彼此分离，聚合果头状。

①
③
②
①
③
②
④

蛇莓 蛇泡草 蔷薇科 蛇莓属

Duchesnea indica

India Mockstrawberry | shéméi

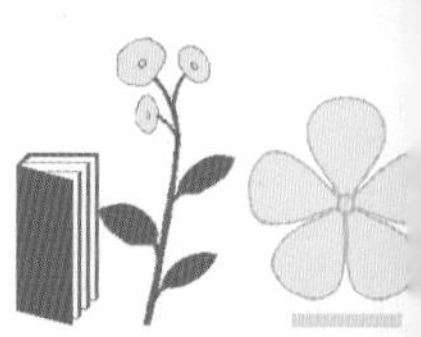

多年生草本，具长匍匐茎，全株有柔毛；三出复叶，小叶片菱状卵形或倒卵形，先端圆钝，边缘有钝锯齿①；托叶宽披针形；花单生叶腋；花梗长3～6厘米；花瓣黄色；雄蕊20～30枚；心皮多数，离生；花托扁平，果期膨大成半圆形，海绵质，鲜红色②；聚合瘦果近球形，外包宿存萼片②。

全山分布。生于山坡、河岸、草地及潮湿处。

相似种：三叶委陵菜【*Potentilla freyniana*，蔷薇科 委陵菜属】多年生草本；茎细长柔软，稍匍匐；三出复叶③；聚伞花序顶生，花梗有柔毛④；花直径0.8～1厘米，花冠黄色④；聚合瘦果黄色，卵形，无毛，有小皱纹。南岳镇等地附近可见；生境同上。

蛇莓花单生叶腋，聚合瘦果近球形，鲜红色；三叶委陵菜伞房状聚伞花序顶生，聚合瘦果卵形，黄色。

蛇含委陵菜 五爪龙 蔷薇科 委陵菜属

Potentilla kleiniana

Klein Cinquefoil | shéhánwěilíngcài

宿根草本，被稀疏柔毛；多须根；茎多分枝，稍匍匐；掌状复叶，基生叶有5枚小叶，小叶片倒卵形，顶端圆钝，基部楔形，边缘有锯齿，两面绿色，叶柄长，有柔毛①；托叶膜质；茎生叶1～3枚小叶，叶柄短，托叶革质；聚伞花序密集枝顶②；花瓣黄色，倒卵形，顶端微凹②；瘦果圆形，具皱纹。

全山分布。生田边、水旁、草甸及山坡草地。

相似种：翻白草【*Potentilla discolor*，蔷薇科 委陵菜属】多年生草本；根粗壮肥厚呈纺锤形；基生叶为羽状复叶③；叶背密生白色绵毛⑤；花茎直立，密被白色绵毛④。全山广布；生境同上。

蛇含委陵菜叶背不被绵白毛，基生叶为掌状5小叶；翻白草叶背和花茎密被绵白毛，基生叶为羽状复叶。

①
③
②
④
①
③
②
④
⑤

地耳草 田基黄 藤黄科 金丝桃属

Hypericum japonicum

Japan St.John's wort | dì'ěrcǎo

一年生草本；茎纤细，具四棱；叶小，对生，无柄①，叶片卵形，先端近锐尖至圆形，基部心形抱茎，边全缘，全面散布透明腺点；聚伞花序顶生①；苞片线形、披针形至叶状；萼片和花瓣各5枚；花瓣淡黄色至橙黄色，椭圆形或长圆形，宿存；雄蕊5～30枚，不成束，花药黄色，具松脂状腺体②；子房1室；花柱3枚，自基部离生；蒴果矩圆形。

全山广布。生路旁、草地或沟边等处。

相似种：元宝草【*Hypericum sampsonii*，藤黄科 金丝桃属】多年生；叶对生，基部完全合生为一体，茎贯穿其中心，长椭圆状披针形③；花黄色，雄蕊3束，花药具黑腺点③；蒴果。全山广布；生境同上。

地耳草叶基部心形抱茎，不合生为一体，雄蕊不成束；元宝草2对生叶基部完全合生为一体，雄蕊3束。

小连翘 藤黄科 金丝桃属

Hypericum erectum

Erect St.John's wort | xiǎoliánqiào

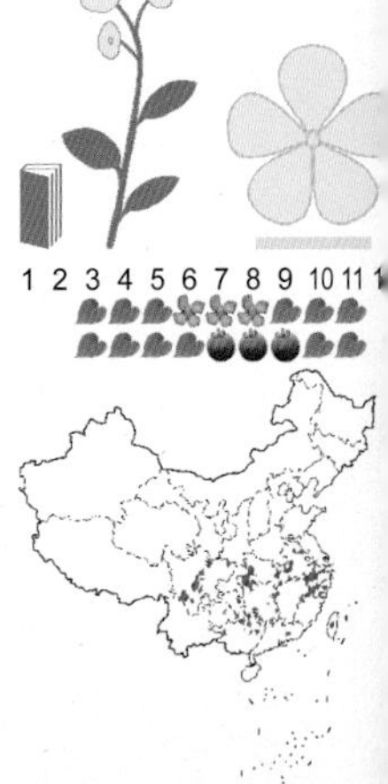

多年生草本，全株无毛①；茎直立，圆柱形，常不分枝；叶对生，无柄，长椭圆形或倒卵形，先端钝，基部心形抱茎，长1.5～5厘米，宽0.8～1.3厘米①；叶与萼片、花瓣近边缘具黑色腺点②；聚伞花序顶生或腋生；花梗长1.5～3毫米；花瓣黄色，与萼片有黑腺条纹；雄蕊3束，宿存，花药具黑色腺点；蒴果卵形，具纵向条纹。

全山广布。生山坡荒草地。

相似种：赶山鞭【*Hypericum attenuatum*，藤黄科 金丝桃属】茎数个丛生，常有2条纵棱，全面散生黑腺点；花序顶生，花瓣淡黄色，长0.8～1.2厘米，宽0.4厘米③。全山广布；生境同上。

小连翘茎多不分枝，无腺点，花瓣深黄色，相对狭小；赶山鞭茎数个丛生，散生黑腺点，花瓣黄色，相对宽大。

苘麻　锦葵科 苘麻属

Abutilon theophrasti

Velvetleaf | qǐngmá

一年生草本；茎有柔毛；叶互生，圆心形①，长5～10厘米，边缘具细圆锯齿，两面密生星状柔毛；叶柄长3～12厘米，被星状细柔毛；花腋生，花梗长1～3厘米，被柔毛，近端处有节；花萼杯状，密被短茸毛，裂片5枚，卵形；花黄色②，花瓣倒卵形；心皮15～20枚，排列成轮状；蒴果半球形，直径2厘米，分果爿15～20，被粗毛，顶端有芒尖③。

衡山散见。生旷野荒地。

叶圆心形，花腋生，黄色，果实有一轮芒尖，熟后裂为数瓣。

萱草　百合科 萱草属

Hemerocallis fulva

Orange Daylily | xuāncǎo

多年生宿根草本①；根肉质，中下部纺锤状膨大，根状茎短；叶基生，2列，宽线形，宽2～3厘米，背面有龙骨突起②；先叶开花；花莛细长坚挺，高约60～100厘米，顶端具假二歧状的圆锥花序①；花橘黄色至橘红色，近漏斗状，直径10厘米，花被裂片长圆形，内花被裂片下部有倒“V”彩斑，下部合成长2～4厘米的花被筒，上部开展而反卷③；蒴果室背开裂。

衡山散见。散生于林下或林缘，多栽培于路边或庭院。

相似种：黄花菜【*Hemerocallis citrina*，百合科 萱草属】多年生草本；根肉质，中下部纺锤状膨大；花淡黄色，花被管长3～5厘米④；蒴果。衡山散见；多见栽培。

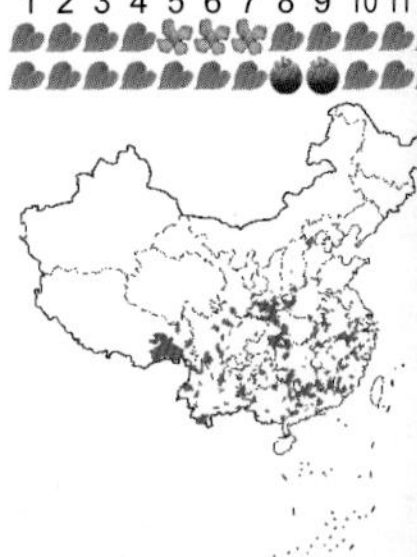

萱草的花橘黄色至橘红色，花被管长2～4厘米；黄花菜的花淡黄色，花被管长3～5厘米。

1
2
3
1
2
3
4

忽地笑 石蒜科 石蒜属

Lycoris aurea

Golden Stonegarlic | hūdìxiào

多年生草本；鳞茎卵形，直径约5厘米；叶基生，质厚，剑形，长达60厘米，宽1.7～2.5厘米，顶端渐尖，中间淡色带明显②；花先叶开放①；花莛高60厘米；总苞片2枚，披针形，长约35厘米，宽约0.8厘米；伞形花序具花4～8朵，花黄色；花被裂片倒披针形，强度反卷和皱缩，花被筒长1.2～1.5厘米，雄蕊略伸出花被外，花丝黄色③；花柱上部玫瑰红色；蒴果具三棱，室背开裂；种子黑色，直径约0.7厘米。

衡山散见。生阴湿山坡疏林下。

忽地笑先叶开花，叶基生，剑形，伞形花序顶生花莛上，花黄色，花被裂片倒披针形，强度反卷和皱缩，花丝黄色，略伸出花被外。

水金凤 凤仙花科 凤仙花属

Impatiens noli-tangere

Lightyellow Touch-me-not | shuǐjīnfèng

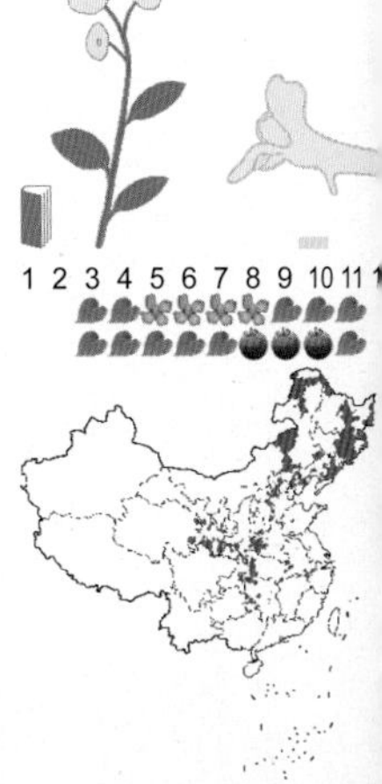

一年生草本①；茎直立，分枝；叶互生，卵形或椭圆形，先端钝或短急尖，边缘有粗圆齿；下部叶叶柄长2～3厘米，上部叶近无柄②；总状花序腋生，有花2～3朵，花梗纤细，下垂，中部有1枚披针形苞片；花黄色，喉部常有红色斑点；旗瓣圆形，翼瓣无柄，2裂，基部裂片矩圆形，上部裂片大，宽斧形③；唇瓣宽漏斗状，基部延长成内弯的长距③；蒴果条状矩圆形。

广济寺至藏经殿附近可见。生山地潮湿地。

相似种：黄金凤【*Impatiens siculifer*，凤仙花科凤仙花属】叶卵状披针形或椭圆状披针形，先端急尖或渐尖；总状花序，花梗基部有1枚苞片；翼瓣2裂，基部裂片近三角形，上部裂片条形；唇瓣狭漏斗状④；蒴果棒状。全山散见；生境同上。

水金凤花梗中部有1枚披针形苞片，翼瓣裂片较宽大；黄金凤花梗基部有1枚苞片，翼瓣裂片较细长。

1
2
3
1
3
2
4

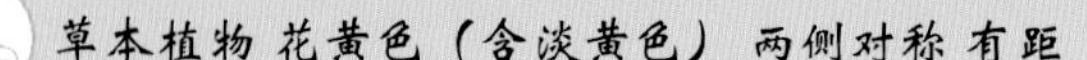

小花黄堇　罂粟科 紫堇属

Corydalis racemosa

Racemose Corydalis | xiǎohuāhuángjǐn

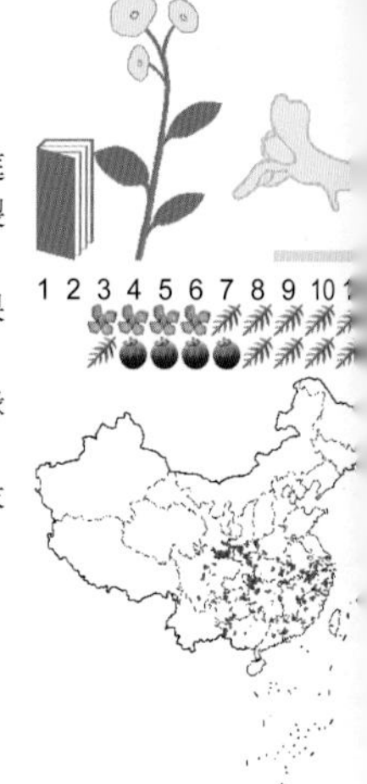

一年生草本；茎自下部分枝，具棱，枝条花莛状，与叶对生；叶片二至三回羽状全裂②，末回裂片圆钝，近具短尖；总状花序①；花瓣黄色①③，上面花瓣长6～9毫米，距囊状，末端圆形③；蒴果线形④，具1列种子。

全山广布。生于海拔400～1600米的山坡林缘湿地或溪边。

叶片二至三回羽状全裂，花黄色，距囊状，末端圆形。

舞花姜　姜科 舞花姜属

Globba racemosa

Raceme Globba | wǔhuājiāng

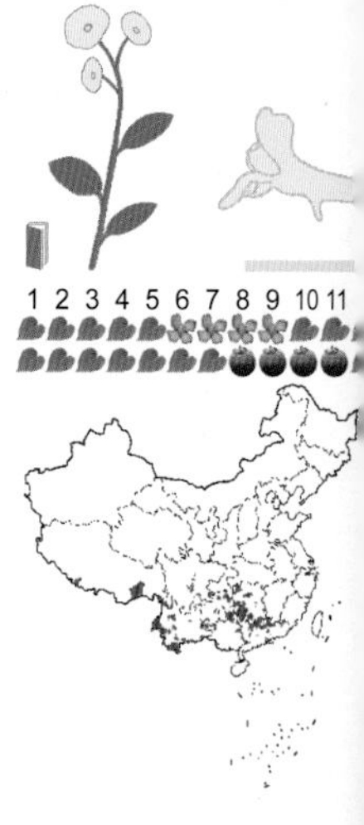

多年生草本；茎基膨大；叶片长圆形或卵状披针形①，顶端尾尖，基部急尖，无柄或具短柄①；叶舌不裂，与叶鞘口具缘毛；圆锥花序顶生③，长15～20厘米，苞片早落；花黄色②，各部均具橙色腺点；花萼管漏斗形，3齿裂；花冠管长约1厘米，裂片反折；唇瓣倒楔形，顶端2裂，反折；唇瓣基部与花丝连合，位于花冠裂片及退化雄蕊之上，侧生退化雄蕊花瓣状；花药无翅状附属体，花丝较唇瓣长；子房1室；蒴果椭圆形。

全山广布。生林下阴湿处。

舞花姜叶长圆形或卵状披针形，叶舌及叶鞘口具缘毛，圆锥花序顶生，花黄色，花萼管漏斗形，3齿裂，花冠管裂片反折，唇瓣顶端2裂，反折，蒴果。

1
2
3
4
1
3
2

野菊 菊科 菊属

Dendranthema indicum

India Daisy | yějú

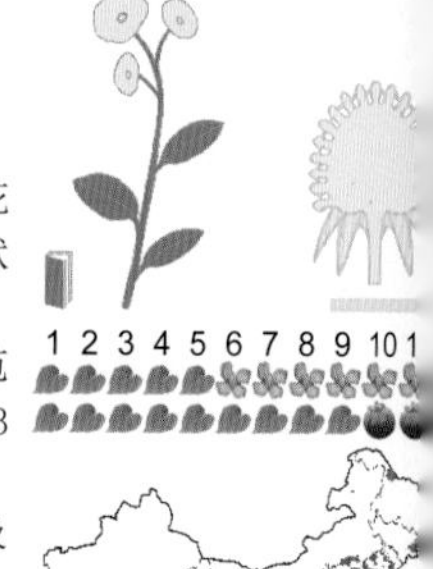

多年生草本①；叶互生，基生叶和茎下部叶花期脱落；中部叶卵形、长卵形或椭圆状卵形，羽状半裂或浅裂，裂片边缘有锯齿；叶柄长1～2厘米；头状花序生茎枝顶端，排成伞房圆锥花序②；总苞片5层，边缘膜质；边缘舌状花黄色，全缘或2～3裂，约20朵③；瘦果倒卵形，无冠毛。

全山可见。生山坡草地、灌丛、河边水湿地及路旁。

相似种：千里光【*Senecio scandens*，菊科 千里光属】：多年生草本；叶卵状三角形或椭圆状披针形，头状花序排成顶生复聚伞圆锥花序④；总苞筒形，苞片6～8层；边缘舌状花8～10朵，黄色⑤；瘦果圆柱形，被短毛，冠毛白色。全山可见；生境同上。

野菊舌状花约20朵，瘦果无冠毛；千里光舌状花8～10朵，瘦果冠毛白色。

蒲公英 菊科 蒲公英属

Taraxacum mongolicum

Mongol Dandelion | púgōngyīng

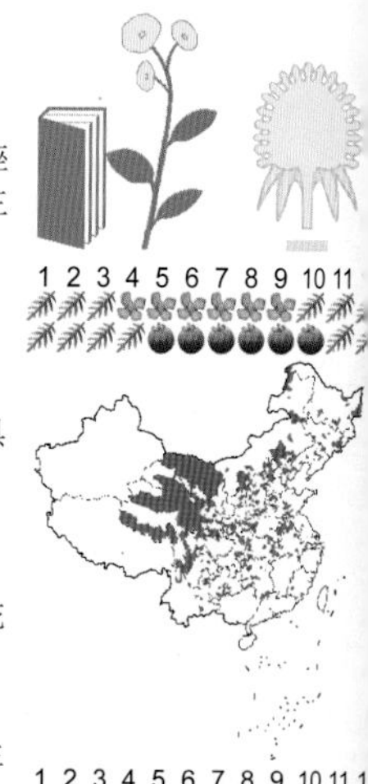

多年生草本①，具白色乳汁；叶基生，莲座状，倒卵状披针形，羽状深裂，顶端裂片稍大，三角形，基部渐狭成柄，叶柄及主脉常带红紫色①；花莛1至数个，中空，无叶状苞片，上部紫红色；头状花序单生花莛顶端，全为舌状花；总苞钟状，总苞片2～3层；舌状花黄色，先端平截，5齿裂，边缘花舌片背面具有紫红色条纹②；瘦果顶端具喙，顶生白色冠毛③。

全山广布。生路旁或田野。

相似种：稻槎菜【*Lapsanastrum apogonoides*，菊科 稻槎菜属】一年生；基生叶羽状分裂；头状花序小，排成疏散伞房状聚伞花序，小花全部舌状，花冠黄色④；瘦果无冠毛。全山广布；生境同上。

蒲公英头状花序大，单生花莛顶端，瘦果顶生白色冠毛；稻槎菜头状花序小，排成疏散伞房状聚伞花序，瘦果无冠毛。

1
3
2
4
5
1
3
2
4

鼠麴草　　菊科 鼠麴草属

Gnaphalium affine

Cudweed | shǔqūcǎo

一年生草本①；全株密被白色厚绵毛；叶互生，匙状倒披针形，先端钝圆或锐尖，基部渐狭下延，无叶柄，全缘，两面被有白色绵毛③④；头状花序多在枝顶端密集成伞房状④；总苞钟状，总苞片2～3层，膜质，有光泽；花黄色，外围雌花花冠细管状，中央两性花花冠筒状，顶端5裂②；瘦果倒卵形或倒卵状圆柱形，有乳头状突起，冠毛白色。

全山可见。生低海拔草地。

相似种：匙叶鼠麴草【*Gnaphalium pensylvanicum*，菊科 鼠麴草属】全株被灰白色毛；叶倒卵状长圆形或匙状长圆形；头状花序排成多头的穗状花序⑤；瘦果长圆形，冠毛白色。全山可见；生路边或草地上。

鼠麴草头状花序多在枝顶端密集成伞房状；匙叶鼠麴草头状花序排成顶生或腋生穗状花序。

天名精　　菊科 天名精属

Carpesium abrotanoides

Carpesium | tiānmíngjīng

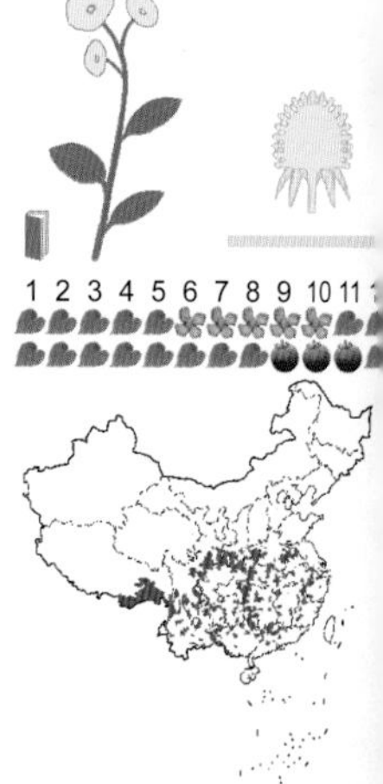

多年生草本①；茎下部叶广椭圆形或长椭圆形，先端钝，基部楔形，边缘具不规则钝齿，齿端有腺体状胼胝体；叶柄密被短柔毛；茎上部叶长椭圆形，基部阔楔形，无柄②；头状花序生茎端或沿枝条生于叶腋，近无梗，常下垂，成穗状花序式排列①；花黄色，边缘雌花狭筒状，中间两性花筒状；瘦果先端短喙状，无冠毛。

全山可见。生村旁、路边、溪边或林缘。

相似种：金挖耳【*Carpesium divaricatum*，菊科 天名精属】全株被白色柔毛；茎下部叶卵状长圆形，边缘具不规则齿③；头状花序单生茎端或枝端，下垂，全部管状花，黄色，花冠被稀疏的柔毛④；瘦果。全山可见；生境同上。

1 2 3 4 5 6 7 8 9 10 11

天名精头状花序生茎端或叶腋，无梗，成穗状花序式排列，花冠无毛；金挖耳头状花序生茎端和枝端，具明显花序梗，花冠被稀疏的柔毛。

豨莶 菊科 豨莶属

Siegesbeckia orientalis

Common St.Paulswort | xīxiān

一年生草本；全部分枝常成复二歧状，被灰白色短柔毛①；单叶对生；基部叶花期枯萎；中部叶卵圆形或卵状披针形，边具不规则钝齿，基部扩楔形，下延成具翼的柄，两面被毛，下面具腺点；头状花序聚生枝顶，排列成具叶的圆锥花序②；总苞阔钟状，总苞片2层，背面具紫褐色头状具柄的腺毛；花黄色②；边缘雌花舌状，中间两性花管状，上部钟状；瘦果倒卵圆形，有4棱，无冠毛。

全山可见。生山野、荒草地、灌丛、林缘。

相似种：腺梗豨莶【*Siegesbeckia pubescens*，菊科 豨莶属】非二歧分枝；中部叶卵圆形或卵形，边缘有尖粗齿；花梗较长，密生紫褐色头状具柄的密腺毛和长柔毛③。全山可见；生境同上。

豨莶的花序梗和茎上部密被短柔毛；腺梗豨莶的花序梗和茎上部被紫褐色头状具柄的密腺毛和长柔毛。

菊芋 洋姜 菊科 向日葵属

Helianthus tuberosus

Jerusalem Artichoke | júyù

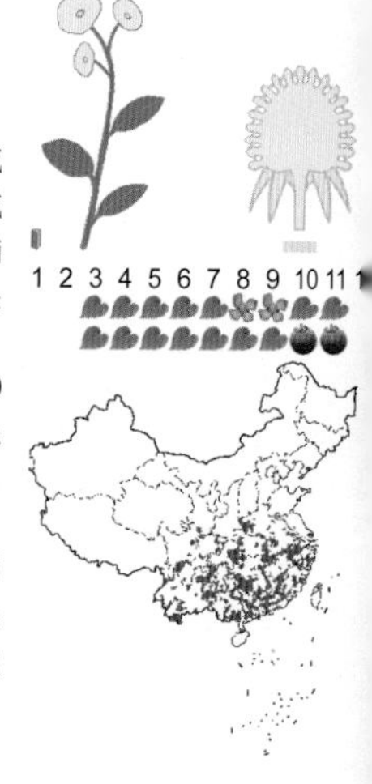

多年生草本②；具块状地下茎；全株被糙毛或刚毛；基部叶对生，上部叶互生；下部叶卵圆形或卵状椭圆形，有长柄，边缘有粗锯齿；上部叶长椭圆形至阔披针形，基部渐狭，下延成短翅状③；头状花序单生枝端，有1～2枚线状披针形的苞叶①；总苞片多层，披针形；花黄色，边缘舌状花12～20枚，中间管状花④；瘦果楔形，上端有2～4枚具毛的扁芒。

散见栽培。生村舍旁或菜地。

菊芋具块状地下茎，全株被糙毛或刚毛，叶卵圆形、长椭圆形至阔披针形，边缘有粗锯齿，头状花序单生枝端，花黄色，边缘舌状花，中间管状花。

1
3
2
1
2
3
4

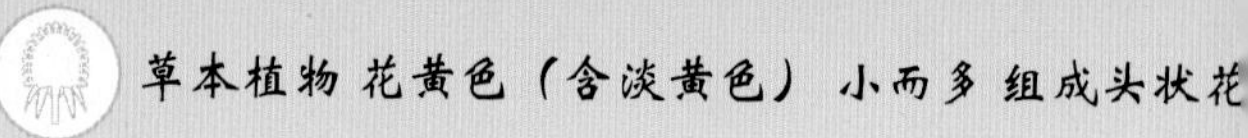

蒲儿根　　菊科 蒲儿根属

Sinosenecio oldhamianus

Oldham Groundsel　|　pú'érgēn

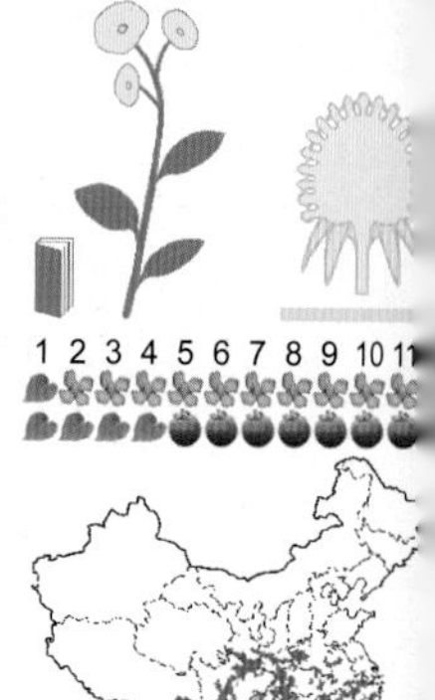

一年或二年生草本①；基部叶具长叶柄，在花期凋落；下部茎叶卵状圆形或近圆形，基部心形，边缘具锯齿，掌状5脉②；叶柄被白色蛛丝状毛；上部叶渐小，卵形或卵状三角形，基部楔形，具短柄；头状花序排列成顶生复伞房状花序①，花序基部具1层线形苞片；边缘舌状花，舌片黄色，长圆形③；中间管状花，花冠黄色，顶端5裂；瘦果圆柱形，舌状花瘦果无毛，无冠毛。

广济寺附近可见。生林缘或溪边。

草本，基部叶具长叶柄，在花期凋落，下部茎叶近圆形，边缘具锯齿，掌状5脉，叶两面无毛，顶生复伞房状花序，边缘舌状花，中间管状花，花冠黄色，顶端5裂，瘦果无冠毛。

一枝黄花　　菊科 一枝黄花属

Solidago decurrens

Common Goldenrod　|　yīzhīhuánghuā

多年生草本；单叶互生；中部茎叶椭圆形、长椭圆形、卵圆形或宽披针形，边缘有锐锯齿；上部叶边锯齿渐疏至全缘；头状花序较小，在茎上部排列成总状或圆锥状①；总苞钟形，4～6层；花黄色，边缘雌花舌状，约8朵，舌片椭圆形，中间两性花管状；瘦果圆柱形；冠毛细刚毛状，2层。

全山可见。生林缘、林下、灌丛中或草地上。

相似种：加拿大一枝黄花【*Solidago canadensis*，菊科 一枝黄花属】多年生草本；根状茎发达；叶离基三出脉，正面很粗糙，头状花序排列成圆锥状花序，呈蝎尾状②，瘦果全部具细柔毛。衡山中低海拔可见，为恶性入侵杂草；生路边或林缘。

一枝黄花植株矮小，头状花序在花序分枝上不呈蝎尾状排列，边缘舌状花，中间管状花；加拿大一枝黄花植株高大，头状花序在花序分枝上呈蝎尾状排列，全部为管状花。

1 2 3 4 5 6 7 8 9 10 11 12

①
②
③
①
②

茼蒿 菊科 茼蒿属

Chrysanthemum coronarium

Garland Chrysanthemum | tónghāo

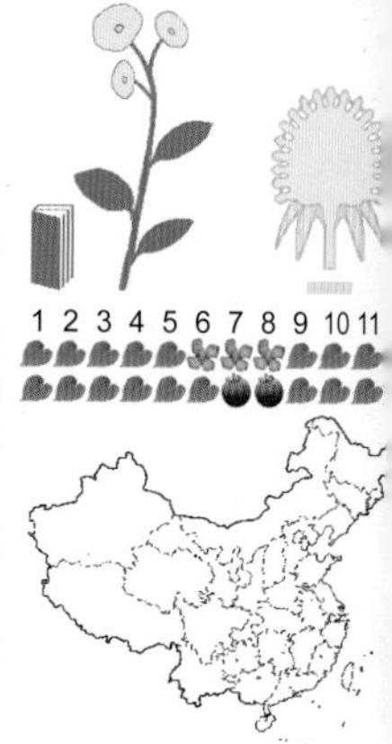

一年生草本，全株光滑无毛；茎圆柱形，中下部叶长椭圆形，二回羽状分裂①②；头状花序单生茎顶或少数生茎枝顶端①②，花梗长15～20厘米；花黄色③；边缘雌花舌状，中间两性花管状；舌状花瘦果有3条突起的狭翅肋，肋间有1～2条明显的间肋。管状花瘦果有1～2条椭圆形突起的肋，及不明显的间肋。

南岳镇等地栽培。生山坡路边、田野、荒地或灌丛中。

叶二回羽裂，花黄色，边缘舌状花和中间管状花均为黄色。

黄鹌菜 菊科 黄鹌菜属

Youngia japonica

Japanese Youngia | huáng'āncài

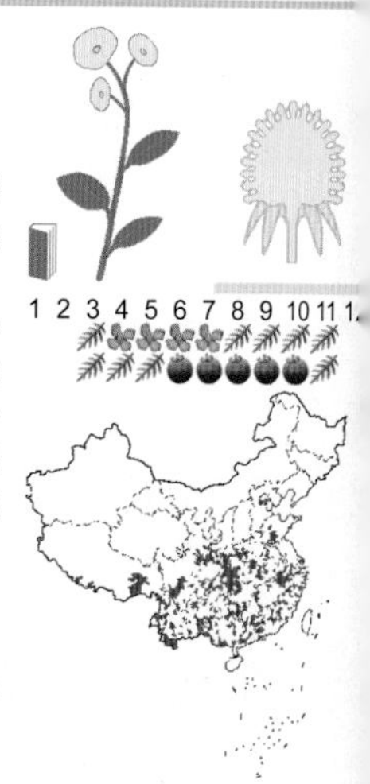

一年生草本，有乳汁①；基生叶莲座状，提琴状羽状分裂，顶端裂片较两侧裂片稍大，裂片边缘有不规则细齿②；无茎叶或极少有1～2枚茎生叶；全部叶及叶柄被柔毛；头状花序含10～20朵舌状小花，在茎枝顶端排成伞房状花序③④；总苞圆柱状，总苞片4层，外面无毛；舌状花黄色，花冠外面有短柔毛④；瘦果纺锤形，稍扁，长1.5～2毫米，有11～13条纵肋棱；冠毛白色，长2.5～3.5毫米。

全山可见。生山坡、山谷、山沟及林缘。

黄鹌菜茎有乳汁，基生叶莲座状，倒披针形，提琴状羽状分裂，几无茎叶，头状花序全部为两性的舌状花，总苞圆柱状，瘦果有纵棱，冠毛白色。

1
2
3
1
2
3
4

野慈姑　泽泻科 慈姑属

Sagittaria trifolia

Wild Arrowhead | yěcígū

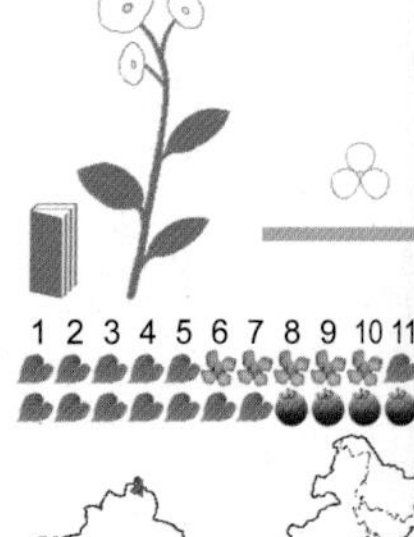

多年生水生草本①；根状茎横走，较粗壮；挺水叶箭形，顶裂片短于侧裂片，先端尖①；叶柄基部渐宽，鞘状，边缘膜质；花莛直立，挺水，高20～70厘米，粗壮；花序总状或圆锥状，具分枝1～2个，具多轮花，每轮2～3朵花；苞片3枚；花单性；花被片反折；内轮花被片白色或淡黄色②；瘦果两侧压扁，倒卵形，具翅，果喙短③。

低海拔可见。生稻田或水沟边。

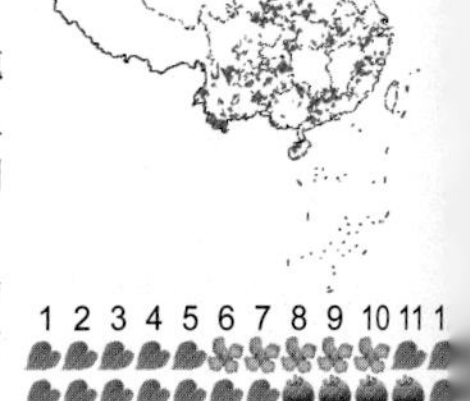

相似种：慈姑【*Sagittaria trifolia* var. *sinensis*，泽泻科 慈姑属】叶片宽大，肥厚，顶裂片先端钝圆，广卵形，与侧裂片之间明显缢缩④；球茎呈球形至卵圆形；花序高大，分枝常3轮，每轮3个侧枝。衡山低海拔栽培。

野慈姑为野生植物，植株较小，叶顶裂片先端尖，无球茎，花序小型；慈姑为栽培植物，植株高大粗壮，叶顶裂片先端钝圆，球茎球形至卵圆形，花序高大。

血水草　罂粟科 血水草属

Eomecon chionantha

Snowpoppy | xuèshuǐcǎo

多年生无毛草本，具红黄色汁液①；叶全部基生，心形或心状肾形，长5～26厘米，宽5～20厘米，基部耳垂，边缘呈波状②，上面绿色，下面灰绿色，掌状脉5～7条；叶柄长10～30厘米，基部略扩大成狭鞘；聚伞状伞房花序，花莛高20～40厘米，有花3～5朵；花梗直立②，长0.5～5厘米；花瓣4枚，白色，倒卵形③；蒴果狭椭圆形，长约2厘米，直径约5毫米。

衡山散见。生山谷溪边、林下阴湿处或路旁灌丛中。

血水草具红黄色汁液，叶基生，心形或心状肾形，基部耳垂，边缘呈波状，掌状脉，叶柄基部略扩大成狭鞘，聚伞状伞房花序，花瓣白色，蒴果狭椭圆形。

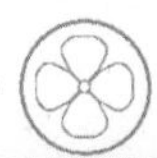

①
②
③
④
①
②
③

北美独行菜 十字花科 独行菜属

Lepidium virginicum

Peppergrass | běiměidúxíngcài

一年生或二年生草本①；茎单一，直立，上部分枝，具柱状腺毛；基生叶倒披针形，羽状分裂或大头羽裂，裂片大小不等，卵形或长圆形，边缘有锯齿②，两面有短伏毛，叶柄长1～1.5厘米；茎生叶有短柄，倒披针形或线形，顶端急尖，基部渐狭；总状花序顶生②；萼片椭圆形，长1毫米；花瓣白色②，倒卵形；短角果近圆形，扁平，有狭翅，顶端微缺③；果梗长2～3毫米；种子卵形，红棕色，无毛，边缘有窄翅。

全山广布。生草丛、田间或荒地。

北美独行菜茎具柱状腺毛，基生叶倒披针形，羽状分裂或大头羽裂，裂片大小不等，边缘有锯齿，两面有短伏毛，茎生叶倒披针形或线形，总状花序顶生，花瓣白色，短角果近圆形，有狭翅。

荠 荠菜 十字花科 荠属

Capsella bursa-pastoris

Shepherd's purse | jì

一年生或二年生草本①；茎直立；基生叶丛生呈莲座状，大头羽状分裂，顶裂片卵形至长圆形，侧裂片3～8对，长圆形至卵形，顶端渐尖；茎生叶窄披针形或披针形，基部箭形，抱茎，边缘有缺刻或锯齿②；总状花序果期延长达20厘米；花梗长3～8毫米；花瓣白色，卵形，有短爪；短角果倒三角形，扁平，无毛，顶端微凹①。

全山广布。生山坡、田边或路旁。

相似种:碎米荠【*Cardamine hirsuta*，十字花科碎米荠属】一年生草本；基生叶和茎生叶均为奇数羽状复叶，有小叶2～6对；总状花序顶生，花白色③；长角果线形③，无毛。全山广布；生境同上。

荠基生叶大头羽状分裂，茎生叶窄披针形或披针形，基部箭形，抱茎，短角果倒三角形；碎米荠基生叶和茎生叶均为奇数羽状复叶，长角果线形。

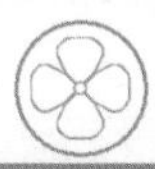

1
2
3
1
2
3

臭节草 松风草 芸香科 臭节草属

Boenninghausenia albiflora

White Chinarue | chòujiécǎo

多年生常绿草本①；分枝多，嫩枝的髓部大而空心；叶互生，二至三回三出复叶②；叶片薄纸质，倒卵形、菱形或椭圆形②，长1～2.5厘米，宽0.5～2厘米，背面灰绿色，老叶常变褐红色；聚伞圆锥花序顶生①，基部有小叶；萼片4枚，花瓣4枚，白色，覆瓦状排列；雄蕊8枚，长短相间，花丝白色，分离，花药红褐色③；蓇葖果开裂为4分果瓣，长约5毫米，每分果瓣有种子4粒。

衡山散见。生山地草丛中、疏林下。

臭节草常绿，分枝多，叶互生，二至三回三出复叶，聚伞圆锥花序顶生，基部有小叶，花瓣白色，蓇葖果开裂为4分果瓣。

掌裂叶秋海棠 秋海棠科 秋海棠属

Begonia pedatifida

Palmleaf Begonia | zhǎnglièyèqiūhǎitáng

多年生草本①；根状茎粗，长圆柱形，扭曲；叶扁圆形至宽卵形，长10～17厘米，基部截形至心形，5～6深裂，几达基部，中间3裂片再中裂，裂片披针形，先端渐尖，两侧裂片再浅裂，掌状6～7条脉①；叶柄长12～20厘米，被褐色卷曲长毛④；花莛高7～15厘米，被长毛③；花白色或粉红，4～8朵，呈二歧聚伞状②；花单性，雌雄同株；蒴果有3翅，下垂，其中1翅特大。

广济寺和方广寺附近可见。生林下阴湿处。

相似种：槭叶秋海棠【*Begonia digyna*，秋海棠科 秋海棠属】多年生草本；叶片近圆形，基部心形，两侧不对称，浅裂达1/3，裂片6～7，渐尖，边缘有不整齐尖锯齿⑥；聚伞花序腋生，花粉红色⑤。衡山散见；生境同上。

1 2 3 4 5 6 7 8 9 10 11 12

掌裂叶秋海棠叶深裂近达基部；槭叶秋海棠叶浅裂达1/3。

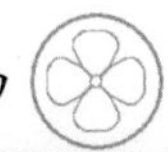

1
2
3
1
3
4
07/17/2006 15:42
2
5
6

美丽獐牙菜 龙胆科 獐牙菜属

Swertia angustifolia* var. *pulchella

Beautiful Swertia | měilìzhāngyácài

一年生直立草本①；茎少分枝，四棱形，棱上有狭翅；叶对生，狭披针形，长2～4厘米，宽0.3～0.5厘米，顶端尖，无柄；狭总状聚伞花序开展①；花梗长3～7毫米；花4数，花萼绿色，略短于花冠，裂片线状披针形；花冠白色或淡黄绿色，裂片卵状矩圆形，先端钝圆，中上部具紫色斑点，基部有1个圆形腺窝②；蒴果宽卵形。

全山广布。生山坡草地、林下或灌丛中。

相似种：獐牙菜【*Swertia bimaculata*，龙胆科 獐牙菜属】茎直立，中部以上分枝，茎生叶椭圆形至卵状披针形，圆锥状复聚伞花序，花5数，花冠上部具多数紫色小斑点，中部有2个黄绿色、半圆形的大腺斑③。全山广布；生境同上。

美丽獐牙菜叶狭披针形，花4数，花冠基部有1个圆形腺窝；獐牙菜叶椭圆形至卵状披针形，花5数，花冠中部有2个黄绿色、半圆形大腺斑。

1 2 3 4 5 6 7 8 9 10 11

白花败酱 攀倒甑 败酱科 败酱属

Patrinia villosa

White Patrinia | báihuābàijiàng

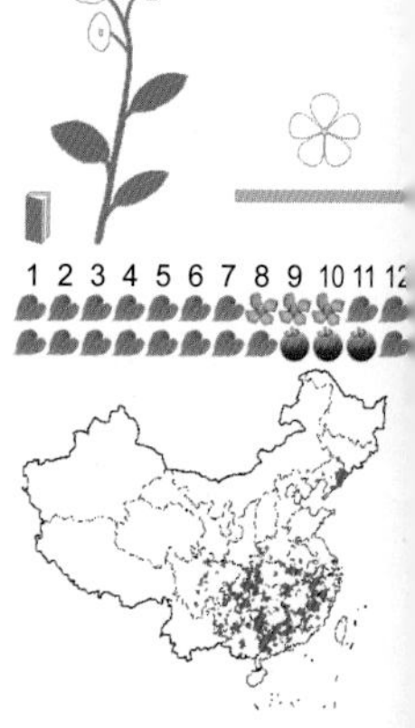

多年生草本①；茎枝被倒生粗白毛；基生叶丛生，叶片卵形、宽卵形或卵状披针形，先端渐尖，边缘具粗钝齿，基部楔形下延，不分裂或大头羽状深裂，常有1～2对侧生裂片；茎生叶对生；叶柄长1～3厘米，上部叶渐近无柄；伞房状圆锥花序顶生①，花序梗被长粗糙毛；总苞叶线状披针形；花萼小，萼齿5枚；花冠钟形，白色，5深裂；雄蕊4枚，伸出②；瘦果倒卵形，翅状果苞近圆形。

全山广布。生山地林下、林缘或灌丛中。

相似种：斑花败酱【*Patrinia punctiflora*，败酱科 败酱属】茎密被倒生粗伏毛；单叶对生，卵形至卵状披针形；聚伞花序组成疏散伞房花序；花冠钟状，淡黄色③；瘦果倒卵状椭圆形。全山广布；生境同上。

白花败酱花冠白色；斑花败酱花冠淡黄色。

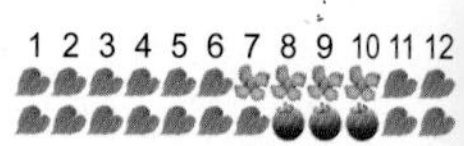

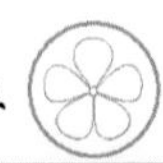

1
2
3
1
2
3

红根草 星宿菜 报春花科 珍珠菜属

Lysimachia fortunei

Redroot Loosestrife | hónggēncǎo

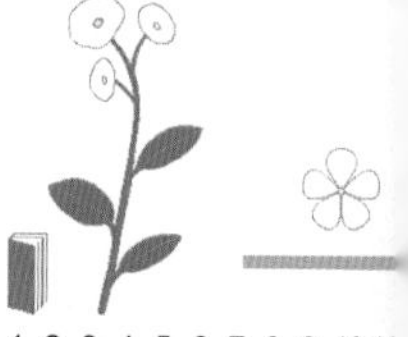

多年生草本，全株无毛①；根状茎横走，紫红色；茎直立，有黑色腺点，基部紫红色，不分枝；叶互生，近无柄，叶片长圆状披针形至狭椭圆形①，长4～11厘米，宽1～2.5厘米，先端渐尖，基部渐狭，两面均有黑色腺点；总状花序顶生，细瘦②，长10～20厘米；苞片披针形；花萼分裂近达基部，裂片卵状椭圆形；花冠白色，裂片先端圆钝，有黑色腺点③；雄蕊短于花冠；蒴果球形。

全山广布。生沟边或路边。

相似种：矮桃【*Lysimachia clethroides*，报春花科 珍珠菜属】别名珍珠菜。多年生草本；叶长椭圆形或阔披针形④，长6～16厘米，宽2～5厘米；总状花序顶生，长约6厘米，花密集，常转向一侧④；花冠白色④；蒴果。全山广布；生路边或林缘。

红根草叶略小，总状花序细长；矮桃叶略大，总状花序粗短。

虎耳草 虎耳草科 虎耳草属

Saxifraga stolonifera

Creeping Rockfoil | hǔ'ěrcǎo

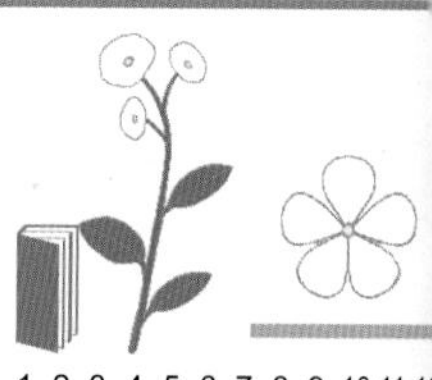

多年生草本①，有细长的匍匐茎；基生叶近心形或肾形①，长1.7～7.5厘米，宽2～12厘米，不明显7～11浅裂，边缘有齿，两面有长伏毛，下面常红紫色或有斑点；叶柄长2～21厘米，与茎都有伸展的长柔毛；茎生叶披针形；聚伞花序圆锥状，具2～5朵花；花梗有短腺毛②；花两侧对称；花瓣5枚，不等大，白色，中上部具紫红色斑点，基部具黄色斑点②；雄蕊10枚；蒴果。

衡山散见。生林下、灌丛或阴湿石缝中。

相似种：大叶金腰【*Chrysosplenium macrophyllum*，虎耳草科 金腰属】基生叶倒卵形，边缘具波状浅齿，基部楔形③，上面疏生短柔毛，下面无毛；叶柄长0.8～1厘米；茎生叶1枚，狭椭圆形；多歧聚伞花序。广济寺附近可见；生林下或溪边阴湿处。

虎耳草基生叶近心形，两面有长伏毛；大叶金腰基生叶倒卵形，上面疏生短柔毛，下面无毛。

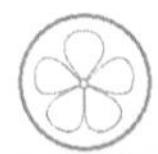

1
3
2
4
1
2
3

火炭母　蓼科 蓼属

Polygonum chinense

China Knotweed | huǒtànmǔ

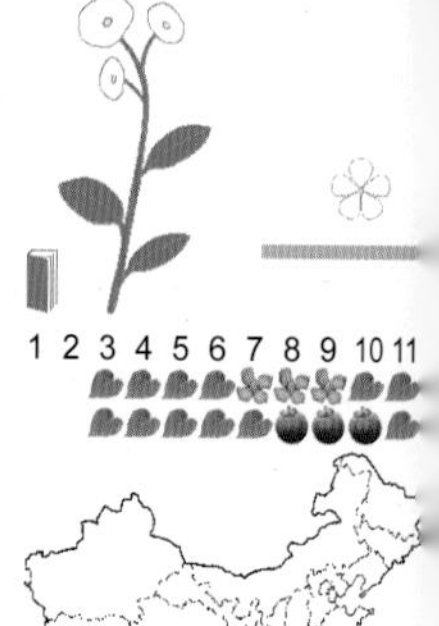

多年生草本①；根状茎粗壮；茎直立，常无毛，具纵棱，多分枝，斜上；叶卵形或长卵形，顶端短渐尖，基部截形①，全缘，两面无毛，下部叶具叶柄，叶柄1～2厘米，常基部具叶耳，上部叶近无柄或抱茎；托叶鞘膜质，无毛，具脉纹，顶端偏斜④；花序头状，常数个排成圆锥状②，花序梗被腺毛；花被5深裂，白色或淡红色，裂片卵形，果时增大，呈肉质；瘦果具3棱，被包于宿存的花被。

全山广布。生山坡草地和山谷湿地。

相似种：戟叶蓼【*Polygonum thunbergii*，蓼科蓼属】一年生草本；茎四棱形，沿棱有倒生钩刺，叶柄有狭翅和钩毛，叶片戟形③；托叶鞘圆筒状，边缘绿色，向外反卷⑤；聚伞花序。全山广布；生境同上。

火炭母茎上无倒钩刺，叶柄无狭翅，叶卵形；戟叶蓼茎上有倒钩刺，叶柄有狭翅，叶戟形。

金荞麦　荞麦三七　蓼科 荞麦属

Fagopyrum dibotrys

Gold Buckwheat | jīnqiáomài

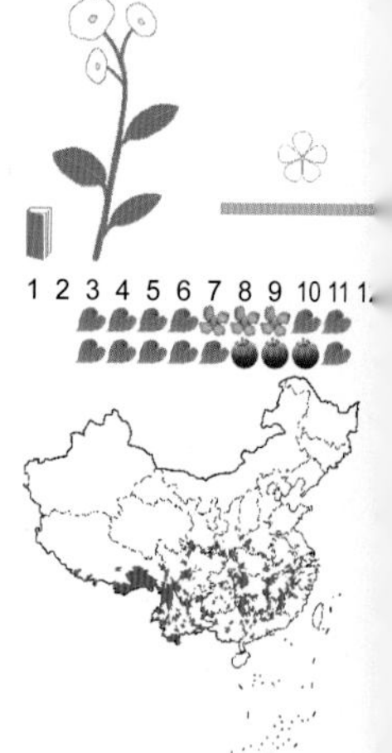

多年生草本①；根状茎木质化，黑褐色；茎直立，分枝，具纵棱，无毛；叶三角形，顶端渐尖，基部近戟形，全缘①，两面具乳头状突起或被柔毛；叶柄长可达10厘米；托叶鞘筒状，偏斜，褐色②；花序伞房状③；花梗中部具关节，与苞片近等长；花被5深裂，白色④；雄蕊8枚，比花被短；花柱3枚，柱头头状。瘦果宽卵形，具3锐棱，黑褐色，无光泽。

全山广布。生山谷湿地和山坡灌丛中。

金荞麦根状茎木质化，茎具纵棱，无毛，叶三角形，基部近戟形，全缘，叶柄长，托叶鞘筒状，偏斜，褐色，花序伞房状，花被5深裂，白色，瘦果宽卵形，具3锐棱。

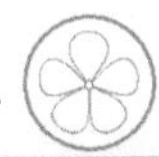

1
3
2
4
5
1
2
3
4

天葵

毛茛科 天葵属

Semiaquilegia adoxoides

Skymallow | tiānkuí

多年生草本①；块根长1～2厘米，粗3～6毫米，外皮棕黑色；茎被稀疏的白色柔毛，分枝；基生叶多数，为掌状三出复叶；叶片卵圆形至肾形，长1.2～3厘米；小叶扇状菱形，3深裂，深裂片又有2～3枚小裂片，两面无毛；叶柄基部扩大呈鞘状①；茎生叶与基生叶相似，较小；花小；花梗纤细，被伸展白色短柔毛②；萼片白色，常带淡紫色；花瓣匙形，顶端近截形，基部凸起呈囊状；蓇葖果卵状长椭圆形，表面具凸起的横向脉纹③。

全山广布。生疏林下、路旁或山谷阴湿处。

天葵具块根，基生叶掌状三出复叶，叶片卵圆形至肾形，小叶扇状菱形，3深裂，深裂片又小裂，两面无毛，叶柄基部扩大呈鞘状，花小，花瓣匙形，顶端近截形，蓇葖果。

龙葵

茄科 茄属

Solanum nigrum

Dragon Mallow | lóngkuí

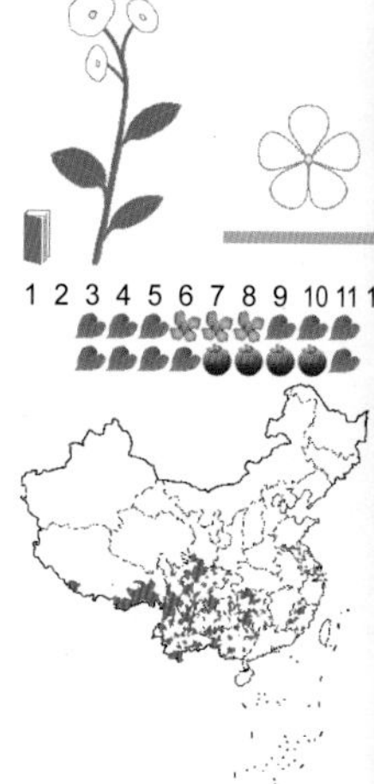

一年生直立草本①；叶卵形，长2.5～10厘米，宽1.5～5.5厘米，先端短尖，基部楔形或阔楔形，下延至叶柄①；叶柄长1～2厘米；蝎尾状花序，由3～6朵花组成①，总花梗长1～2.5厘米，花梗长约5毫米；花萼浅杯状；花冠白色，筒部隐于萼内，冠檐5深裂，裂片卵圆形②；浆果球形③，直径约8毫米，熟时黑色④。

全山广布。生路旁或荒地。

草本，叶卵形，基部楔形下延至叶柄，蝎尾状花序，由3～6朵花组成，花冠白色，冠檐5深裂，浆果球形，熟时黑色。

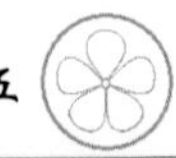

江南散血丹 茄科 散血丹属

Physaliastrum heterophyllum

Diversifolious Blooddisperser | jiāngnánsànxuèdān

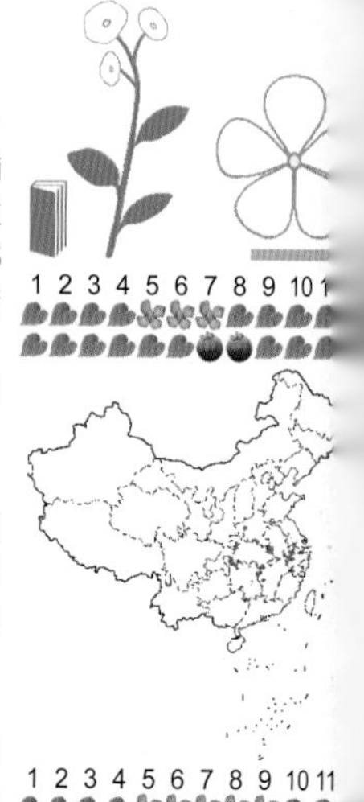

多年生草本①；茎直立，茎节略膨大；叶宽椭圆形、卵形或椭圆状披针形①，基部歪斜，两面被稀疏细毛；花单生或成双生，花梗果时伸长至3～5厘米；花萼短钟状，5深中裂，裂片狭三角形，渐尖，花后增大；花冠阔钟状，白色，檐部5浅裂，雄蕊长为花冠一半②；浆果直径约1.8厘米，果萼贴近浆果③。

藏经殿附近可见。生林下潮湿地。

相似种：苦蘵【*Physalis angulata*，茄科 酸浆属】叶片卵形至卵状椭圆形，两面近无毛；花冠淡黄色，喉部常有紫色斑纹④；果萼卵球状，薄纸质，完全包围浆果，有10条纵肋，种子圆盘状⑤。全山广布；生空旷地或山坡。

江南散血丹花1～3朵簇生，果萼贴近浆果不成膀胱状，纵肋不显著凸起；苦蘵花单生，果萼不贴近浆果成膀胱状，有显著10条纵肋。

接骨草 忍冬科 接骨木属

Sambucus chinensis

China Elder | jiēgǔcǎo

多年生草本①；嫩枝有棱条③，髓部白色；羽状复叶①，小叶2～3对，狭卵形，长6～13厘米，宽2～3厘米，嫩时上面被疏长柔毛，先端长渐尖，基部钝圆，两侧不等，边缘具细锯齿，近基部边缘常有1或数枚腺齿；聚伞花序顶生，大而疏散②，总花梗基部托以叶状总苞片，分枝3～5出，纤细，被黄色疏柔毛；果实红色，近圆形③，直径3～4毫米。

全山分布。生山坡、林下、沟边和草丛中。

相似种：接骨木【*Sambucus williamsii*，忍冬科 接骨木属】落叶灌木或小乔木；枝具明显的皮孔，髓部浅褐色④；聚伞花序圆锥形⑤。上封寺、玉板桥等地可见；生境同上。

接骨草为多年生草本，枝髓部白色，聚伞花序伞形；接骨木为落叶灌木或小乔木，枝髓部浅褐色，聚伞花序圆锥形。

1
3
2
4
5
1
3
4
2
5

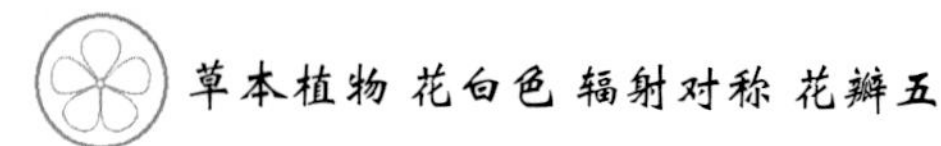

窃衣　伞形科 窃衣属

Torilis scabra

Common Hedgeparsley | qièyī

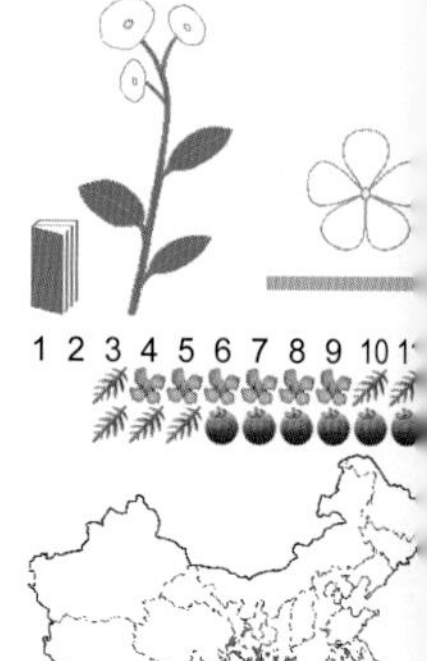

一年生或多年生草本①；全体有贴生短硬毛；茎单生，向上有分枝；叶卵形，二回羽状分裂，小叶狭披针形至卵形，长2～10毫米，宽2～5毫米，顶端渐尖，边缘有整齐缺刻或分裂②；叶柄长3～4厘米；复伞形花序③；总花梗长1～8厘米；无总苞片或有1～2枚，条形；伞辐2～4枚，长1～5厘米，粗壮，有纵棱及向上紧贴的粗毛；花梗长4～10毫米；双悬果矩圆形，长4～7毫米，有3～6个具钩较长而颇张开的皮刺④。

全山广布。生山坡林下、路旁及空旷草地。

窃衣全体有贴生短硬毛，茎向上有分枝，叶二回羽状分裂，小叶边缘有整齐缺刻或分裂，复伞形花序伞辐2～4枚，有纵棱及向上紧贴的粗毛，双悬果矩圆形，有具钩的皮刺。

鸭儿芹　伞形科 鸭儿芹属

Cryptotaenia japonica

Japan Ducklingcelery | yā'érqín

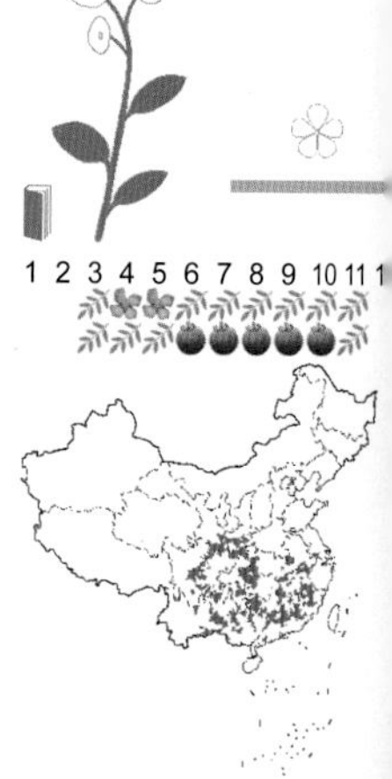

多年生草本①；茎直立，光滑，叉状分枝；基生叶或上部叶三角形，长2～14厘米，宽3～17厘米，叶柄长5～20厘米；三出复叶，中间小叶菱状倒卵形或心形，两侧小叶片斜倒卵形至长卵形，近无柄；叶边有不规则尖锐重锯齿②；复伞形花序；小伞形花序有花2～4朵；花瓣白色，顶端有内折小舌片③；双悬果线状长圆形，长4～6毫米。

全山广布。生林下阴湿处或山谷溪边。

相似种：变豆菜【*Sanicula chinensis*，伞形科 变豆菜属】多年生草本；基生叶近圆形，掌状3～5裂，边缘有不等的重锯齿；叶柄基部有透明的膜质鞘；茎生叶常3裂；伞形花序二至三回叉状分枝；花瓣绿白色；果实圆卵形，皮刺直立，顶端钩状④。全山广布；生境同上。

1 2 3 4 5 6 7 8 9 10 11 12

鸭儿芹叶为三出复叶，双悬果线状长圆形；变豆菜单叶，掌状3～5裂，果圆卵形，皮刺顶端钩状。

前胡 白花前胡 伞形科 前胡属

Peucedanum praeruptorum

Whiteflower Angelica | qiánhú

多年生草本，根颈粗壮，径1～1.5厘米，灰褐色，存留多数越年枯鞘纤维。叶片宽卵形或三角状卵形，二至三回三出式羽状分裂①②，末回裂片不规则羽状分裂，边缘具不整齐齿；复伞形花序，无总苞，花白色①③；双悬果卵圆形，背部扁压，长约4毫米，宽3毫米，棕色，有稀疏短毛，背棱线形稍突起，侧棱呈翅状，比果体窄，稍厚。

全山广布。生山坡林缘、路旁或草丛中。

基生叶和下部叶二至三回三出式羽状分裂，花白色。

垂序商陆 美洲商陆 商陆科 商陆属

Phytolacca americana

Droopraceme Pokeweed | chuíxùshānglù

多年生草本①；根粗壮，肥大，倒圆锥形；茎直立，有时带紫红色；叶片椭圆状卵形，长9～18厘米，宽5～10厘米；叶柄长1～4厘米；总状花序顶生或腋生，长5～20厘米；花白色，微带红晕②；花被片5枚，雄蕊、心皮及花柱通常均为10枚，心皮合生②；果序下垂，浆果扁球形，熟时紫黑色③；种子肾圆形。

衡山散见。多生路旁荒地。

相似种：商陆【*Phytolacca acinosa*，商陆科 商陆属】根肥厚，圆锥形；叶卵状椭圆形至长椭圆形；总状花序圆柱状，直立；花被片5枚，白色，后变淡粉红色；雄蕊8～10枚，心皮8枚，分离④；分果浆果状，扁球形，紫色或黑紫色。藏经殿和半山亭附近可见；生林下或路旁。

1 2 3 4 5 6 7 8 9 10 11 12

垂序商陆花序较纤细，花少而稀，果序下垂，心皮10枚，合生；商陆花序粗壮，花多而密，果序直立，心皮8枚，分离。

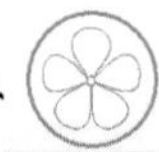

①
②
③
①
③
②
④

漆姑草 石竹科 漆姑草属

Sagina japonica

Pearlwort | qīgūcǎo

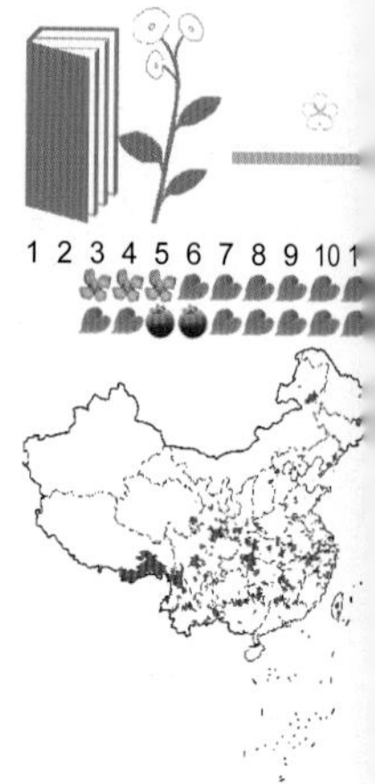

一年生草本②，上部被稀疏腺柔毛①。茎丛生，稍铺散；叶片线形，长5～20毫米，宽约1毫米，顶端急尖，基部合生成鞘状，无毛①；托叶无；花小形，单生枝端③；花梗细，长1～2厘米，疏被短柔毛；萼片5枚，卵状椭圆形；花瓣5枚，狭卵形，稍短于萼片，白色，顶端圆钝；雄蕊5枚，短于花瓣④。蒴果卵圆形，微长于宿存萼，5瓣裂；种子细，圆肾形，微扁，褐色，表面具尖瘤状凸起。

全山可见。生山谷、荒地或路旁草地。

漆姑草茎丛生，叶片线形，花小，单生枝端，花梗细，疏被短柔毛，萼片宿存，花瓣5枚，白色，顶端圆钝，蒴果卵圆形，5瓣裂。

杜若 鸭跖草科 杜若属

Pollia japonica

Japan Pollia | dùruò

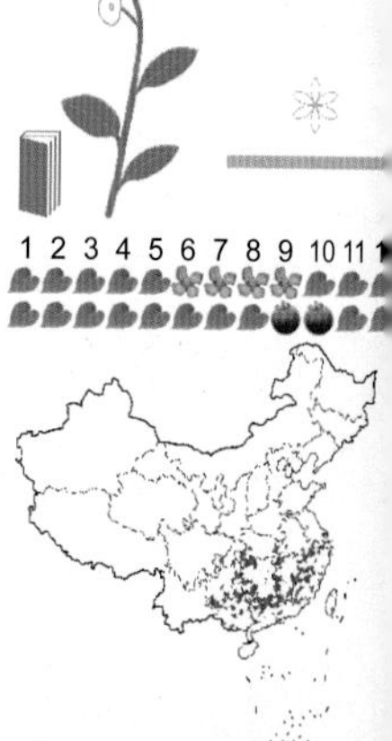

多年生草本，根状茎长而横走；茎直立①，不分枝，被短柔毛；叶鞘无毛；叶无柄，或叶基渐狭而延成带翅的柄；叶长椭圆形①，基部楔形，顶端长渐尖；蝎尾状聚伞花序长2～4厘米，数轮集成圆锥花序②，花序总梗长15～30厘米，各级花序轴和花梗密被钩状毛；总苞片披针形，萼片宿存；果浆果状，球形。

全山广布。生于山谷林中。

相似种：竹叶吉祥草【*Spatholirion longifolium*，鸭跖草科 竹叶吉祥草属】多年生缠绕草本；叶片披针形至卵状披针形③；圆锥花序；花紫色或白色④。衡山散见；生林下或山谷草地。

杜若茎直立，叶长椭圆形，无柄，花序蝎尾状，果不裂；竹叶吉祥草茎缠绕，叶卵状披针形，柄稍长，花序不呈蝎尾状，蒴果3片裂。

粉条儿菜 金线吊白米 百合科 粉条儿菜属

Aletris spicata

Spike Aletris | fěntiáoércài

多年生草本①；根状茎短，具多数须根；叶簇生基部，纸质，条形，先端渐尖②；花莛高40～70厘米，有棱，密生柔毛，中下部有几枚长1.5～6.5厘米的苞片状叶；总状花序长6～30厘米，疏生多花，花梗极短，有毛；苞片2枚，窄条形，位于花梗的基部，长5～8毫米，短于花；花被黄绿色，上端粉红色，长6～7毫米，顶端6裂，裂片条状披针形，外面有柔毛③；蒴果倒卵形，有棱角，长3～4毫米，密生柔毛。

衡山散见。生山坡上、路边、灌丛边。

粉条儿菜叶条形，宽3～4毫米，总状花序上疏生多花，花梗极短，花较小，苞片短于花，花被长6～7毫米，外有柔毛。

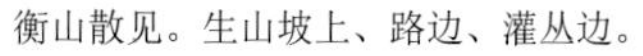

多花黄精 百合科 黄精属

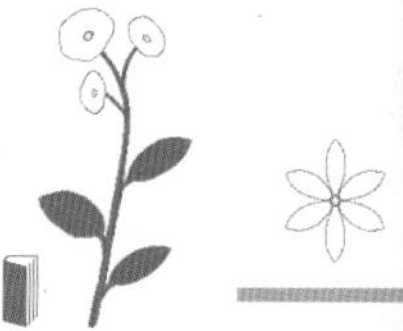

Polygonatum cyrtonema

Manyflower Landpick | duōhuāhuángjīng

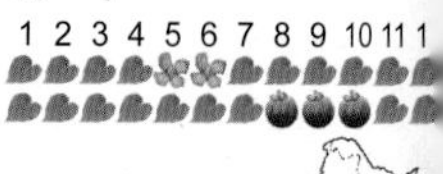

具根状茎草本；根状茎肥厚，通常连珠状或结节成块，稀圆柱形；茎不分枝，基部具膜质的鞘，直立或略偏斜；叶互生，椭圆形或卵状披针形，长10～18厘米，宽2～7厘米，下面无毛，边全缘①；花序腋生，呈伞形状，具2～7朵花，总花梗长1～4厘米，花梗长0.5～1.5厘米②；花被黄绿色，合生呈筒状；浆果直径约1厘米，熟时黑色③。

全山可见。生林下、灌丛或山坡阴湿处。

相似种：长梗黄精【*Polygonatum filipes*，百合科 黄精属】根状茎连珠状；花序具2～7朵花，总花梗细丝状，长3～8厘米，花梗长0.5～1.5厘米，花被淡黄绿色④；浆果。衡山散见；生境同上。

两者的根状茎肥厚连珠状，花序具花2～7朵，但多花黄精总花梗较粗短，长1～4厘米，而长梗黄精总花梗细丝状，长3～8厘米。

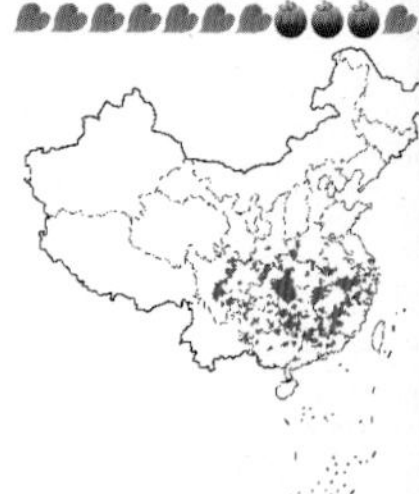

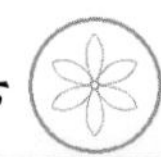

1
2
3
1
3
2
4

散斑竹根七 百合科 竹根七属

Disporopsis aspera

Asper False Fairybells | sǎnbānzhúgēnqī

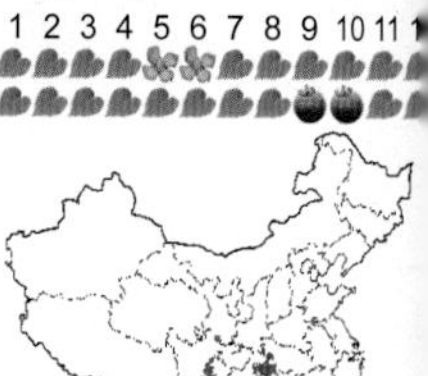

多年生草本①；根状茎圆柱状，肉质，横走③；茎直立，无毛，不分枝；叶互生，厚纸质，卵形或卵状椭圆形，先端渐尖或稍尾状，具柄，两面无毛②；花1～2朵生叶腋，黄绿色，略具黑色斑点，俯垂；花被钟形，口部不缢缩，具副花冠④；子房3室；浆果近球形，直径约8毫米，熟时蓝紫色②。

衡山散见。生林下或山谷中。

相似种：宝铎草【*Disporum sessile*，百合科 万寿竹属】多年生草本；根状茎肉质，横出；茎上部常叉状分枝⑤；花黄色、绿黄色或白色，花被片倒卵状披针形，基部具短距；浆果椭圆形或球形⑤。衡山散见；生灌丛中或林下。

散斑竹根七茎不分枝，花白色，花被下部合生成钟形，基部无距；宝铎草茎上部常叉状分枝，花黄色至白色，花被片离生，基部具短距。

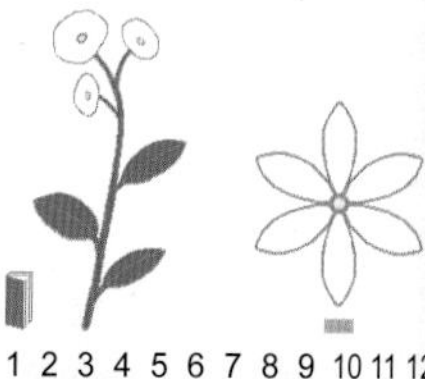

荞麦叶大百合 百合科 大百合属

Cardiocrinum cathayanum

China Largelily | qiáomàiyèdàbǎihé

多年生高大草本①；具鳞茎；茎直立不分枝，圆柱形，中空，无毛；叶基生和茎生；叶纸质，网状脉，卵状心形或卵形，基部近心形，边全缘②；叶柄长6～20厘米，基部扩大；总状花序顶生，有花3～5朵；花狭喇叭形，乳白色或淡绿色，内具紫色条纹③；蒴果，近球形，长4～5厘米，红棕色；种子扁平，红棕色，周围有膜质翅。

广济寺、上封寺、方广寺可见。生山坡林下阴湿处。

相似种：百合【*Lilium brownii* var. *viridulum*，百合科 百合属】叶散生茎上，倒披针形或倒卵形，先端渐尖，基部渐狭；花单生或几朵排成伞形，花喇叭形，乳白色，外面稍带紫色④；花梗长3～10厘米。全山可见；生境同上。

荞麦叶大百合叶基生和茎生，卵状心形或卵形，基部近心形；百合叶散生茎上，倒披针形或倒卵形，基部渐狭。

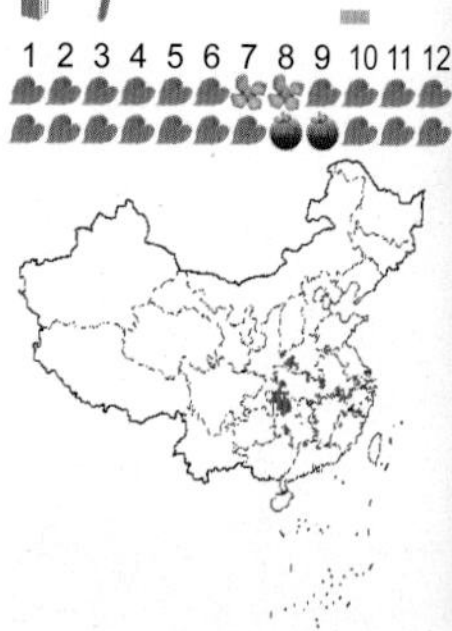

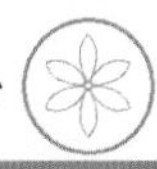

1
3
4
2
5
1
2
3
4

沿阶草 百合科 沿阶草属

Ophiopogon bodinieri

Bodinier Lilyturf | yánjiēcǎo

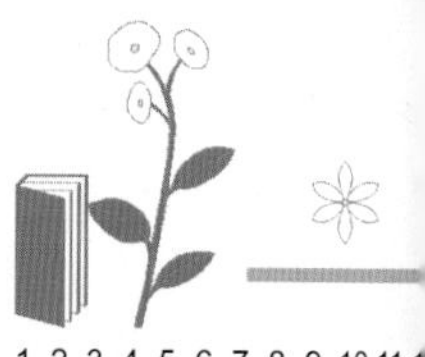

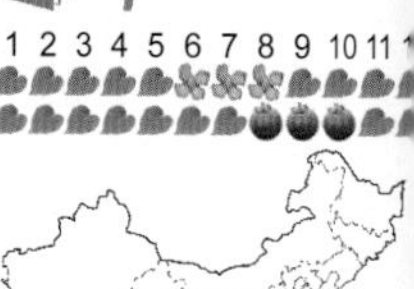

多年生草本①；根近末端处具小块根；根状茎节上聚膜质的鞘；叶基生成丛，长20～40厘米，宽2～4毫米，先端渐尖，边缘具细锯齿①；花葶与叶几等长，总状花序长1～7厘米②；花常单生或2朵簇生于苞片腋内；花梗长5～8毫米；花被片卵状披针形或披针形，长4～6毫米，白色或稍带紫色②；种子浆果状，近球形或椭圆形，熟后暗蓝色。

全山可见。生山坡林下、沟边或山谷潮湿处。

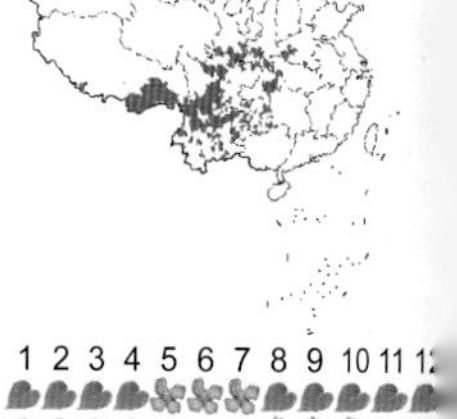

相似种：山麦冬【*Liriope spicata*，百合科 山麦冬属】又叫土麦冬。多年生草本；根状茎粗短；叶条形，长15～30厘米，宽4～7毫米；总状花序顶生，长6～15厘米，花被淡紫色或浅蓝色③；种子近球形④。全山可见；生境同上。

沿阶草的叶宽2～4毫米，总状花序长1～7厘米，花白色或稍带紫色；山麦冬的叶宽4～7毫米，总状花序长6～15厘米，花淡紫色或浅蓝色。

1 2 3 4 5 6 7 8 9 10 11 12

透骨草 透骨草科 透骨草属

***Phryma leptostachya* subsp. *asiatica**

Lopseed | tòugǔcǎo

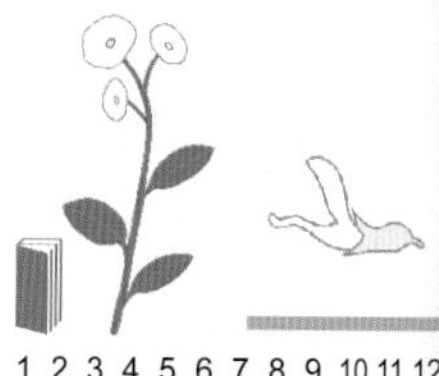

多年生草本；茎直立，四棱形①；单叶对生，叶片卵状长圆形、卵状三角形至宽卵形②，草质，长3～11厘米，宽2～8厘米，先端渐尖或急尖，基部楔形、圆形至截形，茎中下部叶基部常下延，边缘有齿，两面散生短柔毛；穗状花序生枝顶或上部叶腋①，具苞片和小苞片，有长梗；花两性；花萼合生成筒状，檐部二唇形；花冠合瓣，漏斗状筒形，檐部二唇形③；雄蕊4枚，2强；瘦果，包藏于宿存萼筒内。

全山散见。生山坡草丛。

透骨草茎四棱形，单叶对生，叶片卵状长圆形、卵状三角形至宽卵形，草质，边有齿，穗状花序。

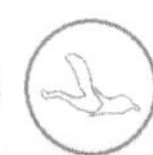

1
3
2
4
1
2
3

斑叶兰 大斑叶兰 兰科 斑叶兰属

Goodyera schlechtendaliana

Schlechtendali's Spotleaf-orchis | bānyèlán

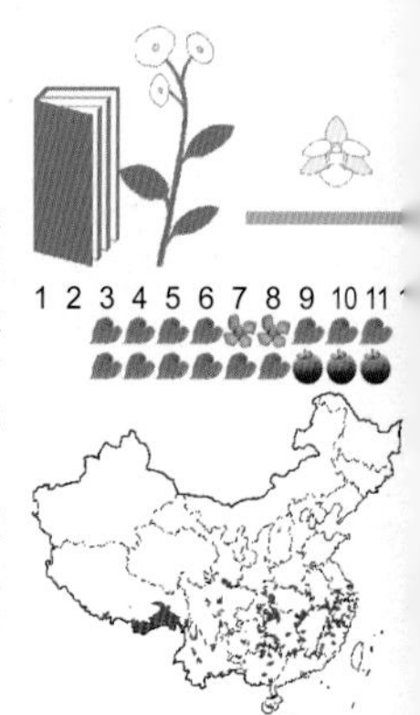

多年生草本①；根状茎伸长，匍匐，具节②；茎直立，具5～6枚叶；叶片卵形或卵状椭圆形，长3～8厘米，宽0.8～2.5厘米，上面绿色，具白色不规则点状斑纹，背面淡绿色，先端急尖，基部近圆形或宽楔形，具柄，叶柄长4～10毫米，基部扩大成抱茎的鞘②；花茎直立，被长柔毛，具3～5枚鞘状苞片；总状花序具数朵、偏向一侧的花，长8～20厘米③；花苞片披针形，长12毫米；花较小，白色或带粉红色④；中萼片与花瓣黏合呈兜状；花瓣菱状倒披针形，无毛；唇瓣卵形，基部凹陷呈囊状，内面具多数腺毛；蒴果直立。

衡山散见。生山坡或沟谷阔叶林下。

斑叶兰根状茎匍匐，具节，茎直立，叶近卵形，上面具不规则点状白色斑纹，叶柄基部鞘状抱茎，总状花序顶生，花白色，蒴果。

宽叶金粟兰 四块瓦 金粟兰科 金粟兰属

Chloranthus henryi

Broadleaf Chloranthus | kuānyèjīnsùlán

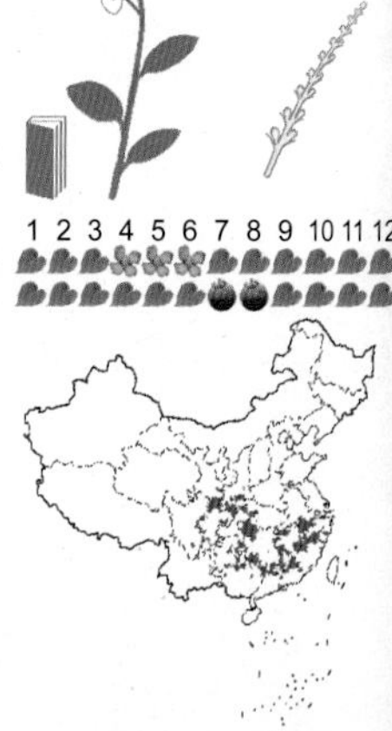

多年生草本；根状茎粗壮，具多数细长棕色须根；茎直立，有6～7个明显的节；叶对生，常4枚生于茎上部，长9～18厘米，宽5～9厘米，边缘具圆齿，齿尖有一腺体①；叶柄长0.5～1.2厘米；托叶小，钻形；穗状花序顶生①，常两歧或总状分枝，连总花梗长10～16厘米，总花梗长5～8厘米；花白色；雄蕊3枚，基部几分离，仅内侧稍相连。子房卵形，无花柱，柱头近头状；核果球形，具短柄②。

藏经殿附近可见。生林下阴湿处或灌丛中。

相似种：草珊瑚【*Sarcandra glabra*，金粟兰科草珊瑚属】常绿半灌木；茎与枝均有膨大的节；叶革质，椭圆形至卵状披针形，两面无毛③；叶柄基部合生成鞘状；核果球形④。分布同上；生境同上。

宽叶金粟兰叶通常4枚，集生枝顶，雄蕊3枚；草珊瑚叶多数，散生于茎上，雄蕊1枚。

蕺菜 鱼腥草 三白草科 蕺菜属

Houttuynia cordata

Heartleaf Houttuynia | jícài

多年生草本①；茎下部伏地，上部直立；叶有腺点，卵形或阔卵形，顶端短渐尖，基部心形，两面近无毛，背面常呈紫红色②；叶脉5～7对；叶柄长1～3.5厘米，无毛；托叶膜质，顶端钝，下部与叶柄合生成鞘，且有缘毛，基部扩大，略抱茎；穗状花序长2厘米，基部有4枚白色花瓣状总苞片③；雄蕊3枚；蒴果近球形，顶端有宿存的花柱。

全山广布。生沟边、溪边或林下湿地。

相似种:三白草【*Saururus chinensis*，三白草科三白草属】多年生草本；茎有纵长粗棱和沟槽；叶纸质，阔卵形至卵状披针形，两面无毛；茎顶端的2～3片叶花期常为白色，呈花瓣状④；总状花序白色④；雄蕊6枚；蒴果。全山广布；生境同上。

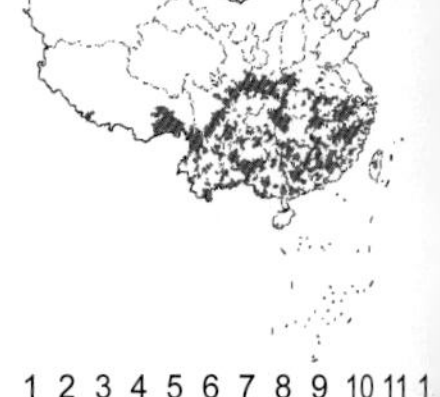

蕺菜具穗状花序，花序基部具4枚白色花瓣状的总苞片；三白草具总状花序，花序基部无总苞片，茎顶端2～3枚叶白色花瓣状。

博落回 罂粟科 博落回属

Macleaya cordata

Plumepoppy | bóluòhuí

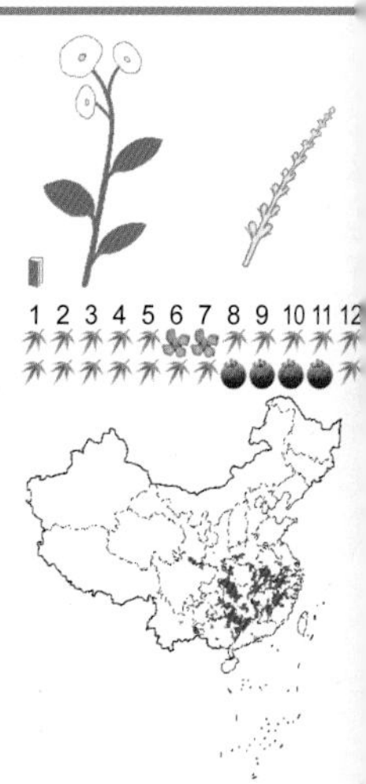

多年生草本，全体带白粉①；茎圆柱形，中空，绿色，折断后有黄汁流出；单叶互生，阔卵形，长15～30厘米，宽12～25厘米，5～7（稀9）裂，裂片有不规则波状齿②，上面绿色，光滑，下面白色，具密细毛；叶柄长5～12厘米，基部膨大而抱茎；圆锥花序顶生①；萼2片，白色，倒披针形，边缘薄膜质，早落；无花瓣；蒴果下垂，倒卵状长椭圆形，长约2厘米，扁平，红色，表面带白粉，花柱宿存③；种子矩圆形，褐色而有光泽。

全山广布。生林中、灌丛中或草地。

博落回全体带白粉，茎圆柱形，折断后有黄汁流出，叶阔卵形，5～7裂，圆锥花序顶生。

1
3
2
4
1
2
3

杏香兔儿风 菊科 兔儿风属

Ainsliaea fragrans

Apricotsmell Rabbiten-wind | xìnxiāngtùérfēng

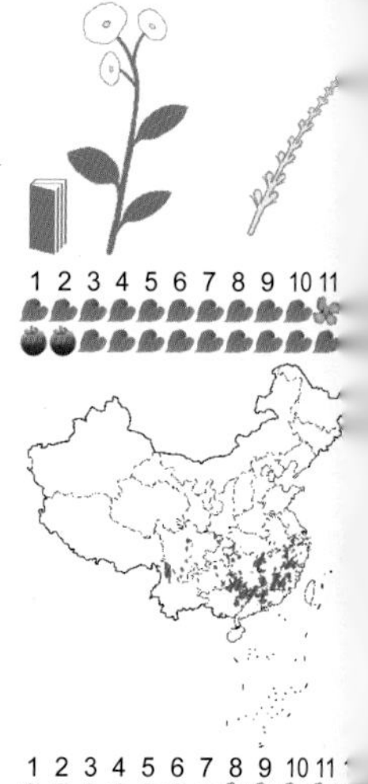

多年生草本①；全株密被褐色茸毛；茎不分枝；叶聚生茎基部，莲座状，卵形或卵状长圆形，基部深心形，下面略带紫红色②，基出脉5条；头状花序在花莛顶端排成间断的总状花序，花序轴，具钻形苞叶；花冠管状，白色；瘦果棒状圆柱形，具8条纵棱；冠毛羽毛状。

全山可见。生山坡、灌丛下或沟边草丛。

相似种:灯台兔儿风【*Ainsliaea macroclinidioides*, 菊科 兔儿风属】茎不分枝③；叶聚生茎上部呈莲座状，阔卵形或卵状披针形，基出脉3条④；叶柄长3～8厘米。树木园附近可见；生境同上。

杏香兔儿风叶聚生茎基部呈莲座状，叶背略带紫红色；灯台兔儿风叶聚生茎中部呈莲座状，两面绿色。

川续断 川续断科 川续断属

Dipsacus asperoides

Teasel | chuānxùduàn

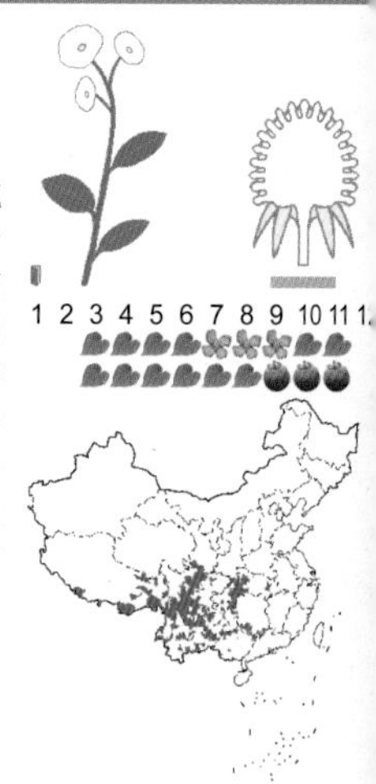

多年生草本①；茎中空，具6～8条棱，棱上疏生下弯粗短的硬刺；基生叶琴状羽裂，顶端裂片大，卵形，两侧裂片3～4对②，叶面被刺毛，背面沿脉密被刺毛；叶柄长可达25厘米；茎中下部叶羽状深裂，中裂片披针形，先端渐尖，边缘具疏粗锯齿③；上部叶披针形，不裂或基部3裂；头状花序球形④，总花梗长达55厘米；总苞片5～7枚，叶状，被硬毛；花萼4棱；花冠淡黄色或白色，花冠管基部狭缩成细管，顶端4裂，1枚裂片稍大，外面被短柔毛；雄蕊4枚，生花冠管上；蒴果长倒卵柱状，包藏于小总苞内⑤。

全山广布。生沟边、草丛或林缘。

川续断茎中空，具6～8条棱，棱上具硬刺，基生叶琴状羽裂，被刺毛，茎中下部叶羽状深裂，上部叶披针形，不裂或基部3裂，头状花序球形，花冠淡黄色或白色，蒴果。

①
③
②
④
①
③
②
④
⑤

喜旱莲子草 革命草 苋科 莲子草属

Alternanthera philoxeroides

Alligator Alternanthera | xǐhànliánzǐcǎo

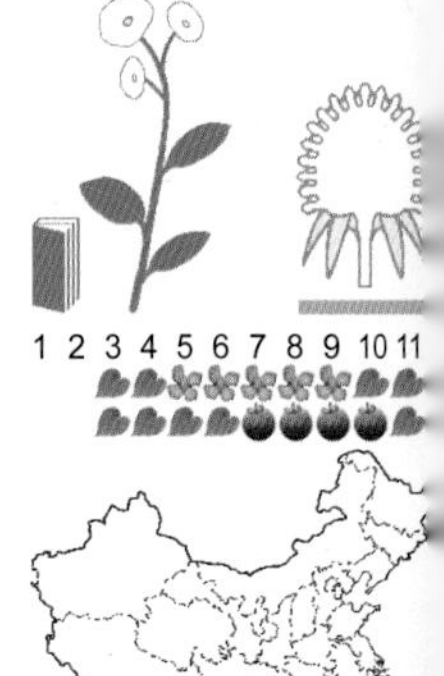

多年生草本①；茎基部匍匐，上部上升，管状，不明显4棱，幼茎及叶腋有白色或锈色柔毛；叶对生，矩圆形至倒卵状披针形，长2.5～5厘米，宽7～20毫米，顶端具短尖，基部渐狭，全缘；叶柄长3～10毫米；花密生，成具总梗的头状花序，单生叶腋，球形②；苞片及小苞片宿存，白色，顶端渐尖，具1脉；花被片矩圆形，白色，无毛，顶端急尖②；胞果不裂，边缘翅状。

全山广布。生水沟或荒地。

相似种：莲子草【*Alternanthera sessilis*，苋科 莲子草属】茎上升或匍匐，绿色或稍带紫色③；头状花序1～4个，腋生，无总花梗④，初为球形，后渐成圆柱形；胞果倒心形，侧扁。南岳镇附近可见；生境同上。

1 2 3 4 5 6 7 8 9 10 11

喜旱莲子草头状花序单一，具总花梗；莲子草头状花序1～4个，无总花梗。

一年蓬 菊科 飞蓬属

Erigeron annuus

Annual Fleabane | yīniánpéng

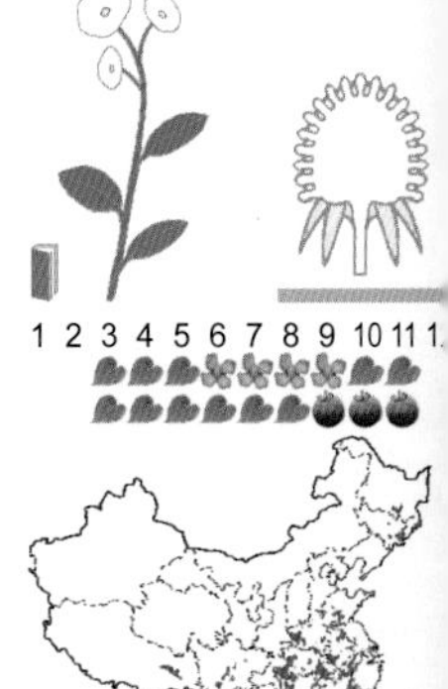

一年或二年生草本，被平展粗毛；茎直立，上部分枝①；基部叶花期枯萎，长圆形或宽卵形，基部狭成具翅的长柄，边缘具粗齿；中部和上部叶渐小，长圆状披针形或披针形，先端尖，边多全缘，具短柄或无柄；头状花序排列成稀疏圆锥状，径1.5厘米，总苞片3层；外围雌花舌状，白色；中央两性花管状，黄色②；瘦果披针形，被毛。

全山可见，外来杂草。生山坡、路边或荒地。

相似种：小蓬草【*Conyza canadensis*，菊科 白酒草属】别名加拿大蓬、小白酒草。一年生草本；茎被粗毛；叶密集③；中上部叶线状披针形或线形；头状花序，径3～4毫米，排列成顶生多分枝的圆锥花序④；瘦果线状披针形。全山可见，为外来杂草；生境同上。

1 2 3 4 5 6 7 8 9 10 11 12

一年蓬的叶在茎上疏生排列，头状花序较大，排列成稀疏圆锥状；小蓬草的叶在茎上排列紧密，头状花序较小，排列紧密成多分枝的圆锥花序。

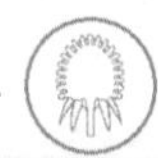

1
3
2
4
1
3
2
4

三脉紫菀　菊科 紫菀属

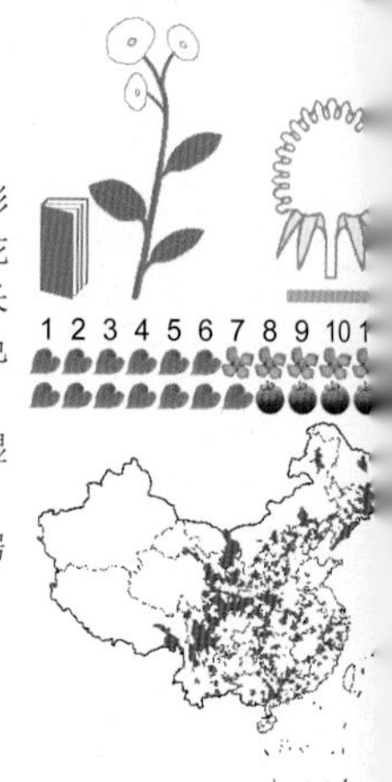

Aster ageratoides

Whiteweed-like Aster | sānmàizǐwǎn

多年生草本；中部叶长椭圆形或长圆状披针形②，离基三出脉②，边缘有3～7对锯齿②；头状花序，直径1.5～2厘米，排列成伞房状①，花序梗长0.5～3厘米；边缘舌状花，白色，有时带粉红色①③；中间管状花，黄色③；瘦果倒卵状长圆形。

全山可见。生于林下、林缘、灌丛及山谷湿地。

叶离基三出脉；头状花序在枝端排列成伞房状，舌状花白色或带粉红色。

奇蒿　菊科 蒿属

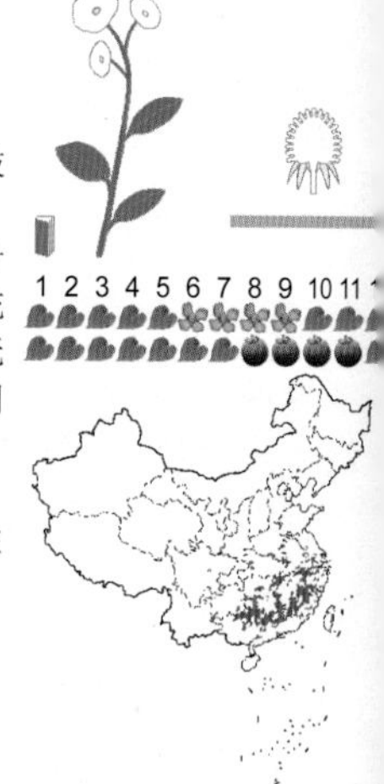

Artemisia anomala

Diverse Sagebrush | qíhāo

多年生草本；茎直立，具纵棱，上半部有分枝①；中下部叶多为卵形、长卵形或卵状披针形③，边缘具细锯齿，先端渐尖，基部圆形或宽楔形，叶柄长3～5毫米；上部叶与苞片叶小，无柄；头状花序白色③，长圆形或卵形，直径2～2.5毫米，近无梗，在分枝上端排成密穗状花序，并在茎上组成圆锥花序①；全部为管状花②；瘦果倒卵形。

全山可见。生林缘、路旁、沟边及荒坡。

叶多为卵形，不分裂；头状花序小，白色，在茎上组成圆锥花序。

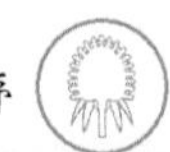

①
②
③
①
③
②

水竹叶 鸭跖草科 水竹叶属

Murdannia triquetra

Waterbamboo | shuǐzhúyè

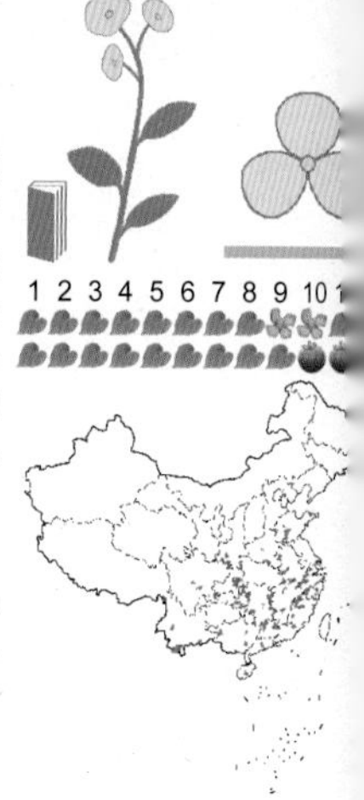

多年生草本，根状茎长而横走，节上具细长须状根；茎肉质，下部匍匐，上部上升，多分枝，节间长8厘米，密生1列白色硬毛；叶无柄，叶片条状披针形③，长2～6厘米，宽5～8毫米，下部有睫毛①；花序有花1～3朵，顶生并兼腋生，花序梗长1～4厘米②；萼片绿色，狭长圆形，浅舟状，果期宿存；花瓣粉红色至紫红色②③，花丝密生长须毛②；蒴果卵圆状三棱形。

全山广布。生水稻田或湿地上。

多年生草本，茎肉质，节间长，密生1列白色硬毛；叶无柄，叶片条状披针形，下部有睫毛，花序常只有单朵花，花瓣3枚，蓝紫色。

阿拉伯婆婆纳 玄参科 婆婆纳属

Veronica persica

Arab Speedwell | ālābópópónà

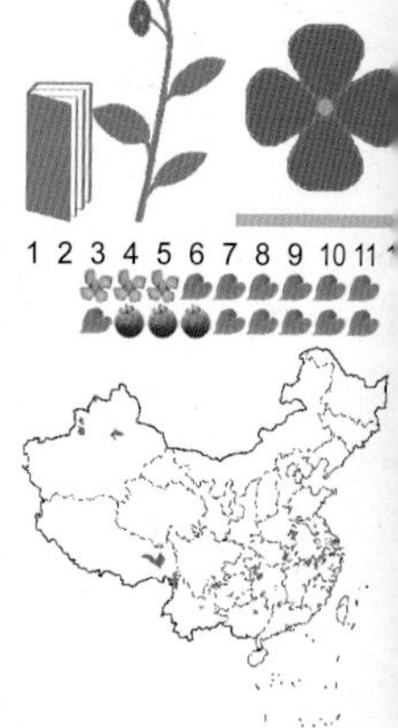

一年生草本；茎密生2列多细胞柔毛①；叶2～4对，具短柄，卵形或圆形，长6～20毫米，宽5～18毫米，基部浅心形，边缘具钝齿，两面疏生柔毛；总状花序很长；苞片与叶同形且等长；花梗比苞片长①；花萼深裂，果期增大；花冠蓝色、紫色或蓝紫色，裂片4枚，卵形至圆形②；雄蕊短于花冠；蒴果肾形，凹口成钝角，宿存花柱长2.5毫米③。

全山广布。生路边及荒野。

相似种：直立婆婆纳【*Veronica arvensis*，玄参科 婆婆纳属】茎直立或上升；叶卵形至卵圆形，两面被硬毛；总状花序长而多花，密被多细胞白色腺毛；上部苞片长椭圆形，全缘④；花梗极短④；蒴果倒心形，强烈侧扁。全山广布；荒地可见。

阿拉伯婆婆纳花梗比苞片长，苞片卵形，边具钝齿；直立婆婆纳花梗比苞片短，苞片长椭圆形，边全缘。

①
③
②
①
②
③
④

光滑柳叶菜　柳叶菜科 柳叶菜属

Epilobium amurense* subsp. *cephalostigma

Capitatestigma Willowweed | guānghuáliǔyècài

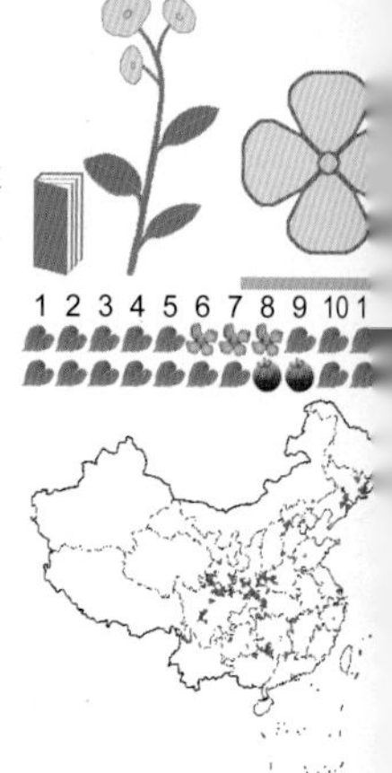

多年生草本①；茎多分枝，上部周围被曲柔毛，中下部具不明显的棱线；叶对生，上部的叶互生，长圆状披针形或狭卵形，近无柄，先端锐尖，基部楔形，边缘具多枚锐齿①；花两性，单朵腋生②；萼片披针状长圆形，均匀地被稀疏的曲柔毛；花瓣多为粉红色，倒卵形，先端凹缺②；蒴果圆柱形。

全山可见。生河谷、溪沟边、林缘湿润处。

相似种:长籽柳叶菜【*Epilobium pyrricholophum*，柳叶菜科 柳叶菜属】茎周围被短腺毛；下部叶卵形或宽卵形，上部叶近披针形③；花序直立，密被腺毛和曲柔毛③；蒴果长3.5～7厘米，被腺毛④。衡山散见；生境同上。

光滑柳叶菜茎和花序疏被曲柔毛，茎中下部叶长圆状披针形；长籽柳叶菜茎和花序密被曲柔毛和短腺毛，茎中下部叶宽卵形。

1 2 3 4 5 6 7 8 9 10 11

圆叶节节菜　千屈菜科 节节菜属

Rotala rotundifolia

Roundleaf Rotala | yuányèjiéjiécài

一年生草本，常丛生①；茎无毛，通常紫色；叶对生，圆形，偶倒卵状椭圆形②，长宽各4～10毫米，无毛，无柄或具短柄；花很小，两性，长1.5～2.5毫米，组成1～5个顶生的穗状花序①；苞片卵形或宽卵形，约与花等长，小苞片2枚，钻形，约为苞片长的一半；花萼宽钟形，膜质，半透明，顶端具4齿，花瓣4枚，倒卵形，淡紫色，长1.5～2毫米，明显长于萼齿③；雄蕊4枚；蒴果椭圆形，长约2毫米，表面具横线条。

全山可见。生湿润地。

圆叶节节菜茎无毛，常紫色，叶对生，圆形，花小，两性，组成1～5个顶生的穗状花序，花萼顶端具4齿，花瓣4枚，淡紫色，蒴果椭圆形。

地桃花 肖梵天花 锦葵科 梵天花属

Urena lobata

Buddhamallow | dìtáohuā

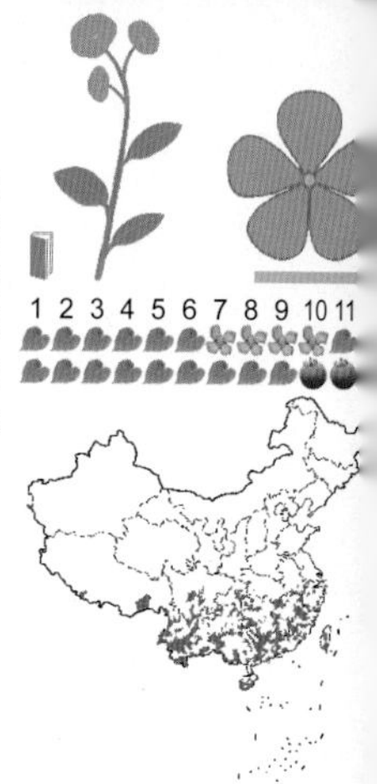

亚灌木状草本；小枝被星状茸毛；下部叶近圆形，先端常3浅裂，基部圆形至心形，边缘具锯齿；中部叶卵形；上部叶长圆形至披针形；叶上面被柔毛，下面被灰白色星状茸毛；叶柄长1～4厘米，被灰白色星状毛；花单生叶腋或稍丛生①，淡红色②③；花梗被绵毛；花萼杯状，裂片5枚，较小苞片略短③；花瓣倒卵形，外面均被星状柔毛，单体雄蕊②；蒴果扁球形，直径约1厘米，分果爿5，被星状短柔毛和锚状刺④。

全山分布。生山谷、林下、路边。

花淡红色，果扁球形，分果爿5。

紫花前胡 土当归 伞形科 当归属

Angelica decursiva

Purpleflower Angelica | zǐhuāqiánhú

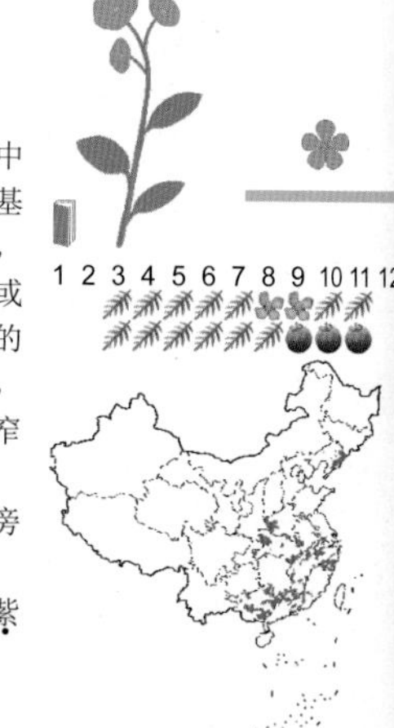

多年生草本①；根圆锥形；茎直立，单一，中空，紫色，有纵沟纹；基生叶和茎生叶有长柄，基部膨大成圆形的紫色叶，抱茎；叶三角形至卵形，一至二回羽状分裂，叶轴翅状，末回裂片狭卵形或长椭圆形，有尖齿②；茎上部叶简化成囊状膨大的紫色叶鞘③；复伞形花序，总苞片1～3枚，宿存，紫色④；花深紫色③；双悬果长圆形，有侧棱有窄翅。

广济寺和方广寺附近可见。生山坡林缘、路旁或草丛中。

基生叶和下部叶一至二回羽状分裂，花深紫色。

1
3
2
4
1
2
3
4

紫茉莉 紫茉莉科 紫茉莉属

Mirabilis jalapa

Marvel of Peru | zǐmòlì

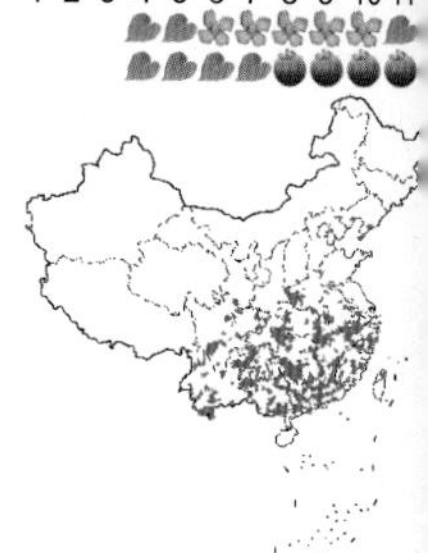

多年生草本①；根肥粗，倒圆锥形；茎直立，圆柱形，多分枝，节稍膨大；单叶对生，卵形或卵状三角形，长3～15厘米，宽2～9厘米，顶端渐尖，全缘，两面无毛②；叶柄长1～4厘米；花簇生枝端②；花梗长1～2厘米；总苞钟形，5裂，裂片三角状卵形，顶端渐尖，果时宿存；花被紫红色，高脚碟状③，筒部长2～6厘米，檐部直径2.5～3厘米，5浅裂；雄蕊5枚，花丝细长，常伸出花外；瘦果球形，直径5～8毫米，革质，黑色，表面具皱纹，似地雷状④。

全山偶见。生荒地。

紫茉莉茎节稍膨大，叶对生，全缘，两面无毛，花簇生枝端，总苞钟形，果时宿存，花被紫红色，高脚碟状，瘦果地雷状，表面具皱纹。

蓝花参 桔梗科 蓝花参属

Wahlenbergia marginata

Marginate Rockbell | lánhuāshēn

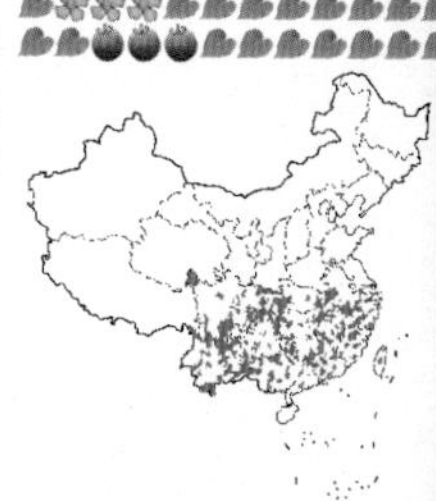

多年生草本，有白色乳汁；茎自基部多分枝①；叶互生，无柄或具长7毫米的短柄，茎下部叶密集，匙形、倒披针形或椭圆形，上部叶条状披针形或椭圆形，边缘波状或具疏锯齿；花梗细长，可达15厘米②；花冠钟状，蓝色，长5～8毫米，3～5裂达2/3，裂片倒卵状长圆形③；蒴果倒圆锥状或倒卵状圆锥形④，有10条不明显的肋，直径约3毫米。

全山广布。生田边、路边或荒地中。

蓝花参有白色乳汁，茎自基部多分枝，叶互生，花梗细长，花冠钟状，蓝色，蒴果。

五岭龙胆 龙胆科 龙胆属

Gentiana davidii

David Gentian | wǔlǐnglóngdǎn

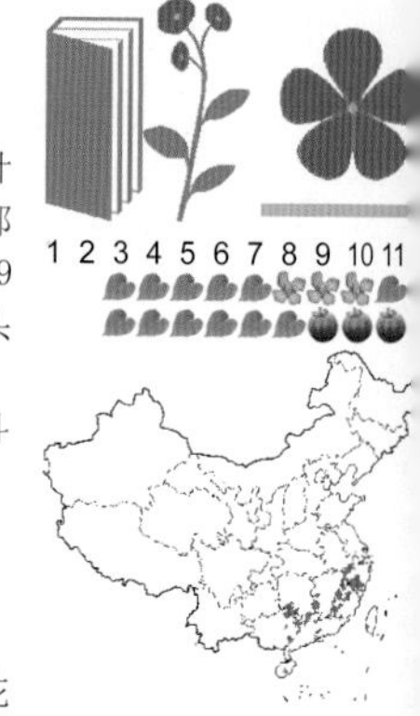

多年生草本①；茎斜升，具分枝；花枝丛生，中空，近圆形；叶对生，矩圆状披针形或线状披针形，长2.5～4厘米，宽0.5～1厘米，先端钝，基部渐狭，叶脉1～3条，两面均明显；莲座状叶长3～9厘米，宽0.6～1.2厘米①；花数朵簇生茎顶端，头状，基部被茎上部的3～5片叶所包围②；花无梗；花萼漏斗状，裂片不等大，条状披针形；花冠漏斗状，蓝色，裂片卵形，尾尖状，褶小，三角形③；雄蕊5枚；花柱短，柱头2裂；蒴果。

衡山散见。生山坡草地或路边。

五岭龙胆茎具分枝，叶对生，矩圆状披针形，营养枝的叶莲座状，花数朵簇生茎顶端，头状，花漏斗状，花冠蓝色，雄蕊5枚，蒴果。

野老鹳草 牻牛儿苗科 老鹳草属

Geranium carolinianum

Wild Cranebill | yělǎoguàncǎo

一年生草本；茎有倒向下的密柔毛；叶圆肾形，下部叶互生，上部叶对生，5～7深裂，每裂又3～5深裂①；小裂片条形，锐尖头，两面有柔毛；茎下部叶有长柄，达10厘米，上部叶柄短；花成对集生于茎端或叶腋；花序几无柄；花柄长1～1.5厘米，有腺毛；萼片宽卵形，有长白毛，在果期增大；花瓣淡红色②；蒴果长约2厘米，顶端有长喙，熟时裂开，5果瓣向上卷曲③。

全山广布。生荒地杂草丛中。

野老鹳草为一年生草本，叶圆肾形，叶5～7深裂，每裂又3～5深裂，两面有柔毛，花成对集生，萼片在果期增大，花瓣淡红色，蒴果顶端有长喙，熟时裂开。

斑种草 细叠子草 紫草科 斑种草属

Bothriospermum chinense

China Spotseed | bānzhǒngcǎo

一年或二年生草本，密生硬毛①；茎自基部分枝；基生叶及茎下部叶具长柄，匙形或倒披针形，长3～6厘米，宽1～1.5厘米，先端圆钝，基部渐狭为叶柄，边缘皱波状，两面被糙毛②；茎上部叶无柄，长圆形或狭长圆形，先端尖，基部楔形或宽楔形，两面被糙毛；镰状聚伞花序长5～15厘米，苞片叶状，卵形或狭卵形①；花萼外面密被毛，裂片披针形；花冠淡蓝色；雄蕊内藏；小坚果肾形，有网状皱褶，腹面有横的环状凹陷。

藏经殿等地可见。生荒野路边或山坡草丛中。

相似种：附地菜【*Trigonotis peduncularis*，紫草科 附地菜属】叶椭圆状卵形；花序生茎顶，仅在基部具2～3枚叶状苞片③；花冠淡蓝色或粉色；小坚果4枚，四面体形。全山可见；生境同上。

斑种草的花序有苞片，小坚果肾形；附地菜的花序只在基部有2～3枚苞片，小坚果四面体形。

山酢浆草 酢浆草科 酢浆草属

Oxalis griffithii

Griffith's Woodsorrel | shāncùjiāngcǎo

多年生草本，根纤细，根茎横生；叶基生，小叶倒三角形或宽倒三角形①；花单生，花瓣5枚，白色或稀粉红色②；蒴果椭圆形或近球形。

全山可见。生于山坡草地、路边、荒地或林下阴湿处。

相似种：红花酢浆草【*Oxalis corymbosa*，酢浆草科 酢浆草属】具鳞茎；叶基生，小叶扁圆状倒心形③，伞形花序，花紫红色④。全山可见；多见栽培。

山酢浆草植株矮小，小叶倒三角形或宽倒三角形，花白色或粉色；红花酢浆草植株高大，小叶扁圆状倒心形，花紫红色。

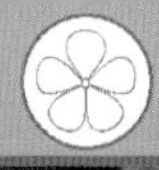

1
2
3
1
3
2
4

蝴蝶花 蓝蝴蝶 鸢尾科 鸢尾属

Iris japonica

Butterfly Swordflag | húdiéhuā

多年生草本①；直立的根状茎具短节间，棕褐色；横走的根状茎节间长，黄白色，须根生根状茎的节上；叶基生，剑形，长25～60厘米，宽1.5～3厘米，顶端渐尖，无明显的中脉②；花茎直立，高于叶片，顶生稀疏总状聚伞花序①，分枝5～12个；苞片叶状，3～5枚；花淡蓝色或蓝紫色③，花梗伸出苞片外，长1.5～2.5厘米；花被管明显，外花被裂片倒卵形或椭圆形，边缘波状，有细裂齿，中脉上有隆起的黄色鸡冠状附属物③；蒴果椭圆柱形，长2.5～3厘米，6条纵肋明显，成熟时自顶端开裂至中部。

全山广布。生山坡较阴湿草地、疏林或林缘。

蝴蝶花具根状茎，叶基生，剑形，无明显的中脉，聚伞花序顶生，花淡蓝色或蓝紫色，外花被中脉上有隆起的黄色鸡冠状附属物。

凤眼蓝 水葫芦 雨久花科 凤眼蓝属

Eichhornia crassipes

Common Waterhyacinth | fèngyǎnlán

浮水草本①；茎具长匍匐枝；叶基生，莲座状排列，质地厚实，边全缘，具弧形脉②；叶柄中部以下膨大成囊状或纺锤形②，叶柄基部有鞘状苞片，薄而半透明；花莛从鞘状苞片腋内伸出，多棱；穗状花序长17～20厘米①；花被裂片6枚，两侧对生，花瓣状，基部合生成筒③；蒴果卵形。

衡山中低海拔可见。生池塘、河流及稻田中。

相似种：鸭舌草【*Monochoria vaginalis*，雨久花科 雨久花属】一年生水生草本；全株无毛；叶基生和茎生④；总状花序从叶柄中部抽出，该处叶柄扩大为鞘状⑤；花蓝色⑤，雄蕊6枚，1长5短。全山可见；生水湿处。

凤眼蓝叶基生，叶柄中部以下膨大成囊状，穗状花序，花被片两侧对生；鸭舌草叶基生和茎生，叶柄不膨大，总状花序，花被片辐射对生。

1
2
3
1
3
2
4
5

紫萼　　百合科 玉簪属

Hosta ventricosa

Blue Plantainlily | zǐ'è

多年生草本①；根状茎粗短；叶簇生茎基部，心形、卵形至卵圆形，长8～19厘米，宽4～17厘米，先端骤尖，基部心形或略下延，具弧形脉或纤细的横脉②；叶柄长6～30厘米，槽状；花莛高60～100厘米；总状花序③；花单生，花梗长7～10毫米；花冠下半部管状，上半部近钟状扩大，紫红色；雄蕊伸出花被外，完全离生④；蒴果圆柱形，长2.5～4.5厘米，有三棱，室背开裂，种子黑色，有扁平的翅。

忠烈祠、南天门和祝融峰可见。生林下、草坡或岩石边。

紫萼叶簇生基部，总状花序，花下半部管状，向上近钟状扩大，紫红色，雄蕊伸出花被外，完全离生，蒴果圆柱形，有三棱，室背开裂。

瓜子金　　远志科 远志属

Polygala japonica

Japan Milkwort | guāzǐjīn

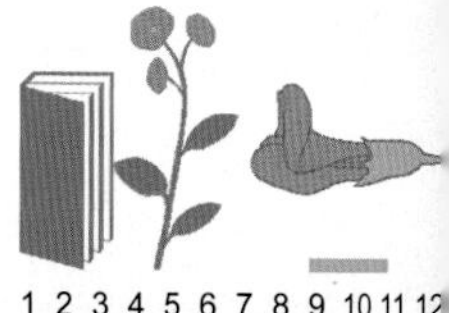

多年生草本①；全株被短柔毛②；茎和枝具纵棱；单叶互生，厚纸质，卵形或卵状披针形②，长1～2厘米，宽0.5～1厘米，先端钝，边全缘，主脉上面凹陷，背面隆起，侧脉3～5对，两面凸起；叶柄长1毫米；总状花序与叶对生，花梗细；萼片5枚，里面2枚花瓣状；花瓣3枚，白色至紫色，基部合生，侧瓣长圆形，龙骨瓣舟状，具流苏状附属物③；雄蕊8枚，花丝几全部连合成鞘状；蒴果圆形，顶端凹，边缘有阔翅，具宿萼；种子卵形，密被柔毛。

全山可见。生山坡草地或田埂上。

瓜子金全株被短柔毛，茎和枝具纵棱，叶互生，总状花序与叶对生，萼片里面2枚花瓣状，花瓣3枚，基部合生，龙骨瓣舟状，具流苏状附属物。

1
2
3
4
1
2
3

韩信草 耳挖草 唇形科 黄芩属

Scutellaria indica

India Skullcap | hánxìncǎo

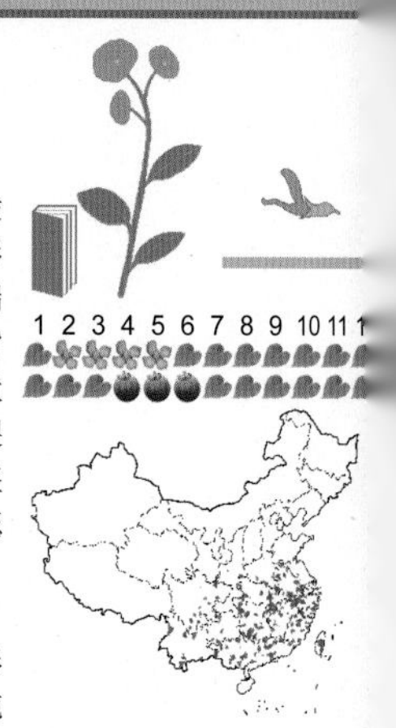

多年生草本，全株被微柔毛①；茎直立，四棱形，常带暗紫色；叶对生，心状卵形、圆状卵圆形至椭圆形，长1.5～3厘米，宽1.2～2.3厘米，先端钝圆，边缘密生整齐圆齿，两面被毛；叶柄腹平背凸；花对生，在茎或枝顶排列成长4～8厘米的总状花序①；苞片卵圆形，无柄，被柔毛；花萼下裂片果时宿存；花冠蓝紫色，冠檐二唇形，上唇盔状，内凹，先端微缺，下唇具深紫色斑点②；雄蕊4枚，2强；小坚果具瘤③。

全山广布。生疏林下、路旁空地或草地上。

相似种：半枝莲【*Scutellaria barbata*，唇形科 黄芩属】叶柄长1～3毫米或无柄；叶边有疏钝浅齿；花单生上部叶腋内；花冠紫蓝色④。全山可见；生湿润地。

韩信草的叶柄稍长，总状花序生茎顶或枝顶；半枝莲无叶柄或短柄，花单生茎和枝上部叶腋。

风轮菜 唇形科 风轮菜属

Clinopodium chinense

Chinese Wildbasil | fēnglúncài

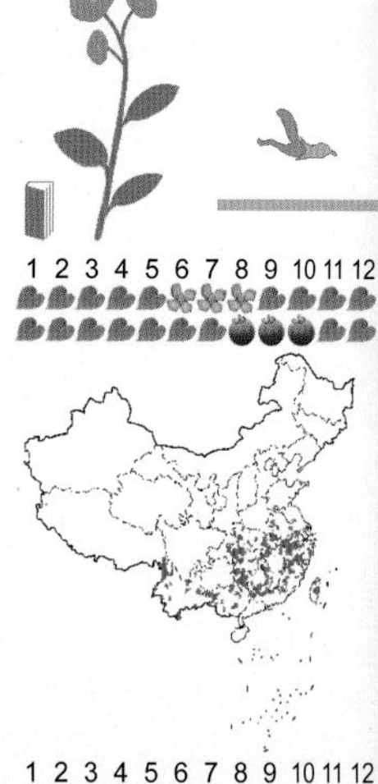

多年生草本，全体被柔毛①；茎四棱形，具细条纹，多分枝（②右下）；叶对生，卵圆形（②右下），长2～4厘米，宽1.3～2.6厘米，边缘有圆齿状锯齿，下面灰白色；叶柄长3～8毫米，腹凹背凸；轮伞花序多花密集（②左）；苞叶叶状，向上渐小至苞片状，无明显中肋；花萼狭管状，具5齿，分2唇；花冠紫红色，冠檐二唇形，上唇直伸，顶端微凹，下唇3裂，中裂片稍大（②右上）；小坚果倒卵形，黄褐色。

全山可见。生草丛、灌丛、林下、路边或沟边。

相似种：细风轮菜【*Clinopodium gracile*，唇形科 风轮菜属】别名瘦风轮。轮伞花序具少花，组成短总状花序③，苞片卵状披针形；花唇形，淡紫色；小坚果卵球形。全山可见；生境同上。

风轮菜的轮伞花序多花密集，不再组成总状花序，而细风轮菜的轮伞花序具少花，组成短总状花序。

夏枯草 唇形科 夏枯草属

Prunella vulgaris

Common Selfheal | xiàkūcǎo

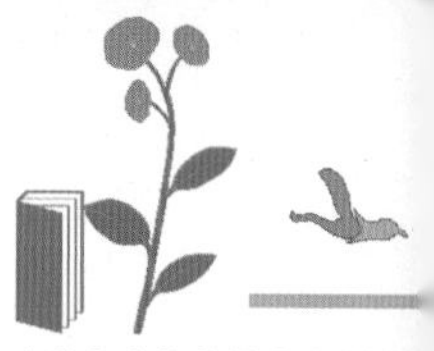

多年生草本①；根茎匍匐；茎四棱形，紫红色，上升，自基部多分枝；叶草质，卵状长圆形或卵圆形，长1.5～6厘米，宽0.7～2.5厘米，先端钝，基部下延至叶柄成狭翅②，边全缘或疏生锯齿，两面近无毛；叶柄长0.7～2.5厘米；轮伞花序密集组成长2～4厘米的穗状花序，顶生，每一轮伞花序下具1枚宽心形的苞片；花萼钟形，上部二唇形；花冠紫色、蓝紫色或红紫色③，檐部二唇形，下唇3裂，中裂片先端边缘具流苏状小裂片；小坚果黄褐色，长椭圆形。

全山广布。生荒坡、草地、溪边或路旁湿地。

夏枯草茎四棱形，紫红色，叶基部下延成狭翅，轮伞花序密集组成穗状花序，顶生，花冠紫色，檐部二唇形，下唇3裂，中裂片先端边缘具流苏状小裂片。

金疮小草 青鱼胆 唇形科 筋骨草属

Ajuga decumbens

Decumbent Bugle | jīnchuāngxiǎocǎo

一年生或二年生草本①，具匍匐茎，被白色长柔毛；基生叶较茎生叶长大；叶片薄纸质，匙形或倒卵状披针形，长3～6厘米，宽1.5～2.5厘米，基部渐狭，下延，边缘具不整齐的波状圆齿或全缘②，两面被疏毛；叶柄长1～2.5厘米，具狭翅，被长柔毛；轮伞花序多花，排列成间断的穗状花序，顶生①；下部苞片叶状，向上渐小，披针形；萼漏斗状；花冠筒状，淡蓝色或淡红紫色③，外面被疏柔毛，檐部二唇形，上唇短，顶端微凹，下唇宽大③；小坚果倒卵状三棱形，背部具网状皱纹。

全山广布。生山坡湿地、田边、溪边或路边。

金疮小草具匍匐茎，被白色长柔毛，叶片匙形或倒卵状披针形，轮伞花序多花，排列成间断的穗状花序，顶生。

1
2
3
1
3
2

益母草　唇形科 益母草属

Leonurus artemisia

Wormwoodlike Motherwort | yìmǔcǎo

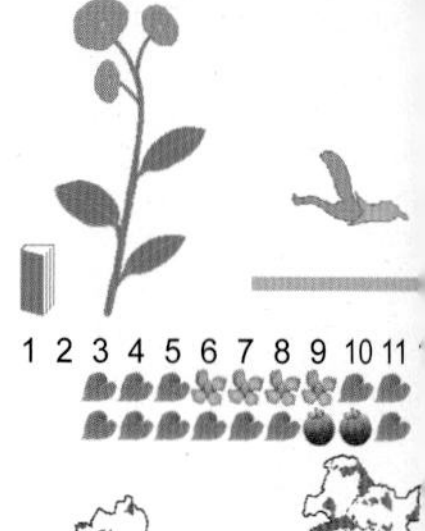

一年生或二年生草本①；茎直立，钝四棱形，微具槽，多分枝，有倒向糙伏毛；茎下部叶卵形，掌状3裂，裂片长圆形或卵圆形，裂片上再分裂，上面有糙伏毛；叶柄纤细，长2～3厘米，被糙伏毛；茎中部叶菱形，分裂成3个或多个线形裂片，基部狭楔形②；轮伞花序腋生，多数远离，组成长穗状花序②；小苞片刺状，花萼钟形，齿5枚，先端刺尖；花冠粉红色或淡紫红色，冠檐二唇形，上唇内凹，边缘具纤毛，下唇3裂③；小坚果长圆状三棱形。

全山广布。生疏林下、草地、路边或溪边。

益母草茎钝四棱形，有倒向糙伏毛，叶掌状3裂，裂片上再分裂，基部狭楔形，轮伞花序腋生，再组成长穗状花序，小苞片刺状，花冠红色，冠檐二唇形，小坚果。

块根小野芝麻　唇形科 小野芝麻属

Galeobdolon tuberiferum

Tuber Weasel-snout | kuàigēnxiǎoyězhīmá

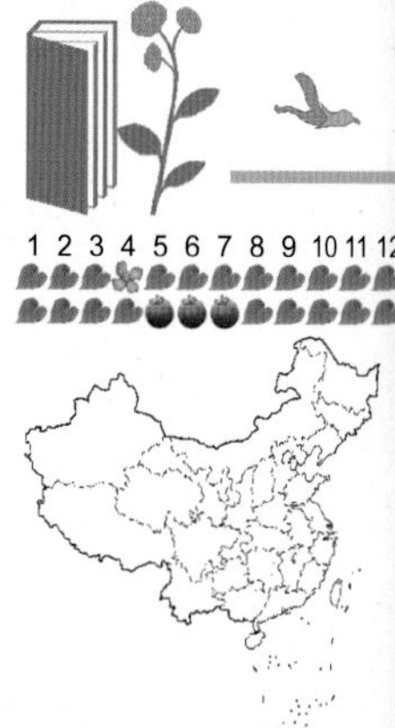

多年生草本①，主根先端膨大为近圆形的小块根②；茎细弱，四棱形，具槽，被短刚毛；叶小，卵状菱形，长1～2厘米，宽0.8～1.6厘米，基部阔楔形，边缘具圆齿状锯齿，草质，两面被毛③；叶柄长5～15毫米；轮伞花序4～8朵花①；苞片叶状，小苞片线形；花萼钟形，长约8毫米，外面被刚毛，萼齿三角状披针形，约为萼长一半，先端长渐尖；花冠紫红色或淡红色，檐部二唇形，上唇长圆形，外被长刚毛，下唇有紫色斑点，3裂④；雄蕊花丝扁平，无毛；小坚果褐色，三棱状倒圆锥形，无毛。

全山散见。生疏林中或路旁。

块根小野芝麻具小块根，茎四棱形，具槽，被短刚毛，叶卵状菱形，两面被毛，轮伞花序，花冠紫红色或淡红色，下唇有紫色斑点。

半边莲 桔梗科 半边莲属

Lobelia chinensis

China Lobelia | bànbiānlián

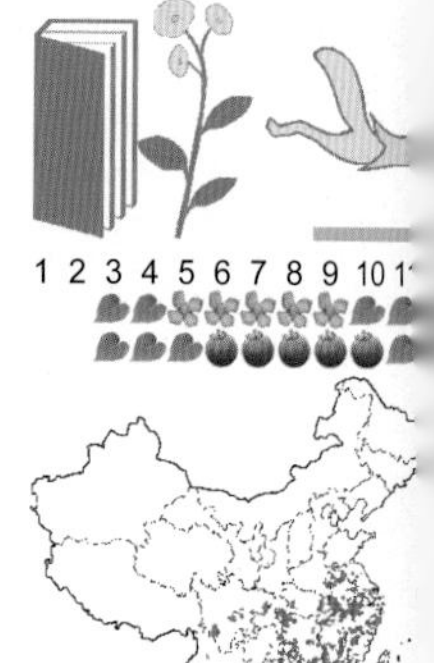

多年生草本①，具白色乳汁；茎匍匐，分枝直立，无毛；叶互生，无柄，椭圆状披针形至条形，先端急尖，基部圆形至阔楔形，全缘或顶部有明显的锯齿，无毛①；花单生分枝上部叶腋①；花梗细，长1.2～3厘米；花萼筒倒长锥状，无毛；花冠粉红色或白色，背面裂至基部，喉部以下生白色柔毛，裂片全部平展于下方，呈一个平面②；花丝中部以上连合；蒴果倒锥状，长约6毫米。

全山广布。生田边、沟边或潮湿草地上。

相似种：江南山梗菜【*Lobelia davidii*，桔梗科半边莲属】茎直立，被毛；叶螺旋状排列，卵状椭圆形至长披针形，基部渐狭成柄；叶柄两边有翅；总状花序，花冠红紫色③；蒴果球形。全山广布；生境同上。

半边莲较矮小，茎匍匐，花单生，花冠粉红色或白色；江南山梗菜较高大，茎直立，总状花序，花冠红紫色。

铜锤玉带草 桔梗科 铜锤玉带草属

Pratia nummularia

Copperhammer and Jadebelt | tóngchuíyùdàicǎo

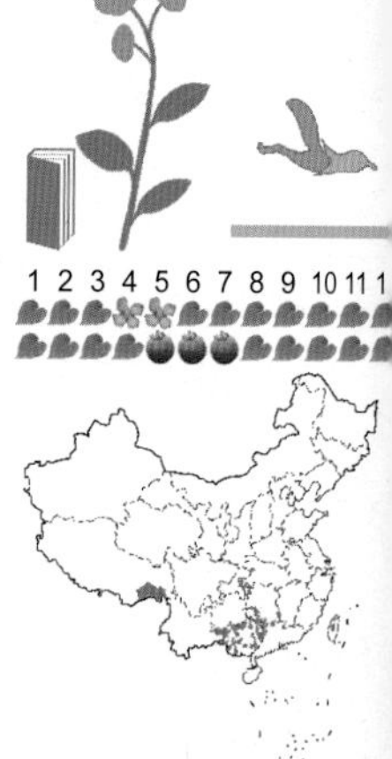

多年生草本，有白色乳汁；茎平卧，被柔毛，节上生根，肉质①；单叶互生，圆卵形、心形或卵形，长0.8～1.6厘米，宽0.6～2厘米，先端钝，基部斜心形，边缘有齿，两面疏生短柔毛②；叶柄长2～7毫米，被短柔毛；花单生叶腋；花梗无毛；花萼筒坛状，无毛，萼齿5裂，裂片条状披针形；花冠二唇形，上唇2裂，下唇3裂，紫红色、绿色或黄白色③；雄蕊5枚，在花丝中部以上连合；浆果椭圆状球形，长1～1.3厘米，紫红色④。

全山可见。生路旁、低山草坡或疏林中潮湿地。

铜锤玉带草有白色乳汁，茎平卧，被柔毛，肉质，叶互生，圆卵形，基部斜心形，花单生叶腋，花冠二唇形，浆果椭圆状球形，紫红色。

马鞭草 马鞭草科 马鞭草属

Verbena officinalis

Europe Vervain | mǎbiāncǎo

多年生草本①；茎四方形；叶对生，卵圆形至倒卵形，长2～8厘米，宽1～1.5厘米，两面有粗毛，边缘有粗锯齿或缺刻，茎生叶无柄，多数3深裂，有时羽裂，裂片边缘有不整齐锯齿②；穗状花序顶生或腋生③，开花时长达25厘米，花小，无柄，每花有1苞片，苞片比萼略短，外面有毛；花萼管状；花冠管状，淡紫色或蓝色，近二唇形；雄蕊4枚，2强；果长圆形，熟时分裂为4枚长圆形的小坚果。

全山广布。生路旁、山坡、溪边或林缘。

马鞭草茎四方形，叶对生，穗状花序，花冠淡紫色，近二唇形，小坚果4枚。

旋蒴苣苔 猫耳朵 苦苣苔科 旋蒴苣苔属

Boea hygrometrica

Clarke Boea | xuánshuòjùtái

多年生草本①；全部叶基生，莲座状，无柄，近圆形、圆卵形或卵形，两面被贴伏长柔毛，顶端圆形，边缘具齿，叶脉不明显②；聚伞花序伞状，2～5个，每花序具花2～5朵；花序梗长10～18厘米，被柔毛；花梗长1～3厘米，被短柔毛；花萼钟状，5裂近基部；花冠淡蓝紫色，筒状，檐部稍二唇形，上唇2裂，下唇3裂；蒴果长圆形，长3～3.5厘米，外面被短柔毛，螺旋状卷曲③。

全山可见。生山坡路旁岩石上。

旋蒴苣苔全株被柔毛，叶基生，莲座状，无柄，近圆形，边缘具齿，聚伞花序，花冠淡蓝紫色，筒状，檐部稍二唇形，蒴果长圆形，螺旋状卷曲。

1
2
3
1
3
2

通泉草 玄参科 通泉草属

Mazus japonicus

Japan Mazus | tōngquáncǎo

一年生草本①；茎直立或倾卧状上升；叶倒卵状匙形至卵状倒披针形，膜质至薄纸质，长2～6厘米，基部楔形，下延成带翅的叶柄，边缘有锯齿；总状花序生茎、枝顶端①；花梗在果期长1厘米；花萼钟状，5裂，裂片卵形；花冠二唇形，白色、紫色或蓝色，长约1厘米，上唇直立，2裂，下唇较大，扩展，3裂，中裂片倒卵圆形②；雄蕊4枚，2强，着生花冠筒上；子房无毛；蒴果球形，被包于宿存的花萼内。

全山广布。生湿润草坡、沟边及林缘。

相似种:毛果通泉草【*Mazus spicatus*，玄参科 通泉草属】多年生草本，全体被多细胞长硬毛④；基生叶少数而早枯萎，茎叶倒卵形或倒卵状匙形；萼裂片三角状披针形③。槠木潭等地可见；生山地草丛中。

通泉草全体无毛或疏被短毛；毛果通泉草全株密被柔毛。

泥花草 玄参科 母草属

Lindernia antipoda

Creeping Motherweed | níhuācǎo

一年生草本①；茎多分枝，茎枝有沟纹，无毛；叶矩圆形、矩圆状披针形，长0.8～4厘米，宽0.6～1.2厘米，顶端急尖或圆钝，基部下延，两面无毛；叶柄宽短，近于抱茎；总状花序顶生①，苞片钻形，花梗有条纹；花萼仅基部联合，齿5枚；花冠紫色至白色，上唇2裂，下唇3裂②；雄蕊4枚，仅后方1对可育；蒴果圆柱形，顶端渐尖，2倍或更长于宿萼。

全山广布。生田边或潮湿的草地上。

相似种:母草【*Lindernia crustacea*，玄参科 母草属】一年生草本③；根须状；叶片三角状卵形或宽卵形③；花单生叶腋或在茎枝顶成极短的总状花序；花冠紫色④；雄蕊4枚，2强，全育；蒴果椭圆形，与宿萼等长。全山广布；生境同上。

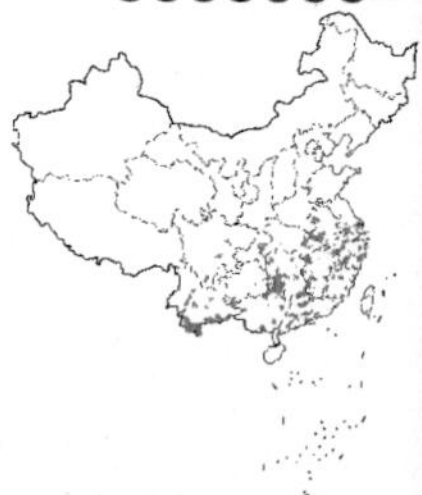

泥花草的雄蕊仅后方1对可育，蒴果2倍或更长于宿萼；母草的雄蕊全育，蒴果与宿萼等长。

①
③
②
④
①
③
②
④

野菰

列当科 野菰属

Aeginetia indica

India Aeginetia | yěgū

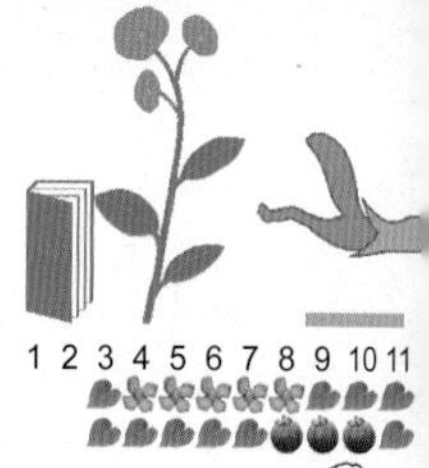

一年生寄生草本①；茎黄褐色或紫红色；叶肉红色，卵状披针形或披针形②，长5～10毫米，宽3～4毫米，两面无毛；花常单生茎端，稍俯垂①；花梗粗壮，直立，长10～30（稀40）厘米，常具紫色条纹；花萼佛焰苞状，一侧斜裂至基部，紫红色、黄色或黄白色，具紫红色条纹③；花冠近唇形，常与花萼同色，筒部宽，稍弯曲，长4～6厘米，先端5浅裂④；雄蕊4枚，内藏，花丝紫色，花药黄色⑤，成对黏合，下方1对雄蕊的药隔基部延长成距；蒴果圆锥状或长卵球形，2瓣开裂。

树木园可见。生枯枝落叶厚的湿润地。

野菰寄生，叶肉红色，细小，卵状披针形或披针形，花常单生茎端，花梗粗长，直立，花萼佛焰苞状，花冠近唇形，常与花萼同色，蒴果。

孩儿草

爵床科 孩儿草属

Rungia pectinata

Childgrass | hái'ércǎo

一年生纤细草本，枝下部匍匐，上部多分枝，无毛①；叶薄纸质，下部叶长卵形，顶端钝，两面被紧贴疏柔毛②；穗状花序密花，顶生或腋生，长1～3厘米②；苞片4列，仅2列有花，有花的苞片近圆形或阔卵形，背面被长柔毛，具膜质边缘和缘毛，无花的苞片长圆状披针形，顶端具硬尖头，具狭窄膜质边缘和缘毛；花萼裂片线形；花冠淡蓝色或白色，长约5毫米，二唇形，下唇3浅裂③；蒴果长约3毫米，无毛。

全山广布。生林下或沟谷林缘。

孩儿草枝下部匍匐，上部多分枝，下部叶长卵形，两面被紧贴疏柔毛，穗状花序密花，苞片二型，具膜质边缘和缘毛，有花的苞片近圆形或阔卵形，无花的苞片长圆状披针形，顶端具硬尖头，花冠淡蓝色或白色，二唇形，蒴果。

①
②
④
③
⑤
①
②
③

七星莲 蔓茎堇菜 堇菜科 堇菜属

Viola diffusa

Sevenstar lotus | qīxīnglián

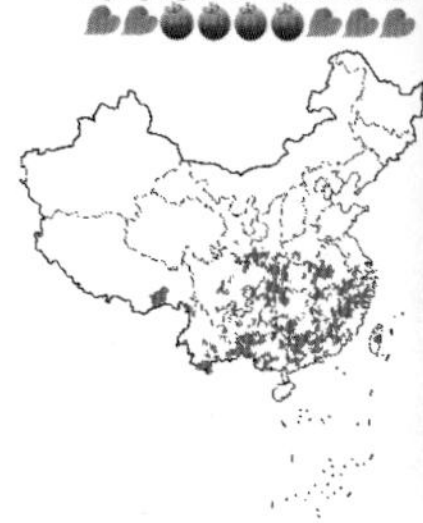

一年生草本①；花期生出匍匐枝②；基生叶丛生莲座状或在匍匐枝上互生；叶卵形或卵状长圆形，先端钝或稍尖，基部下延，边具钝齿及缘毛；叶柄长2～4.5厘米，具明显的翅②；托叶基部与叶柄合生，2/3离生，线状披针形；花淡紫色，具长梗④；花梗细长，长1.5～8.5厘米，中部有1对线形苞片④；萼片披针形，基部附属物短，边缘疏生睫毛；蒴果长圆形，无毛，顶端花柱宿存③。

全山广布。生林下、林缘、溪旁或岩缝中。

相似种：柔毛堇菜【*Viola principis*，堇菜科 堇菜属】多年生草本，全体被开展的柔毛；叶片卵形或宽卵形，先端圆，基部宽心形⑤；叶柄长5～13厘米，无翅；托叶宽披针形；花白色；蒴果。全山广布；生境同上。

七星莲叶柄较短，具明显的翅，花淡紫色或浅黄色；柔毛堇菜叶柄较长，无翅，花白色。

长萼堇菜 堇菜科 堇菜属

Viola inconspicua

Longsepal Violet | cháng'èjǐncài

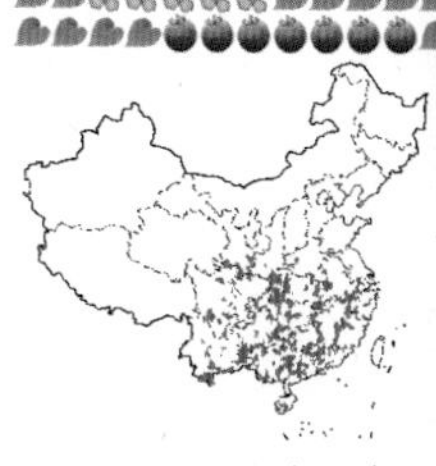

多年生草本，无地上茎；叶基生，呈莲座状①；叶片三角形、三角状卵形或戟形，基部最宽，中部向上渐变狭，基部宽心形，弯缺呈宽半圆形，两侧垂片发达，稍下延于叶柄成狭翅，边缘具圆锯齿，两面无毛；叶柄长2～7厘米，无毛；托叶3/4与叶柄合生；花淡紫色，有暗色条纹；花梗细弱，等长或稍高于叶②；萼片卵状披针形，基部附属物伸长，末端具缺刻状浅齿③；蒴果长圆形④。

全山广布。生林缘、山坡草地、田间及溪旁。

长萼堇菜叶基生，呈莲座状，叶片三角状卵形，基部宽心形，弯缺呈宽半圆形，两侧垂片发达，边缘具圆锯齿，花淡紫色，蒴果长圆形。

1
3
4
2
5
1
3
2
4

紫花堇菜 堇菜科 堇菜属

Viola grypoceras

Purpleflower Violet | zǐhuājǐncài

1 2 3 4 5 6 7 8 9 10 11 12

多年生草本，具发达主根；地上茎数条①，无毛；基生叶心形或宽心形，先端钝或微尖，基部弯缺狭，边缘具钝锯齿，密布褐色腺点，叶柄长达8厘米；茎生叶三角状心形或狭卵状心形①，叶柄较短；花淡紫色②；花梗自茎基部或茎生叶的叶腋抽出，远超出叶，中部以上有2枚线形小苞片；萼片和花瓣有褐色腺点；蒴果椭圆形，密生褐色腺点。

全山广布。生山地疏林下或湿地。

相似种：悬果堇菜【*Viola pendulicarpa*，堇菜科 堇菜属】多年生草本，无地上茎和匍匐茎，全体无毛；叶基生莲座状，卵状心形或心形，基部心形③；叶柄长达12厘米；花白色或淡紫色③，花梗丝状，长1～1.2厘米，不超出或稍超出叶；蒴果。分布同上；生境同上。

1 2 3 4 5 6 7 8 9 10 11 12

紫花堇菜地上茎数条，花梗远超出叶；悬果堇菜无地上茎和匍匐茎，花梗不超出或稍超出叶。

萱 堇菜科 堇菜属

Viola moupinensis

Mouping Violet | huán

1 2 3 4 5 6 7 8 9 10 11 12

多年生草本，无地上茎；叶基生，心形或肾状心形①，花后增大呈肾形，长2.5～5厘米，宽3～4.5厘米，先端急尖或渐尖，基部弯缺三角形，两侧耳部花期常向内卷，边缘有具腺体的钝锯齿，两面无毛；叶柄有翅，长4～10（稀25）厘米；托叶离生；花淡紫色或白色，具紫色条纹②；花梗长不超出叶，中部2枚线形下苞片；蒴果椭圆形，无毛，有褐色腺点①。

全山广布。生疏林下或草丛中。

相似种：堇菜【*Viola verecunda*，堇菜科 堇菜属】多年生草本；地上茎数条丛生③，平滑无毛；基生叶宽心形或卵状心形，长1.5～3厘米，宽1.5～3.5厘米，两侧垂片平展；花白色或淡紫色③。全山广布；生境同上。

1 2 3 4 5 6 7 8 9 10 11 12

萱无地上茎，叶基生，较大；堇菜地上茎数条丛生，叶基生和茎生，较小。

1
2
3
1
3
2

地锦苗 尖距紫堇 罂粟科 紫堇属

Corydalis sheareri

Shearer Corydalis | dìjǐnmiáo

多年生草本①；块茎近球形或短圆柱形；茎多汁液，上部分枝；基生叶具长柄，叶片三角形或卵状三角形，二回羽状全裂，中部以上具圆齿状深齿，下部宽楔形②；茎生叶互生，较小和具较短柄；总状花序生茎及分枝先端，稀疏；萼片鳞片状，具缺刻状流苏；花瓣紫红色，平伸，上面花瓣长2～2.8厘米，距钻形，末端尖③④；蒴果近条形。

广济寺附近可见。生山谷溪边或林下阴湿地。

叶片二回羽状全裂，花紫红色，距钻形，末端尖。

鸭跖草 鸭跖草科 鸭跖草属

Commelina communis

Asiatic Dayflower | yāzhícǎo

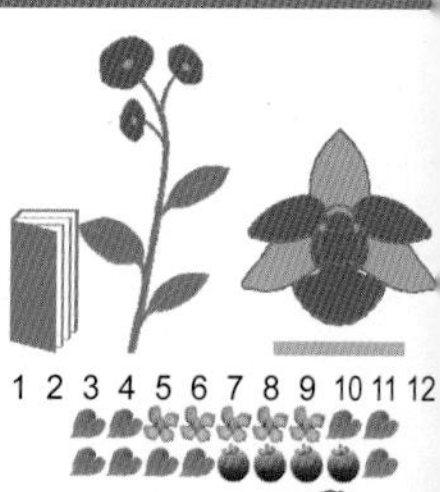

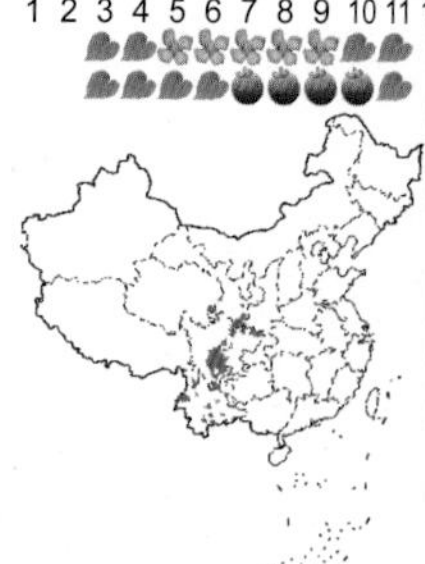

一年生披散草本①；茎匍匐生根，多分枝，下部无毛，上部被短毛；叶卵状披针形；总苞片佛焰苞状，与叶对生，折叠状②，展开后为心形，边缘常有硬毛；蝎尾状聚伞花序藏于总苞内，生于聚伞花序下部分枝的花较小，早落；生于上部分枝的花正常发育；花两侧对生，萼片3枚，膜质，内方2枚基部常合生③；花瓣 3 枚，蓝色，其中内方2枚较大，明显具爪④；蒴果椭圆形，藏于总苞片内。

全山广布。生湿地。

草本，叶卵状披针形，蝎尾状聚伞花序藏于佛焰苞状总苞片内，花两侧对生，深蓝色，蒴果。

1
2
3
4
1
3
2
4

石斛 金钗石斛 吊兰花 兰科 石斛属

Dendrobium nobile

Noble Dendrobium | shíhú

附生草本①；茎直立，肉质状肥厚，稍扁的圆柱形，具槽纹，略回折状弯曲，不分枝，具多节，节间长2～4厘米，干后金黄色②；叶革质，矩圆形，长6～11厘米，宽1～3厘米，先端2圆裂，基部为抱茎的鞘③；总状花序具花1～4朵；花序柄长0.5～1.5厘米，基部被数枚筒状鞘；花苞片膜质，卵状披针形，花梗和子房淡紫色；花大，白色，先端淡紫色，中萼片长圆形；唇瓣宽卵形，先端钝，基部两侧具紫红色条纹，两面密布短茸毛，唇盘中央具1个紫红色大斑块④。

衡山稀见。生山谷岩石上。

石斛茎肉质状肥厚，稍回折状弯曲，不分枝，具多节，叶长圆形，基部为抱茎的鞘，花大，白色，先端淡紫色，唇盘中央具1个紫红色大斑块。

青葙 苋科 青葙属

Celosia argentea

Feather Cockscomb | qīngxiāng

一年生草本①；全体无毛；茎直立，有分枝，具明显条纹；叶矩圆披针形至披针状条形，长5～8厘米，宽1～3厘米，绿色常带红色，顶端具小芒尖，基部渐狭②；花密生，在茎或枝端成塔状或圆柱状穗状花序，长3～10厘米①；苞片及小苞片披针形，长3～4毫米，白色，顶端渐尖，延长成细芒，具1条中脉，在背部隆起；花被片白色或粉红色③；胞果卵形，长3～3.5毫米，包裹在宿存花被片内；种子凸透镜状肾形。

全山广布。生田间、荒坡及荒地。

青葙全体无毛，茎具明显条纹，穗状花序，苞片及小苞片披针形，顶端延长成细芒，花被片白色或粉红色，胞果卵形，包裹在宿存花被片内。

1
3
2
4
1
2
3

落新妇

虎耳草科 落新妇属

Astilbe chinensis

Chinese Astilbe | luòxīnfù

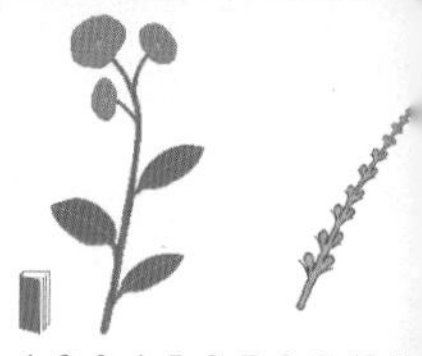

多年生草本；根状茎粗壮；茎无毛；基生叶为二至三回三出羽状复叶③，顶生小叶片菱状椭圆形，侧生小叶片卵形至椭圆形，先端短渐尖，边缘有重锯齿，两面沿脉生硬毛①；茎生叶2～3枚，较小；圆锥花序，下部第一回分枝与花序轴成15～30度斜上①；花序轴密被褐色卷曲长柔毛；花瓣5枚，淡紫色至紫红色，线形②；雄蕊10枚；心皮2枚；蒴果④。

广济寺和藏经殿附近。生林下、林缘或溪边。

茎无毛，叶为二至三回三出羽状复叶，圆锥花序，花瓣5枚。

黄水枝

虎耳草科 黄水枝属

Tiarella polyphylla

Foamflower | huángshuǐzhī

多年生草本；根状茎横走，茎不分枝，密被腺毛；基生叶具长柄，叶片心形①，基部心形，掌状3～5浅裂，边缘具不规则浅齿①，两面密被腺毛；叶柄基部扩大成鞘状，密被腺毛；茎生叶通常2～3枚，与基生叶同型，叶柄较短；总状花序，密被腺毛；花萼淡粉色②，无花瓣；心皮2枚，不等大②，下部合生；蒴果长7～12毫米。

藏经殿附近可见。生林下、灌丛或阴湿地。

茎密被腺毛，叶为单叶，总状花序，无花瓣。

积雪草 崩大碗 伞形科 积雪草属

Centella asiatica

Asiatic Pennywort | jīxuěcǎo

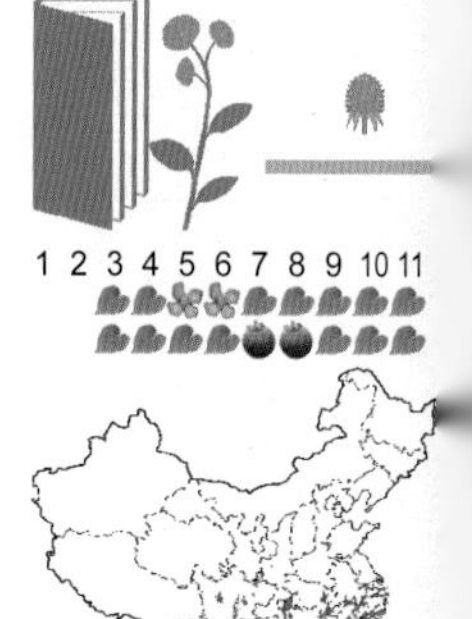

多年生草本；茎匍匐①；单叶互生，肾形或近圆形①，基部深心形，边缘有宽钝齿，具掌状脉；叶柄长5～15厘米，基部鞘状；无托叶；伞形花序单生或2～3个腋生，紫红色②；总花梗长2～8毫米；总苞片2枚，卵形②；花梗极短；双悬果扁圆形，长2～2.5毫米，主棱和次棱极明显。

全山广布。生阴湿草地或水沟边。

相似种：天胡荽【*Hydrocotyle sibthorpioides*，伞形科 天胡荽属】多年生草本；茎匍匐；单叶互生，圆形或肾形，不裂或掌状5～7浅裂，裂片宽倒卵形，边缘具钝齿③；叶柄长0.5～8厘米；单伞形花序腋生，花瓣绿白色；双悬果近圆形，侧面扁平④。全山广布；生境同上。

积雪草叶不裂，花紫红色；天胡荽叶常掌状5～7浅裂，花绿白色。

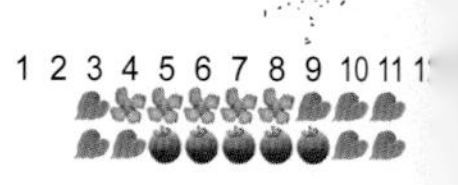

蓟 菊科 蓟属

Cirsium japonicum

Japan Thistle | jì

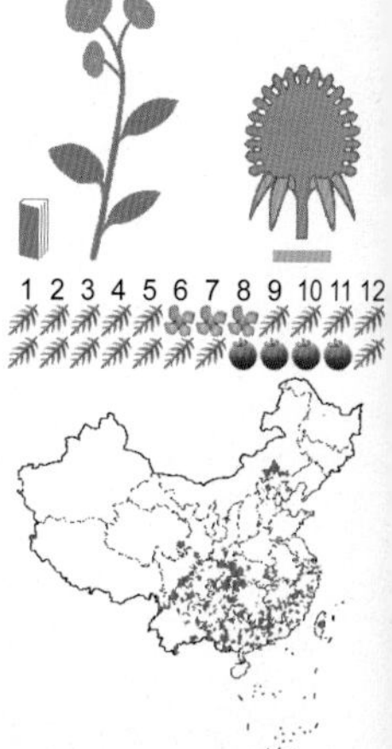

多年生草本①，块根纺锤状或萝卜状；茎枝有条纹，被多细胞长节毛；基生叶有柄，矩圆形或披针状椭圆形，羽状深裂；中部叶及以上的叶较小，长椭圆形，基部无柄，抱茎，边缘羽状深裂，有刺①；雌雄同株；头状花序直立，顶生②；总苞钟状，总苞片6层，向内层渐长，顶端渐尖，有短刺；花两性，紫红色，花冠管纤细，裂片长短不一③；瘦果长椭圆形；冠毛暗灰色，不短于花冠长，冠毛的刚毛长羽毛状。

全山可见。生山坡林中、林缘、路旁或溪边。

相似种：刺儿菜【*Cirsium segetum*，菊科 蓟属】多年生草本；叶多不分裂，边缘有针刺④；雌雄异株；冠毛污白色，短于花冠长。全山可见；生境同上。

蓟的叶羽状深裂，雌雄同株，冠毛不短于花冠长；刺儿菜的叶多不分裂，雌雄异株，冠毛短于花冠长。

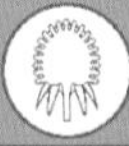

1
3
2
4
1
3
2
4

细辛 马兜铃科 细辛属

Asarum sieboldii

Siebold Wildginger | xìxīn

多年生草本；具根状茎，节间长1～2厘米；叶2枚，心形或卵状心形，基部深心形，两侧裂片顶端圆形，边全缘①，两面疏被毛；叶柄长8～18厘米，光滑无毛；花单生叶腋，紫褐色，花梗长2～4厘米；花被管钟状，内壁有纵行脊皱，裂片3，三角状卵形②；蒴果浆果状，近球形，直径1.5厘米，棕黄色，果皮革质，腐烂时不规则开裂。

全山广布。生林下、灌丛中、沟谷阴湿处。

相似种：尾花细辛【*Asarum caudigerum*，马兜铃科 细辛属】叶宽卵形、三角状卵形或卵状心形，叶背密被毛③；花被裂片完全分离，无明显花被管，开花时直立，顶端伸长成长约1厘米的尖尾④。全山广布；生境同上。

细辛叶柄和叶近光滑无毛，花被管钟状，顶端3裂；尾花细辛叶柄和叶密被毛，花被裂片完全分离，顶端具长尖尾。

小二仙草 豆瓣草 小二仙草科 小二仙草属

Haloragis micrantha

Smallflower Seaberry | xiǎoèrxiāncǎo

细弱分枝草本②；茎直立或下部平卧，具纵槽，多少粗糙；叶小，对生①，茎上部叶偶互生；叶具短柄，通常卵形或圆形，长7～12毫米，宽4～8毫米，边缘具锯齿，无毛①；圆锥花序顶生，由细的总状花序组成；花两性，极小，基部具1枚苞片和2枚小苞片；花萼4深裂，萼筒较短，裂片三角形；花瓣4枚，红色③；核果极小，近球形，无毛，有8钝棱。

全山广布。生荒山草丛中。

小二仙草细弱，茎具纵槽，叶对生，具短柄，卵形或圆形，边具锯齿，无毛，圆锥花序顶生，花两性，极小，花瓣4枚，红色，核果。

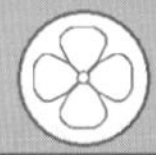

剪秋罗 石竹科 剪秋罗属

Lychnis fulgens

Lobate Campion | jiǎnqiūluó

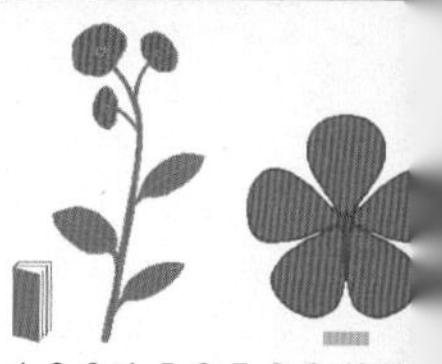

多年生草本，全株被柔毛；根簇生，纺锤形，稍肉质；茎直立；叶片卵状长圆形或卵状披针形，长4～10厘米，宽2～4厘米，基部圆形，顶端渐尖，两面和边缘均被粗毛①；二歧聚伞花序紧缩呈伞房状③；花梗长3～12毫米；苞片卵状披针形，密被长柔毛和缘毛；花萼筒棒形，被稀疏白色长柔毛，萼齿三角状；雌雄蕊柄长约5毫米；花瓣深红色，爪不露出花萼，狭披针形，瓣片深2裂达1/2；副花冠片长椭圆形，暗红色，呈流苏状②；蒴果长椭圆状卵形，长12～14毫米。

藏经殿附近可见。生疏林下或灌丛草地中。

剪秋罗全株被柔毛，茎直立，叶两面和边缘均被粗毛，二歧聚伞花序紧缩呈伞房状，苞片密被长柔毛和缘毛，雌雄蕊柄，花瓣深红色，瓣片深2裂达1/2，副花冠片呈流苏状，蒴果。

野茼蒿 革命菜 菊科 野茼蒿属

Crassocephalum crepidioides

Hawksbeard Velvetplant | yětónghāo

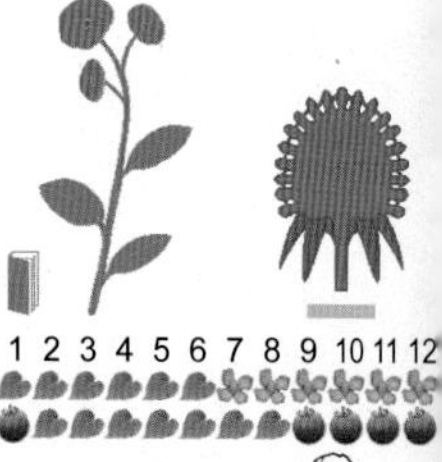

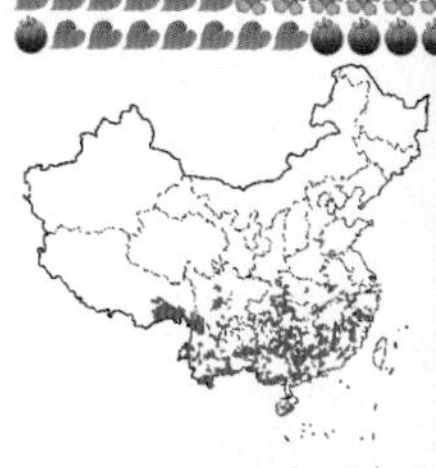

多年生草本；茎有纵条纹；叶互生，椭圆形或长圆状椭圆形①，先端渐尖，基部楔形，边缘有重锯齿或有时基部羽状分裂②，两面近无毛；叶柄长2～2.5厘米；头状花序在茎枝顶排列成伞房状①②；总苞钟状，总苞片2层，线形披针形，边膜质，顶端有小束毛；花全为两性，管状，红褐色或橙红色③；瘦果狭圆柱形，赤红色，被毛；冠毛白色。

全山可见。生山坡路边、田野、荒地或灌丛中。

叶不裂或羽状浅裂，花红色，全部为管状花。

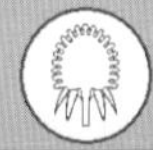

①
③
②
①
②
③

华重楼　百合科 重楼属

Paris polyphylla* var. *chinensis

China Paris | huáchónglóu

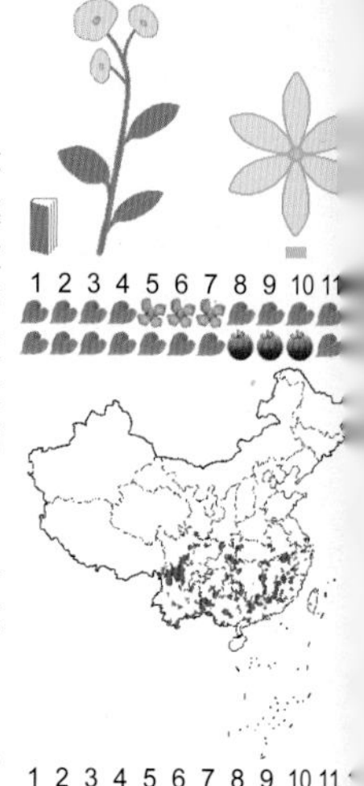

多年生草本，无毛；根状茎粗厚，密生多数环节和须根；茎常带紫红色，直立不分枝，基部具膜质鞘；叶5～8（多为7）枚轮生①；叶片倒卵状披针形，基部楔形①；花单生于叶轮中央，花被片离生，宿存，排成2轮，外轮花被片叶状，绿色，披针形至宽卵形，内轮花被片狭条形，短于外轮花被片；雄蕊8～10枚，花药长为花丝的3～4倍②；蒴果紫色，3～6瓣裂。

衡山散见。生林下阴湿处或山谷溪边草地。

相似种：七叶一枝花【*Paris polyphylla*，百合科 重楼属】又叫多叶重楼。叶7～10枚轮生，矩圆形或椭圆形③；内轮花被片比外轮长④；雄蕊8～12枚，花药略等长于花丝。衡山散见；生境同上。

华重楼叶数少，内轮花被片不长于外轮，雄蕊的花药长为花丝的3～4倍；七叶一枝花叶数多，内轮花被片比外轮长，雄蕊的花药略长于花丝。

车前　车前草科 车前草属

Plantago asiatica

Asia Plantain | chēqián

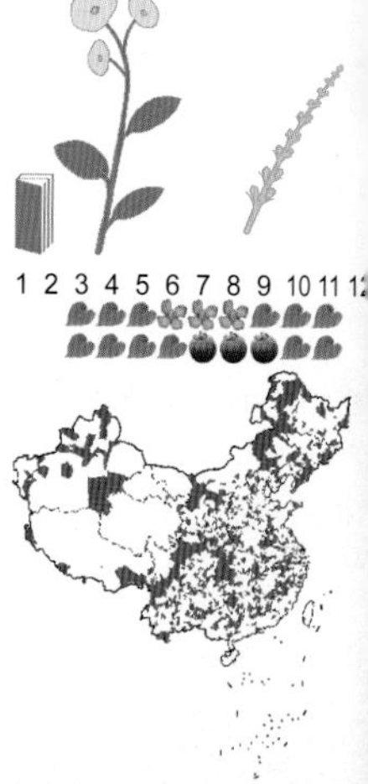

二年生或多年生草本；根茎短而直立；叶基生呈莲座状①；叶片薄纸质或纸质，宽卵形至宽椭圆形，长4～12厘米，宽2.5～6.5厘米，先端钝圆至急尖，基部宽楔形或近圆形①，多少下延，两面疏生短柔毛；叶柄长2～15厘米，基部扩大成鞘，疏生短柔毛；花序3～10个，花序梗长5～30厘米，有纵条纹，疏生白色短柔毛；穗状花序细圆柱状①，苞片狭卵状三角形或三角状披针形；花4基数；花冠白色，裂片狭三角形，无毛②；蒴果。

全山广布。生山坡草地、路边或村旁空旷地。

相似种：北美车前【*Plantago virginica*，车前草科 车前草属】别名毛车前。叶片倒卵形至倒披针形，基部狭楔形，下延至叶柄，叶及叶柄散生白色柔毛③；穗状花序，花冠淡黄色。衡山散见；生低海拔草地或路边。

车前的叶片较宽短，宽卵形至宽椭圆形；北美车前的叶片较狭长，倒卵形至倒披针形。

冷水花　荨麻科 冷水花属

Pilea notata

Coldwaterflower | lěngshuǐhuā

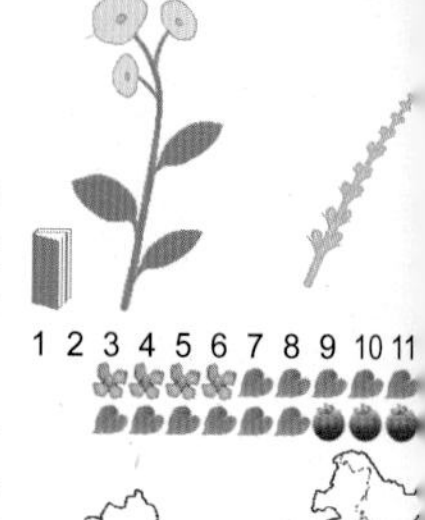

多年生草本①，具匍匐茎；茎肉质，纤细，中部稍膨大，无毛；叶纸质，对生，狭卵形、卵状披针形或卵形，先端尾尖或渐尖，基部圆形，边缘有浅锯齿，上面有光泽，钟乳体条形，两面密布，基出脉3条②；叶柄纤细，长1～7厘米；花雌雄异株；聚伞花序；花被片绿黄色，4深裂③；雄蕊4枚；瘦果小，圆卵形，顶端歪斜，有明显刺状小疣点突起；花被片宿存。

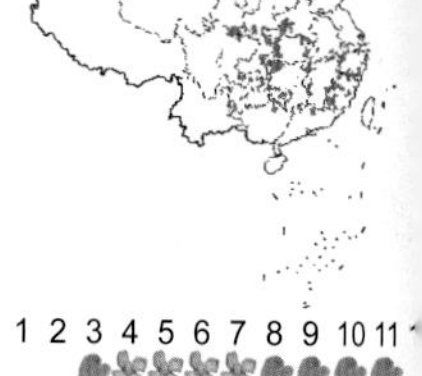

全山广布。生山谷、溪旁或林下阴湿处。

相似种：矮冷水花【*Pilea peploides*，荨麻科 冷水花属】一年生；茎肉质，带红色，纤细，下部裸露，上部节间较密；叶圆菱形或菱状扇形，先端圆钝，基部圆形，边全缘或上部具小浅齿④；叶柄长0.2～2厘米。全山广布；生境同上。

冷水花多年生，叶狭卵形或卵状披针形，先端渐尖；矮冷水花一年生，叶圆菱形或菱状扇形，先端圆钝。

悬铃叶苎麻　荨麻科 苎麻属

Boehmeria tricuspis

Planeleaf Ramie | xuánlíngyèzhùmá

多年生草本①，茎直立，密生短糙毛；叶对生，叶纸质，扁五角形、扁圆卵形至卵形，长8～12厘米，宽7～14厘米，先端3骤尖或3浅裂，基部截形，边缘生粗齿，上面粗糙，两面均生短糙毛②；叶柄长1.5～8厘米；穗状花序单生叶腋②；雌花序长达15厘米；花4数，瘦果倒卵球形或狭椭圆形，生短硬毛。

方广寺和广济寺附近可见。生山地灌丛或疏林中、田边等地。

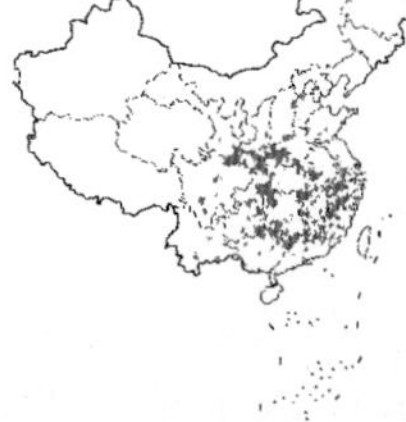

相似种：苎麻【*Boehmeria nivea*，荨麻科 苎麻属】亚灌木；茎上部与叶柄均密被长硬毛和短糙毛；叶互生③，草质，圆卵形或宽卵形，下面密被雪白色毡毛④；圆锥花序腋生。全山广布；生山谷林缘或草坡。

悬铃叶苎麻叶对生，穗状花序；苎麻叶互生，圆锥花序。

1
3
2
4
1
2
3
4

菖蒲 九节菖蒲 天南星科 菖蒲属

Acorus calamus

Drug Sweetflag | chāngpú

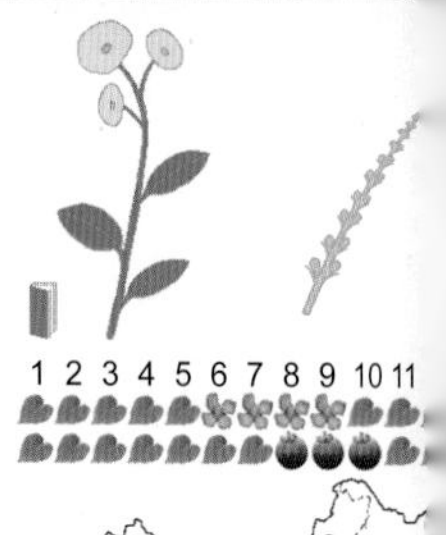

多年生草本①；根状茎横走，分枝，外皮黄褐色，芳香；叶基生，剑状线形，长90～150厘米，宽1～2厘米，基部宽，对褶抱茎，中部以上渐狭，中肋两面明显隆起②；花茎基出，扁三棱形，长20～50厘米，叶状佛焰苞剑状线形，长30～40厘米；肉穗花序直立或斜向上，狭锥圆柱形，长4.5～6.5厘米②；花黄绿色；浆果红色，长圆形。

衡山散见。生水沟或池塘边。

相似种：石菖蒲【*Acorus tatarinowii*，天南星科 菖蒲属】多年生草本③；根茎上部分枝甚密；叶无柄，叶片线形，长20～30厘米，宽7～13毫米，无中肋④；花茎长4～15厘米，叶状佛焰苞长13～25厘米；肉穗花序圆柱状⑤；花白色。衡山低海拔可见；生溪边石上。

菖蒲的叶剑状线形，较宽而长，具明显中肋；石菖蒲的叶线形，较狭短，无中肋。

一把伞南星 天南星科 天南星属

Arisaema erubescens

One umbrella Southstar | yībǎshǎnnánxīng

多年生草本①；块茎扁球形；叶1(稀2)枚，叶柄长40～80厘米，中部以下具鞘，有时具褐色斑块；叶片放射状分裂，7～20枚，常1枚上举，其余放射状平展，披针形、长圆形至椭圆形，无柄，长渐尖，具线形长尾或否①；花序柄比叶柄短，直立；花序的佛焰苞绿色；肉穗花序单性；果序圆柱形②，果序柄下弯或直立，浆果成熟红色。

衡山散见。生林下、灌丛、荒地或草地。

相似种：灯台莲【*Arisaema bockii var. serratum*，天南星科 天南星属】多年生草本；叶2枚，叶柄长20～30厘米；叶片鸟足状5裂，中裂片具长柄，外侧裂片无柄，裂片边缘具锯齿③；佛焰苞具淡紫色条纹④；浆果黄色。藏经殿等地可见；生境同上。

一把伞南星的叶片放射状分裂；灯台莲的叶片鸟足状5裂。

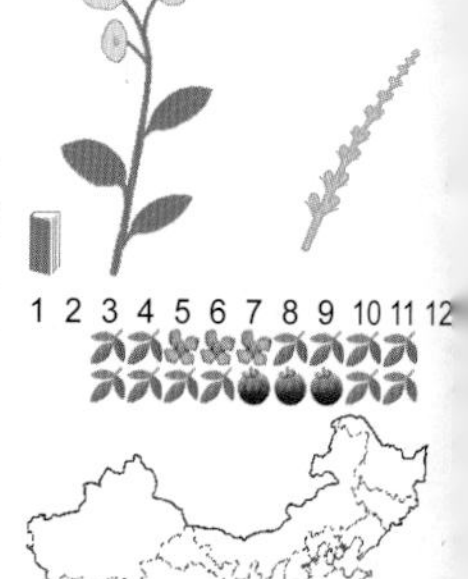

1
3
2
4
5
1
2
3
4

土牛膝 苋科 牛膝属

Achyranthes aspera

Common Achyranthes | tǔniúxī

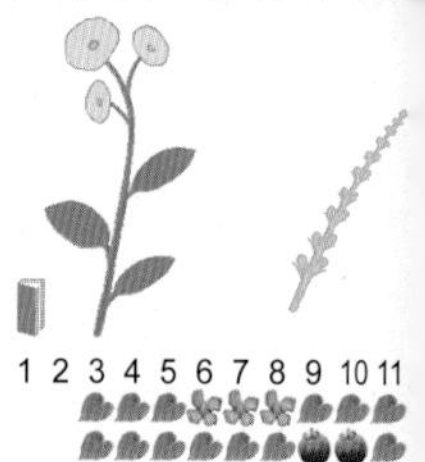

多年生草本①；根细长，土黄色；茎四棱形，有柔毛，节部稍膨大，分枝对生；叶纸质，宽卵状倒卵形或椭圆状矩圆形，顶端圆钝，具突尖，边全缘或波状②；穗状花序顶生，直立③，花期后反折；总花梗具棱角，粗壮，密生柔毛；花疏生；苞片披针形，小苞片刺状，坚硬，常蓝紫色，基部两侧各有1个薄膜质翅；花被片披针形，长渐尖，花后变硬且锐尖，具1脉；胞果卵形，种子卵形，不压扁，棕色。

全山广布。生山坡疏林或空旷地。

土牛膝茎四棱形，分枝对生，叶边全缘或波状，穗状花序顶生，总花梗具棱角，密生柔毛，花被片披针形，胞果卵形。

土荆芥 藜科 藜属

Chenopodium ambrosioides

Mexico Tea | tǔjīngjiè

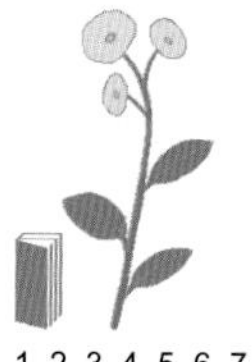

芳香草本①；茎直立，多分枝，有条棱；叶对生，卵状披针形至披针形，先端尖，基部楔形，边缘具不整齐齿，下面散生腺点；下部叶较大，上部叶逐渐狭小二近全缘；穗状花序，腋生①；花两性或雌性；花被5裂，绿色②，果时通常闭合；雄蕊5枚；胞果扁球形，完全包于花被内。

全山广布。生路旁荒地、山谷沟边等地。

相似种：藜【*Chenopodium album*，藜科 藜属】一年生草本③；叶片菱状卵形至宽披针形，长3～6厘米，宽2.5～5厘米，先端急尖，基部宽楔形，边缘具不整齐锯齿④；花两性，簇生于枝上部成圆锥状花序；胞果果皮薄，和种子紧贴。全山广布；生田边、荒地或路旁。

土荆芥叶卵状披针形至披针形，下面具黄色腺点，有强烈香味；藜叶菱状卵形至宽披针形，下面不具腺点，无气味。

眼子菜 鸭子草 眼子菜科 眼子菜属

Potamogeton distinctus

Pondweed | yǎnzǐcài

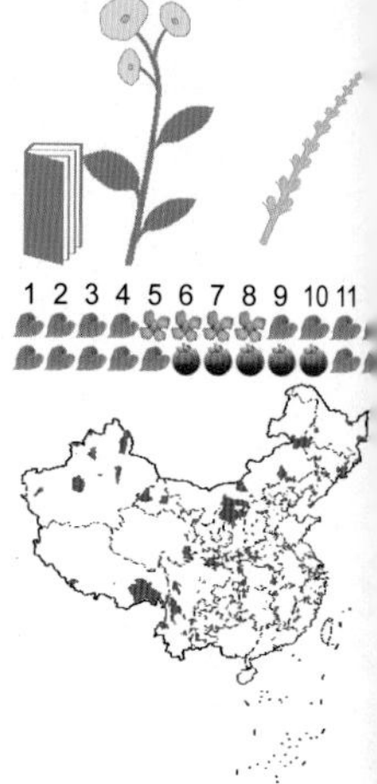

多年生沉水草本①；根茎发达，白色，多分枝，节处密生须根；茎圆柱形，不分枝；叶两型：浮水叶革质，披针形至宽披针形，有5～20厘米长的叶柄②；沉水叶披针形或狭披针形，草质，具柄，早落；托叶膜质，长2～7厘米，呈鞘状抱茎；穗状花序顶生③，花多轮，花时伸出水面，花后沉没水中；花序梗稍膨大，长3～10厘米；花被片4枚，绿色；果实宽倒卵形，背部明显3脊。

衡山低海拔偶见。生稻田和水沟边静水中。

眼子菜为沉水草本，根茎白色，茎纤细不分枝，浮水叶革质，披针形至宽披针形，有叶柄，沉水叶狭披针形，草质，托叶膜质，呈鞘状抱茎，穗状花序顶生，花序梗稍膨大。

穗状狐尾藻 泥茜 小二仙草科 狐尾藻属

Myriophyllum spicatum

Parrotfeather | suìzhuànghúwěizǎo

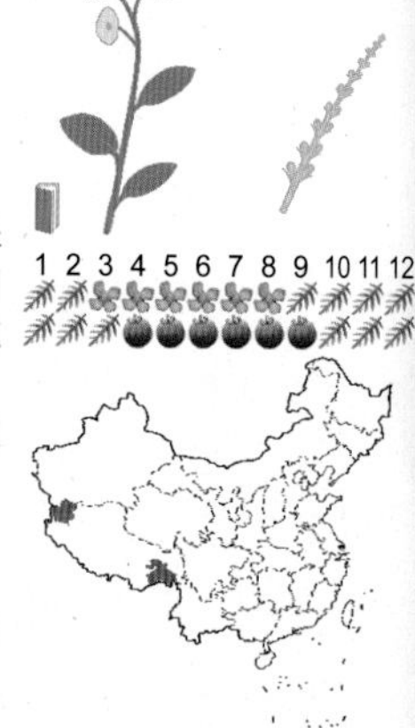

多年生水生草本①；根状茎发达，节部生根；茎圆柱形，多分枝①；叶常5（或4～6）片轮生，羽状深裂，长2.5～3.5厘米，裂片细线形，长1～1.5厘米②③；穗状花序顶生或腋生；苞片矩圆形或卵形，全缘，小苞片近圆形，边缘具细齿；花两性或单性，雌雄同株；常4朵轮生于花序轴上；花萼小，4深裂；花瓣4枚，近匙形，雌花不具花瓣；果球形，有4条纵裂隙。

树木园附近可见。生池塘或溪沟中。

穗状狐尾藻水生，茎圆柱形，叶常5片轮生，羽状深裂，穗状花序，花瓣4枚，近匙形，果球形，有4条纵裂隙。

1
3
2
1
3
2

楼梯草 荨麻科 楼梯草属

Elatostema involucratum

Stairweed | lóutīcǎo

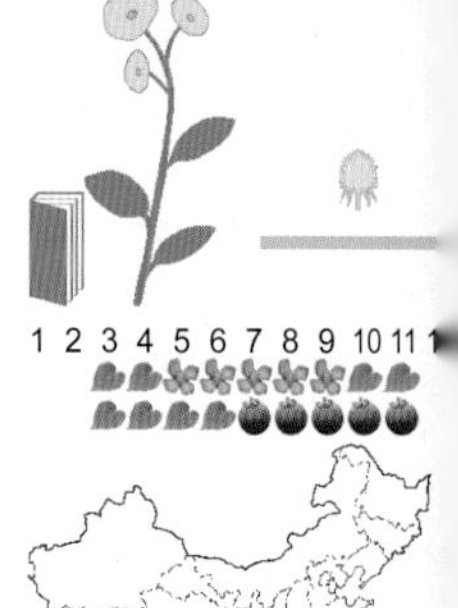

多年生草本①；茎肉质，近无毛；叶互生，在茎上排成两列，近无柄②；叶片草质，斜倒披针状长圆形或斜长圆形，偶稍镰状弯曲，顶端骤尖，基部在狭侧楔形，在宽侧圆形，边具齿①，上面有少数短糙伏毛，钟乳体明显；托叶狭条形，无毛；花序梗长7～20毫米；雄花有梗，花被片5枚，椭圆形；雌花序具极短梗②；瘦果卵球形。

全山广布。生山谷林下阴湿处或灌丛中。

相似种：假楼梯草【*Lecanthus peduncularis*，荨麻科 假楼梯草属】叶对生③，卵形或狭卵形，先端渐尖，基部稍斜，宽楔形，两面疏生短毛④；叶柄长2～8厘米；雌雄同株；花序托盘状，雄花序总梗长达10厘米；雌花序总梗长达3厘米。半山亭附近可见；生境同上。

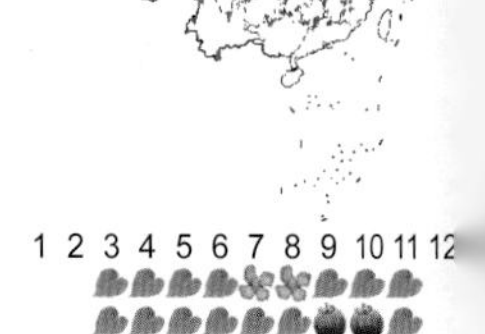

楼梯草叶互生，近无柄，花序梗较短；假楼梯草叶对生，叶柄长，花序梗较长。

黄花蒿 菊科 蒿属

Artemisia annua

Sweet Sagebrush | huánghuāhāo

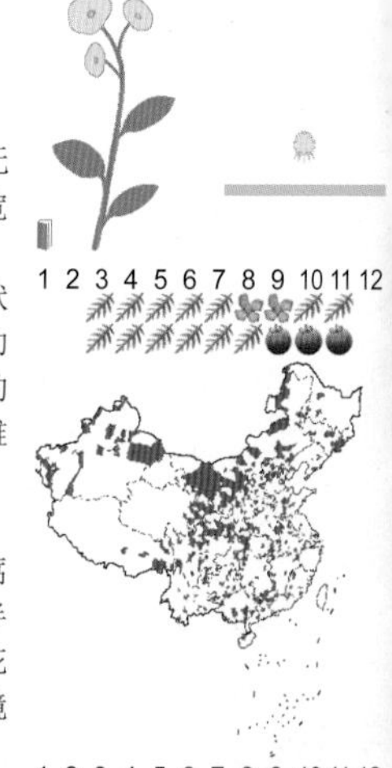

一年生草本，有很浓的挥发性香气；全株无毛；茎单生；直立，多分枝，有纵棱；叶下部叶宽卵形或三角状卵形，三至四回栉齿状羽状深裂①，叶柄长1～2厘米；上部叶与苞片叶一至二回栉齿状羽状深裂，近无柄；头状花序球形，多数，径约1.5～2.5毫米，有短梗，在分枝上排成金字塔形的复圆锥花序①；花深黄色②，花冠狭管状，外层雌花，里层两性花；瘦果卵形。

全山广布。生山坡、路边及荒地。

相似种：青蒿【*Artemisia carvifolia*，菊科 蒿属】中部叶长圆形，二回羽状分裂③；头状花序半球形，下垂，在分枝上排成开展的圆锥花序④；花淡黄色④，瘦果长圆形或椭圆形。全山广布；生境同上。

黄花蒿的头状花序球形，花深黄色；青蒿的头状花序半球形，花淡黄色。

1
3
2
4
1
3
2
4

苍耳 菊科 苍耳属

Xanthium sibiricum

Siberia Cocklebur | cāng'ěr

一年生草本①；茎具糙伏毛②；叶互生，三角状卵形或心形，长4～10厘米，宽5～10厘米，先端锐尖，基部心形，近全缘或3～5浅裂，有不规则粗锯齿③，基出脉3条，侧脉弧形，脉上被糙伏毛；叶柄长3～11厘米；头状花序顶生或腋生，雌雄同株，雄花序球形，在茎枝上端，花冠筒状，5齿裂；雌花序卵圆形，单生或密集于茎枝的下部，外层总苞披针形，具短毛，内层总苞结合成囊状，在果熟时变得坚硬，外有钩刺和短毛④，无花冠；瘦果2枚，倒卵形。

全山广布。生荒野路边、田边。

苍耳茎具糙伏毛，叶互生，三角状卵形或心形，基部心形，脉上被糙伏毛，雄花序球形，花冠筒状，雌花序卵圆形，外被钩刺和短毛。

飞扬草 大戟科 大戟属

Euphorbia hirta

Garden Spurge | fēiyángcǎo

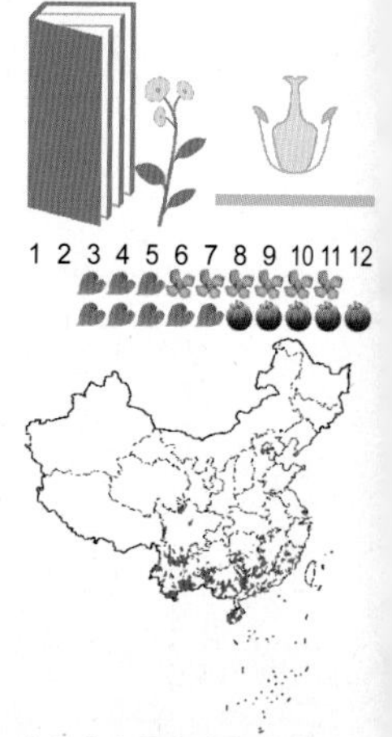

一年生草本，被硬毛，通常基部多分枝，枝常呈红色或淡紫色①；叶对生，披针状长圆形至卵状披针形，长1～4厘米，顶端锐尖，基部圆而偏斜，边缘中部以上有细锯齿，两面被短毛；杯状花序多数密集成腋生头状花序②；蒴果卵状三棱形，被短柔毛。

衡山散见。生路旁、草丛或灌丛中。

相似种：斑地锦【*Euphorbia maculata*，大戟科大戟属】茎匍匐，具白色乳汁，被白色柔毛③；叶长椭圆形至肾状长圆形，先端圆钝，基部偏斜，不对称，叶面绿色，中部常具有一个长圆形的紫色斑点④，两面无毛；花序单生叶腋④。分布同上；生境同上。

飞扬草叶披针状长圆形，顶端锐尖，上面叶脉凹下，花序多数密集成头状花序；斑地锦叶长椭圆形，顶端圆钝，上面叶脉不明显，花序单生。

1
3
2
4
1
3
2
4

井栏边草 凤尾草 凤尾蕨科 凤尾蕨属

Pteris multifida

Spider brake | jǐnglánbiāncǎo

多年生草本①；根状茎短而直立，先端被钻形黑褐色鳞片；叶簇生，二型；不育叶片卵状长圆形，一回羽状；羽片常3对，对生，斜向上，无柄，线状披针形，叶缘有不整齐尖锯齿并有软骨质边，顶生三叉羽片及上部羽片基部下延，形成狭翅②；能育叶柄长，羽片4～6对，狭线形，仅不育部分具锯齿，上部几对的基部长下延，形成狭翅；沿羽片下面边缘着生孢子囊群，孢子囊群线形③。

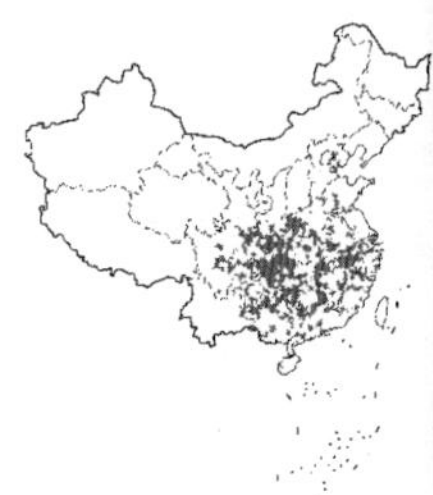

全山广布。生墙壁、井边、岩缝或灌丛中。

相似种：栗柄凤尾蕨【*Pteris plumbea*，凤尾蕨科 凤尾蕨属】叶柄四棱，连同叶轴为栗色，光滑④；叶片近一型，卵状长圆形，一回羽状，羽片常2对，顶生羽片常与其下一对侧羽合生成三叉，其他羽片不下延④。衡山散见；生林下或灌丛中。

井栏边草叶片二型，羽轴上部有狭翅，叶柄圆形，禾秆色；栗柄凤尾蕨叶片近一型，羽轴上部无狭翅，叶柄四棱，栗色。

蜈蚣草 凤尾蕨科 凤尾蕨属

Pteris vittata

Ladder brake | wúgōngcǎo

大型草本①；根状茎直立，短而粗，密生蓬松的黄褐色条形鳞片；叶簇生，薄革质，叶柄坚硬，叶柄、叶轴及羽轴均被线形鳞片；叶片阔倒披针形，一回羽状；羽片斜展，无柄，狭线形，先端渐尖，基部扩大为浅心形，两侧稍呈耳状②；中部羽片最长，向下逐渐缩短，基部羽片仅为耳形；孢子囊群线形，靠近羽片边缘着生③，成熟植株除下面缩短的叶片不育，其余羽片均能育。

全山可见。生钙质墙土上或石灰岩缝隙中。

相似种：乌毛蕨【*Blechnum orientale*，乌毛蕨科 乌毛蕨属】根状茎直立，具木质主茎；孢子囊群线形，沿主脉着生④。全山可见；生较阴湿的溪沟边或坑穴边缘。

蜈蚣草无木质主茎，羽片基部稍呈耳状，孢子囊群沿羽片边缘着生；乌毛蕨具木质主茎，羽片基部不呈耳状，孢子囊群沿主脉着生。

1
3
2
4
1
3
2
4

海金沙 海金沙科 海金沙属

Lygodium japonicum

Japanese Climbing Fern | hǎi jīnshā

攀缘草本①；根状茎长而横走；羽轴着生在长约3毫米的距上，距顶端有被黄色柔毛的腋芽；羽片近二型；不育羽片多生于叶轴下部，尖三角形，长宽几相等，柄长1.5～1.8厘米，多少被短柔毛，两侧有狭边，二回羽状，末回裂片3裂，短而阔，基部无关节，中间一条长约3厘米，宽约6毫米；叶脉二叉分歧，直达叶边的锯齿；能育羽片位于叶轴上部，二回羽状②；叶两面沿中肋及脉有短毛；孢子囊穗流苏状，生羽片边缘，长2～4毫米③；孢子囊大，近梨形，横生短柄上。

全山可见。生山坡路边、河谷、疏林下及林缘。

海金沙为攀缘草本，羽轴着生在距上，距顶端有被黄色柔毛的腋芽，孢子囊穗流苏状，生羽片边缘。

槲蕨 槲蕨科 槲蕨属

Drynaria roosii

Fortune's Drynaria | hújué

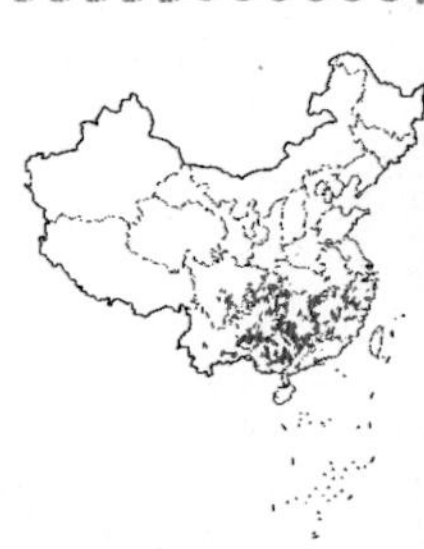

中型附生蕨类①；根状茎粗短、肉质，密生鳞片，鳞片披针形，盾状着生，边缘有锯齿状睫毛；叶二型：基生不育叶圆形，基部心形，浅裂至叶片宽度的1/3，灰棕色，厚干膜质，无柄②，下面有短毛；能育叶叶柄具明显的狭翅，叶片深羽裂③，裂片7～13对，互生，披针形，边缘有不明显的疏钝齿；叶脉两面明显，叶干后纸质；孢子囊群圆形或椭圆形，分布叶片下面，沿裂片中肋两侧各排成2～4行，成熟时相邻两侧脉间有圆形孢子囊群1行④。

全山可见。生河谷树干或岩石上。

槲蕨根状茎横走，粗短，肉质，密被大而狭长的鳞片；叶二型，不育叶短而基生，圆形，基部心形，浅裂至叶片宽度的1/3，灰棕色，厚干膜质，无柄；能育叶深羽裂，有柄。

1
2
3
1
2
3
4

渐尖毛蕨 金星蕨科 毛蕨属

Cyclosorus acuminatus

Acuminate Tri-vein Fern | jiànjiānmáojué

多年生草本①；根茎长而横走，深棕色，先端密被棕色披针形鳞片；叶二列远生，相距4～8厘米；叶柄褐色，无鳞片；叶纸质，先端尾状渐尖并羽裂，基部不变狭，二回羽裂②；叶脉下面隆起，基部1对出自主脉基部，先端交接成三角形网眼；孢子囊群圆形，生于侧脉中部以上③；囊群盖大，密生短柔毛，宿存。

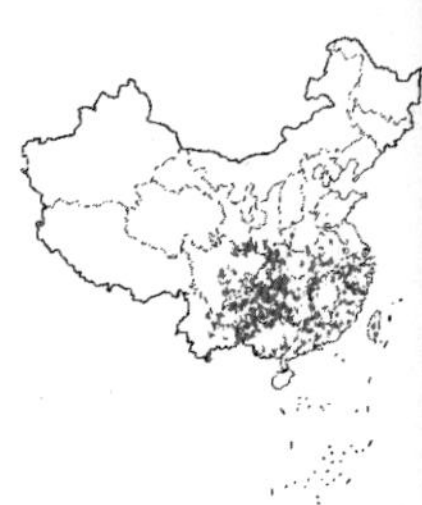

全山广布。生于路旁、田边或林缘。

相似种：金星蕨【*Parathelypteris glanduligera*，金星蕨科 金星蕨属】叶草质，叶脉分离，侧脉单一，基部1对出自主脉基部以上；孢子囊群生于侧脉近顶部，靠近叶边④。全山广布；生路边、林缘或溪边。

渐尖毛蕨叶脉先端交接成三角形网眼，孢子囊群生侧脉中部以上；金星蕨叶脉分离，孢子囊群背生于侧脉近顶部，靠近叶边。

针毛蕨 光叶金星蕨 金星蕨科 针毛蕨属

Macrothelypteris oligophlebia

Maiden Fern | zhēnmáojué

多年生草本①；根状茎短而斜升，连同叶柄基部被深棕色的披针形、边缘具疏毛的鳞片；叶簇生；叶柄禾秆色，基部以上光滑；叶片三角状卵形，先端渐尖羽裂，基部不变狭，三回羽裂②；羽片约14对，斜上，基部一对较大；裂片基部沿小羽轴彼此以狭翅相连，边全缘或锐裂；叶脉下面明显；叶草质，两面无毛，羽轴常具浅紫红色斑③。孢子囊群圆形，生于侧脉近顶部。

山上散见。生于山谷溪沟旁或林缘湿地。

相似种：普通针毛蕨【*Macrothelypteris torresiana*，金星蕨科 针毛蕨属】叶柄灰绿，干后禾秆色，基部被短毛；叶脉不明显，下面被较多细长针状毛和头状短腺毛④。衡山散见；生山坡林下或林缘溪沟边。

针毛蕨羽片两面无毛；普通针毛蕨羽片下面被较多开展的多细胞针状毛。

1
3
2
4
1
3
2
4

江南卷柏 卷柏科 卷柏属

Selaginella moellendorffii

Moellendorf's Spikemoss | jiāngnánjuǎnbǎi

直立草本①；具横走的地下根状茎和游走茎；根托生主茎基部，密被毛；分枝扁平，有背腹之分②；不分枝主茎上的叶排列稀疏，三角形，边缘有细齿，其他叶交互排列，二形，具白边；孢子叶穗紧密，四棱柱形，单生于小枝末端③；孢子叶卵状三角形，边缘有细齿，具白边，龙骨状；大孢子叶分布于孢子叶穗中部的下侧；大孢子浅黄色，小孢子橘黄色。

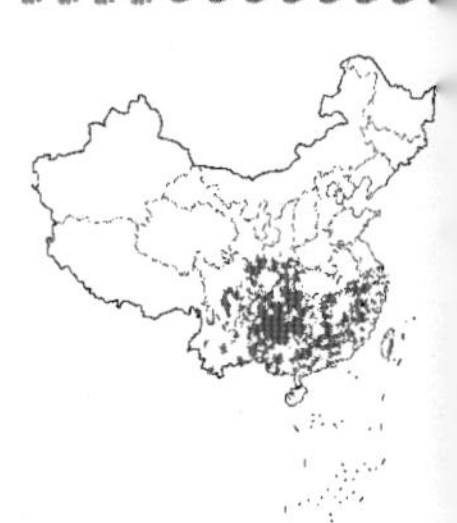

全山可见。生林缘、路边、溪旁岩石缝中。

相似种：薄叶卷柏【*Selaginella delicatula*，卷柏科 卷柏属】直立草本；根托生主茎的中下部；主茎半透明状，叶边全缘④；孢子叶穗单生小枝末端。全山广布；生境同上。

江南卷柏根密被毛，主茎不透明，叶边有细齿；薄叶卷柏根不密被毛，主茎半透明状，叶边全缘。

蕨 蕨科 蕨属

Pteridium aquilinum* var. *latiusculum

Eastern Bracken Fern | jué

多年生草本①；根状茎长而横走，密被锈黄色柔毛；叶柄光滑②，上面有1纵沟；叶片阔三角形或长圆三角形，三回羽状；基部一对最大，二回羽状；叶脉稠密，仅下面明显；叶革质或近革质，上面无毛，下面在裂片主脉上多少被毛；孢子囊群盖线形，沿叶缘着生③。

全山广布。生路边、空旷地或疏林下。

相似种：姬蕨【*Hypolepis punctata*，姬蕨科 姬蕨属】根状茎长而横走，叶坚草质，粗糙，叶柄、叶轴及叶片两面沿叶脉密被短刚毛及黏手的腺毛④；孢子囊群圆形，近裂片基部边缘着生，多少被叶边锯齿反卷覆盖。全山广布；生境同上。

蕨的叶柄、叶轴近光滑无毛，孢子囊群盖线形，沿叶缘着生；姬蕨全株密被短刚毛及黏手的腺毛，孢子囊群圆形，近裂片基部边缘着生，囊群盖不明显。

1
3
2
4
1
3
2
4

芒萁 里白科 芒萁属

Dicranopteris pedata

Dichotomy Forked Fern | mángqí

多年生草本①；根茎横走，密被暗锈色长毛；叶远生，柄棕禾秆色，光滑；叶轴一至二回或三回二叉分枝，一回羽轴被暗锈色毛，渐变光滑；腋芽密被锈黄色毛；各回分叉处两侧各有1对托叶状羽片②，平展，宽披针形；末回羽片披针形或宽披针形，篦齿状深裂几达羽轴；裂片平展，线状披针形，羽片基部上侧数对极短；孢子囊群圆形，一列，生于基部上侧或上下两侧小脉弯弓处。

全山广布。生林下、林缘或荒坡等酸性土壤。

相似种：里白【*Diploterygium glaucum*，里白科 里白属】多年生草本③；根状茎被鳞片；各回分叉处两侧无托叶状羽片④；叶草质。全山广布；生境同上。

芒萁根状茎密被暗锈色长毛，叶各回分叉处两侧各有1对托叶状羽片；里白根状茎被鳞片，叶各回分叉处两侧无托叶状羽片。

斜方复叶耳蕨 鳞毛蕨科 复叶耳蕨属

Arachniodes rhomboidea

Rhomboid Arachniodes | xiéfāngfùyè' ěrjué

多年生草本①；叶柄禾秆色，基部密被棕色、阔披针形鳞片②；叶片顶生羽状羽片长尾状①，二回羽状；基部三回羽状；末回小羽片菱状椭圆形，基部不对称，上侧近截形，下侧斜切，上侧边缘具尖锯齿；孢子囊群生小脉顶端，近叶边，常上侧边1行，下侧边上部半行③。

全山可见。生林下、林缘、溪边或岩缝中。

相似种：中华复叶耳蕨【*Arachniodes chinensis*，鳞毛蕨科 复叶耳蕨属】叶柄基部密被褐棕色线形鳞片；叶片顶部略狭缩呈长三角形④，末回小羽片上部边缘具长芒刺；孢子囊群位于中脉和叶边之间。中低海拔可见；生境同上。

斜方复叶耳蕨鳞片阔披针形，叶片有明显的顶生羽片，孢子囊群生小脉顶端，近叶边；中华复叶耳蕨鳞片为线形，叶片顶端三角形，孢子囊群位于中脉和叶边之间。

1
3
2
4
1
3
2
4

贯众　鳞毛蕨科 贯众属

Cyrtomium fortunei

Holly Fern | guànzhòng

多年生草本①；根茎直立，密被棕色鳞片；叶簇生，叶柄禾秆色，腹面有浅纵沟，密生卵形及披针形棕色鳞片；叶片矩圆披针形，奇数一回羽状；侧生羽片互生，近平伸，多少上弯成镰状，基部偏斜，边全缘有时有前倾小齿，具羽状脉，小脉联结成2～3行网眼，腹面不显，背面微凸。叶纸质，光滑。孢子囊群遍布羽片背面②。

全山可见。生路边岩石缝或墙缝。

相似种：镰羽贯众【*Cyrtomium balansae*，鳞毛蕨科 贯众属】多年生草本；叶片披针形或宽披针形，一回羽状，顶端渐尖③；羽片镰状披针形，上侧截形，并有尖的耳状突起；孢子囊群位于中脉两侧各成2行④。全山可见；生阴湿石壁。

贯众的叶片奇数一回羽状，顶端有较大单生羽片；镰羽贯众的叶片一回羽状，顶端渐尖，无单生羽片。

变异鳞毛蕨　鳞毛蕨科 鳞毛蕨属

Dryopteris varia

Variant Wood Fern | biànyìlínmáojué

多年生草本①；根茎横卧或斜生，顶端密被棕褐色狭披针形鳞片，鳞片顶端毛状卷曲；叶片五角卵状，三回或二回羽状，基部羽片羽柄长0.5～1厘米，下侧小羽片向后伸长呈燕尾状；叶轴和羽轴疏被黑色毛状小鳞片，小羽轴和中脉背面疏被棕色泡状鳞片；孢子囊群大，靠近小羽片或裂片边缘着生②；囊群盖圆肾形，棕色，全缘。

衡山常见。生林缘、溪边或灌丛下。

相似种：德化鳞毛蕨【*Dryopteris dehuaensis*，鳞毛蕨科 鳞毛蕨属】根茎顶端密被栗黑色线状披针形鳞片③；叶片卵状披针形，三回羽状，基部羽片羽柄长3厘米以上；孢子囊群小，生于中脉与叶边之间④；无囊群盖。衡山散见；生针阔混交林下。

变异鳞毛蕨的基部羽片羽柄短，长0.5～1厘米，孢子囊群大，有盖；德化鳞毛蕨的基部羽片羽柄长3厘米以上，孢子囊群小，无盖。

1
3
2
4
1
2
3
4

黑足鳞毛蕨

鳞毛蕨科 鳞毛蕨属

Dryopteris fuscipes

Autumn Fern | hēizúlínmáojué

多年生草本；根状茎横卧或斜生；基部密被披针形，棕色，有光泽的鳞片；叶片二回羽状①；叶纸质，叶轴具有较密的披针形、线状披针形泡状鳞片，羽轴具有较密的泡状的鳞片和稀疏鳞片，小羽片三角状卵形，顶端钝圆②；孢子囊群大，在小羽片中脉两侧各1行，略靠近中脉着生；囊群盖圆肾形，棕色，边全缘③。

全山可见。生林下。

相似种：红盖鳞毛蕨【*Dryopteris erythrosora*，鳞毛蕨科 鳞毛蕨属】叶片下面疏被淡棕色毛状小鳞片；小羽片披针形，边缘有细圆齿或羽状浅裂④；孢子囊群较小，近中脉着生；囊群盖圆肾形，中央红色，边缘灰白⑤。全山可见；生林下或林缘。

黑足鳞毛蕨小羽片三角状卵形，孢子囊群盖棕色；红盖鳞毛蕨小羽片披针形，孢子囊群盖中央红色，边缘灰白。

同形鳞毛蕨

鳞毛蕨科 鳞毛蕨属

Dryopteris uniformis

Uniform Wood Fern | tóngxínglínmáojué

多年生草本①；根状茎直立，先端密被棕色鳞片；叶柄和叶轴密被近黑色或深褐色鳞片②；叶片卵圆披针形，基部不变狭，二回羽状深裂或全裂；基部羽片不缩短与中部同形，紧靠叶轴，一回深裂几达羽轴。叶薄纸质，两面光滑仅羽轴下面有少数褐色线形鳞片；孢子囊群生叶片中部以上③；囊群盖大，膜质，红棕色，早落。

衡山散见。生阔叶林下。

相似种：稀羽鳞毛蕨【*Dryopteris angustifrons*，鳞毛蕨科 鳞毛蕨属】多年生草本；根状茎顶部及叶柄基部密生棕色鳞片，向上光滑；叶柄淡栗褐色或上部棕禾秆色，有光泽；叶片二回至三回羽状④，基部一对羽片最大，两面光滑；孢子囊群生小脉中部。全山广布；生林下、林缘或溪沟边。

同形鳞毛蕨叶柄禾秆色，密被鳞片，叶片二回羽状深裂或全裂；稀羽鳞毛蕨叶柄淡栗褐色，仅基部密生鳞片，叶片二回至三回羽状。

1
3
4
2
5
1
2
3
4

乌蕨 鳞始蕨科 乌蕨属

Sphenomeris chinensis

Common Wedgelet Fern | wūjué

多年生草本①；根状茎短而横走，密被赤褐色钻状鳞片；叶柄禾秆色至褐禾秆色，有光泽，除基部外，通体光滑②；叶片披针形，基部不变狭，四回羽状，末回裂片为倒三角形，顶端平截③；叶脉上面不显，下面明显；叶坚革质，光滑；孢子囊群边缘着生③，每裂片1～2枚，顶生1～2条细脉上；囊群盖半杯形，向叶缘开口，近全缘，宿存。

全山可见。生路边、林缘或溪边。

相似种：野雉尾金粉蕨【*Onychium japonicum*，中国蕨科 金粉蕨属】叶常二型，三至五回细裂；孢子囊群长圆形，着生于末回羽片背面的边缘，与中脉平行④；囊群盖膜质，全缘。全山可见；生境同上。

乌蕨末回裂片为倒三角形，顶端平截，孢子囊群盖向叶缘开口；野雉尾金粉蕨末回裂片为线状披针形，顶端有不育的急尖头，孢子囊群盖与中脉平行，向腹缝线开裂。

瘤足蕨 瘤足蕨科 瘤足蕨属

Plagiogyria adnata

Tumor-footed Fern | liúzújué

多年生草本；叶二型①；不育叶片一回羽状，顶端渐尖②，羽片平展，披针形，不为镰刀形，基部上侧与叶轴合生②，上延，向顶部羽片渐缩短；叶脉明显，二叉；叶草质，干后棕绿色；能育叶柄长28～34厘米，叶片长约20厘米，羽片线形，有短柄，急尖头；孢子囊群近叶边生，成熟后汇合，幼时为特化的干膜质的反卷叶边所覆盖③。

海拔600米以上可见。生林下。

相似种：华中瘤足蕨【*Plagiogyria euphlebia*，瘤足蕨科 瘤足蕨属】植株较高大，不育叶片长圆形，羽片14～46对，斜上，披针形，具小羽柄，顶生1枚同形几等大羽片④。分布同上；生境同上。

瘤足蕨羽片基部上侧与叶轴合生，上延，叶片顶端渐尖，无单生羽片；华中瘤足蕨羽片与叶轴分离，有小羽柄，叶片顶生1枚羽片。

1
2
3
4
1
2
3
4

南岳凤丫蕨 裸子蕨科 凤丫蕨属

Coniogramme centro-chinensis

Central China Coniogramme | nányuèfèngyājué

多年生草本①；叶柄禾秆色；叶片阔卵形或卵状三角形，二回羽状；侧生羽片3～4片，基部一对较大，阔卵形；顶生羽片和其下羽片同形，略大；羽片边缘有前伸矮锯齿，沿羽轴两侧有2～3行网眼，网眼外的小脉分离②；叶草质，上面褐绿，下面灰棕色，无毛；孢子囊群沿叶脉分布到离叶边3毫米处③。

全山可见。生林下阴湿处。

相似种：普通凤丫蕨【*Coniogramme intermedia*，裸子蕨科 凤丫蕨属】多年生草本；叶脉分离④；侧脉二回分叉，顶端水囊线形，不到齿缘。叶草质至纸质，上面暗绿，下面较淡且有疏短柔毛。孢子囊群沿侧脉分布达离叶边不远处。全山可见；生境同上。

南岳凤丫蕨叶脉网状；普通凤丫蕨叶脉分离。

节节草 木贼科 木贼属

Equisetum ramosissimum

Ramose Scouring Rush | jiéjiécǎo

直立草本；根茎直立，横走或斜升；地上枝常绿；枝一型，主枝多在下部分枝，常簇生状①；幼枝轮生分枝明显或不明显；主枝有脊5～14条②；鞘筒狭长达1厘米，鞘齿边缘膜质②；侧枝较硬，脊5～8条；孢子囊穗短棒状或椭圆状，顶端有小尖突，无柄③。

全山可见。生于路旁、溪边或荒坡。

相似种：披散木贼【*Equisetum diffusum*，木贼科 木贼属】又叫散生问荆；夏绿；枝下部1～3节节间黑棕色，多分枝④；脊两侧隆起成棱伸达鞘齿下部，鞘筒狭长；侧枝纤细；孢子囊穗圆柱形，成熟时柄伸长，柄长1～3厘米。衡山散见；生境同上。

节节草常绿，各节分枝不整齐，孢子囊穗短棒装或椭圆状，顶端有小尖突，无柄；披散木贼夏绿，各节分枝整齐，孢子囊穗圆柱形，成熟时柄伸长，柄长1～3厘米。

1
3
2
4
1
2
3
4

蘋 田字草 蘋科 蘋属

Marsilea quadrifolia

Water-clover | pín

多年生水生草本①；根状茎横走，顶端有淡棕色毛；叶柄长5～20厘米，光滑，小叶4枚，全缘，顶端圆，倒三角形，十字形对生，似“田”字②；叶脉扇形分叉，网状，背面淡褐色；孢子果双生或单生在叶柄基部，具短柄，孢子果长椭圆形②，幼时被毛；每个孢子果里有多数孢子囊，大小孢子同生于一个孢子果内壁的囊托上。

衡山中低海拔可见。生湿地、水田中。

相似种：槐叶蘋【*Salvinia natans*，槐叶蘋科 槐叶蘋属】小型水生飘浮蕨类③；无根；3叶轮生，均有柄，上面2片叶形如槐叶，另1片叶为变态叶，细裂如丝，形成假根④；孢子果4～8枚聚生于沉水叶基部，表面疏生成束短毛。分布同上；生境同上。

蘋根状茎生沼泥中，小叶4枚，十字形对生，似“田”字；槐叶蘋为漂浮植物，3叶轮生，上面2片叶形如槐叶，另1片叶变态为丝状。

东方荚果蕨 球子蕨科 东方荚果蕨属

Pentarhizidium orientalis

Oriental legume Fern | dōngfāngjiáguǒjué

多年生草本；根茎短而直立，木质，先端及叶柄基部密被鳞片；鳞片披针形，长2厘米，先端纤维状，棕色，有光泽；叶簇生，二形①；不育叶柄连同叶轴被较多鳞片，鳞片脱落后留褐色新月形鳞痕；叶片先端渐尖羽裂，基部不变狭，二回深羽裂；下部羽片最长，线状倒披针形；叶脉羽状分离；叶纸质，无毛，沿羽轴和主脉疏被纤维状鳞片；能育叶一回羽状②，两侧强度反卷成荚果状③，孢子囊群圆形，着生于囊托上，成熟时成线状，囊群盖膜质。

衡山中高海拔可见。生林下、路边。

东方荚果蕨的叶二型，根状茎及叶柄基部密被阔披针形棕色鳞片，能育叶一回羽状，两侧强度反卷成荚果状。

1
3
2
4
1
3
2

石松　　石松科 石松属

Lycopodium japonicum

Club Moss | shí sōng

多年生蔓生草本①；匍匐茎细长横走，二至三回分叉，绿色，稀疏被叶；侧枝直立，多回二叉分支；叶螺旋状排列，密集，上斜，披针形或线状披针形，基部楔形，下延，无柄②；孢子囊穗4～8个集生③，总柄长达30厘米，总柄上苞片螺旋状稀疏着生；孢子囊穗不等位着生，直立，圆柱形；孢子叶阔卵形，先端急尖，具芒状长尖头；孢子囊生于孢子叶腋，略外露，圆肾形，黄色。

全山广布。路旁、山脊或灌丛下土生。

相似种：垂穗石松【*Palhinhaea cernua*，石松科 垂穗石松属】直立草本；主茎直立，孢子囊穗无柄，单生于小枝顶端，短圆柱形，成熟时常下垂④。全山广布；生境同上。

石松主茎匍匐，孢子囊穗集生在长达30厘米的总柄上，直立；垂穗石松主茎直立，孢子囊穗无柄，单生，成熟时常下垂。

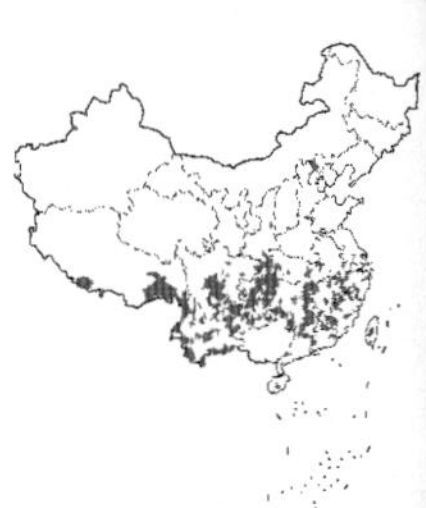

盾蕨　　水龙骨科 盾蕨属

Neolepisorus ovatus

Ovate Neolepisorus | dùn jué

多年生草本②；根状茎横走，密生鳞片；叶柄长10～20厘米，密被鳞片；叶片卵状，全缘或下部略分裂；主脉隆起，侧脉明显，开展直达叶边，小脉网状①；孢子囊群圆形，沿主脉两侧排成不整齐的多行③，或在侧脉间排成不整齐1行，幼时被盾状隔丝覆盖。

全山可见。生林下或溪边阴湿处。

相似种：瓦韦【*Lepisorus thunbergianus*，水龙骨科 瓦韦属】根状茎密生褐棕色披针形鳞片；叶柄长1～3厘米；叶片线状披针形或狭披针形，基部渐变狭并下延；主脉上下均隆起，小脉不见④；孢子囊群在主脉两侧各1行④。全山可见；生境同上。

盾蕨植株较高大，叶柄长10～20厘米，叶片卵形，宽大，侧脉明显；瓦韦植株矮小，叶柄长1～3厘米，叶片狭披针形，窄长，侧脉不见。

1
2
3
4
①
②
③
④

骨牌蕨 水龙骨科 骨牌蕨属

Lepidogrammitis rostrata

Rostrate Lepidogrammitis | gǔpái jué

附生草本①；根状茎细长如铁丝，横走，疏生披针形鳞片；叶远生，一型，有极短的柄或无柄；叶阔披针形或椭圆形，钝圆头，基部楔形，下延，长6～10厘米，全缘，肉质，两面光滑③；主脉两面隆起；孢子囊群圆形，在叶背主脉中上部两侧各有1行，略靠近主脉③。

全山散见。生林下石上或树干上。

相似种:抱石莲【*Lepidogrammitis drymoglossoides*，水龙骨科 骨牌蕨属】附生草本②；叶二型；不育叶圆形至卵形，长1～2厘米，几无柄；能育叶舌状或倒披针形，基部狭缩；孢子囊群圆形，沿主脉两侧各成1行。全山散见；生境同上。

骨牌蕨的叶一型，叶长6～10厘米；抱石莲的叶二型，不育叶长1～2厘米，能育叶长3～6厘米。

线蕨 水龙骨科 线蕨属

Colysis elliptica

Snake's Eye Fern | xiànjué

多年生草本①；根状茎细长而横走，直径为2.5～4.5毫米，密生卵状披针形鳞片；叶近二型；不育叶柄基部密生鳞片；叶片长圆状卵形或卵状披针形，一回羽裂深达叶轴；羽片基部狭楔形而下延，在叶轴两侧形成狭翅②；能育叶和不育叶近同形，但叶柄较长；孢子囊群线形，斜展，在每对侧脉间各排成1行②；无囊群盖。

全山可见。生林下或溪边阴湿处。

相似种:宽羽线蕨【*Colysis elliptica* var. *pothifolia*，水龙骨科 线蕨属】植株较高大；根状茎粗壮，直径为5～10毫米③；叶一型，线状披针形或阔披针形④，最大羽片长15～24厘米，宽7～28毫米。全山可见；生境同上。

线蕨的根状茎细如筷子，叶近二型，羽片狭；宽羽线蕨的根状茎粗如拇指，叶一型，羽片宽。

1
3
2
1
3
2
4
07/17/2008

边缘鳞盖蕨 碗蕨科 鳞盖蕨属

Microlepia marginata

Marginal Scaly-fern | biānyuánlíngàijué

1 2 3 4 5 6 7 8 9 10 11

1 2 3 4 5 6 7 8 9 10 11 1

多年生草本；根状茎长而横走，密被锈色长柔毛，无鳞片；叶片长圆三角形，羽状深裂，基部不变狭，一回羽状①；羽片基部上侧钝耳状，下侧楔形，边缘缺裂至浅裂②；侧脉明显；叶纸质，下面灰绿，叶轴密被锈色开展硬毛，下面各脉及囊群盖上较疏，上面多少有毛；孢子囊群圆形，边缘着生②；囊群盖杯形，棕色，多少被短硬毛。

全山可见。生路旁、溪边、林下或林缘。

相似种：中华鳞盖蕨【*Microlepia pseudostrigosa*，碗蕨科 鳞盖蕨属】多年生草本；根状茎密被针毛，无鳞片；叶片二回羽状③，末回小羽片近菱形，两面及孢子囊群盖上疏被刚毛④。中低海拔可见；生境同上。

边缘鳞盖蕨叶片为一回羽状；中华鳞盖蕨叶片为二回羽状。

碗蕨 碗蕨科 碗蕨属

Dennstaedtia scabra

Scabrous Boulder Fern | wǎnjué

1 2 3 4 5 6 7 8 9 10 11 12

1 2 3 4 5 6 7 8 9 10 11 12

多年生草本①；根状茎长而横走，密被棕色透明节状毛；叶柄红棕色或浅栗色，和叶轴密被与根茎相同长毛②；叶片三角状披针形或长圆形，下部三至四回羽状深裂，羽片长圆形，基部一对最大；叶脉羽状分叉，小脉不达叶边；先端有纺锤形水囊；叶两面沿羽轴及叶脉均被节状长毛②；孢子囊群圆形，位于裂片小脉顶端②；囊群盖碗形，灰绿色，略有毛。

全山可见。生溪边、林下、林缘或向阳坡地。

相似种：光叶碗蕨【*Dennstaedtia scabra* var. *glabrescens*，碗蕨科 碗蕨属】叶柄紫红色，光滑③；叶片光滑无毛或略有一二疏毛③，叶片质地较厚。狮子岩附近可见；生境同上。

碗蕨叶柄、叶轴、叶片及孢子囊群盖密被透明节状毛；光叶碗蕨叶柄、叶轴、叶片及孢子囊群盖光滑无毛。

①
③
②
④
①
2
3

狗脊 乌毛蕨科 狗脊蕨属

Woodwardia japonica

Japanese Chain Fern | gǒujǐ

多年生草本①；根状茎与叶柄基部同被棕黄色阔披针形鳞片；叶片长卵形，先端渐尖，二回羽状半裂②；顶生羽片卵状披针形，大于其下侧生羽片；叶脉明显，羽轴及主脉两侧各有1行狭长网眼，其余小脉分离；叶近革质；孢子囊群线形，着生于主脉两侧狭长网眼上，不连续单列排列③。

全山可见。生溪边、路旁或疏林下。

相似种：单芽狗脊【*Woodwardia unigemmata*，乌毛蕨科 狗脊属】大型多年生草本；叶片长卵形或椭圆形，二回羽状深裂或全裂④；叶革质，无毛，叶轴近先端具1枚被棕色鳞片的腋生大芽孢⑤。衡山散见；生境同上。

狗脊植株较小，侧生羽片羽状半裂，叶片顶端无芽孢；单芽狗脊植株较大，侧生羽片羽状深裂或全裂，叶轴先端具1枚被棕色鳞片的腋生大芽孢。

紫萁 紫萁科 紫萁属

Osmunda japonica

Royal Flowering Fern | zǐqí

多年生草本①；根状茎短粗；叶簇生，直立，柄长20～30厘米，幼时密被茸毛②，不久脱落；叶纸质，三角广卵形，顶部一回羽状，其下二回羽状；羽片3～5对，对生，长圆形，基部一对稍大；叶脉两面明显；孢子叶单生或生不育叶中上部③，沿中肋两侧背面密生孢子囊。

全山可见。生林下或林缘。

相似种：华南紫萁【*Osmunda vachellii*，紫萁科 紫萁属】多年生灌木状草本；根状茎直立，具地上主茎；叶簇生于顶部，革质，一回羽状④；羽片15～20对；下部数对羽片能育（常3～4对），生孢子囊⑤，羽片紧缩为线形。衡山中低海拔可见；生山谷溪边。

紫萁的叶片二回羽状，纸质，孢子叶单生或生不育叶中上部；华南紫萁的叶片一回羽状，革质，孢子叶生羽片基部。

1
3
2
4
5
1
2
4
3
5

翅茎灯心草　灯心草科 灯心草属

Juncus alatus

Wingstem Rush │ chìjīngdēngxīncǎo

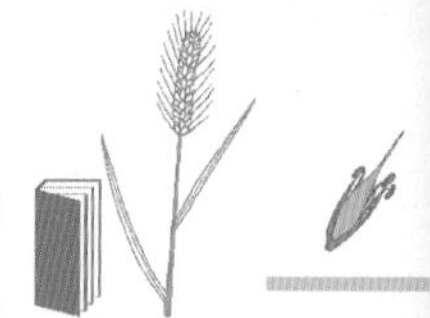

多年生草本；根状茎短而横走，茎丛生，扁平，两侧有狭翅①，宽2～4毫米；叶扁平，线形，长5～16厘米，宽3～4毫米，顶端尖锐①；叶鞘两侧压扁，边缘膜质；花序顶生，由7～27个头状花序排列成聚伞状，总苞片叶状，长2～9厘米；头状花序扁平，有3～7朵花，花淡绿色或黄褐色，花梗极短；蒴果三棱状圆柱形②，长3.5～5毫米。

全山广布。生河边、池旁、水沟等湿处。

相似种：灯心草【*Juncus effusus*，灯心草科 灯心草属】茎圆柱形，具纵条纹③，茎内充满白色髓心；叶鞘状或鳞片状，包围在茎基部；叶片退化为刺芒状；聚伞花序假侧生，总苞片圆柱形③。分布同上；生境同上。

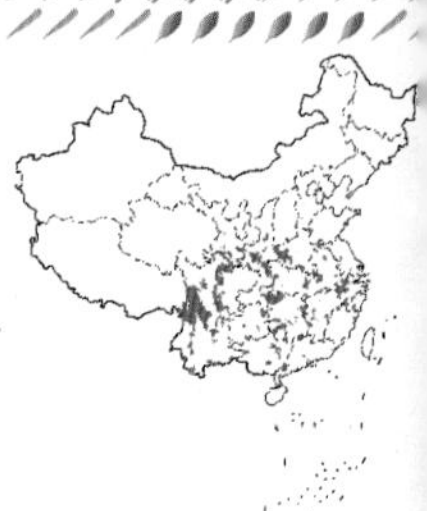

翅茎灯心草茎扁平，两侧有狭翅，花序顶生，总苞片叶状；灯心草茎圆柱形，聚伞花序假侧生，总苞片圆柱形。

稗　稗子　禾本科 稗属

Echinochloa crusgalli

Barnyardgrass │ bài

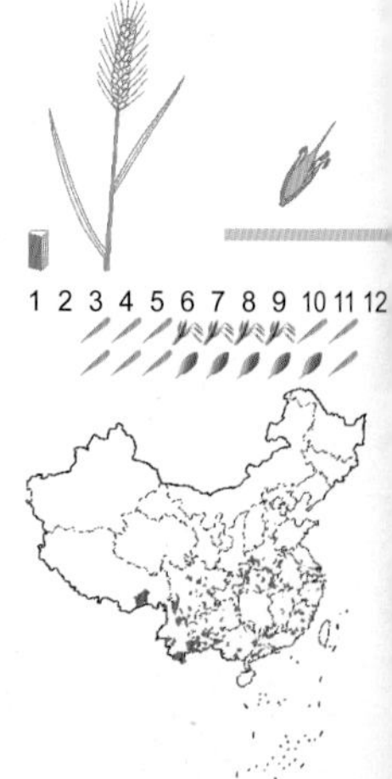

一年生草本①；秆光滑无毛；叶鞘疏松裹秆，光滑无毛；叶舌缺；叶片扁平，线形，无毛，边缘粗糙①；圆锥花序直立近尖塔形，长6～20厘米②；主轴、穗轴上具疣基长刺毛；小穗卵形，长3～4毫米，脉上密被疣基刺毛，密集在穗轴的一侧；第1外稃有长5～30毫米的芒；第2外稃椭圆形，平滑，光亮，成熟后变硬，顶端具小尖头，边缘内卷，包着内稃；颖果。

全山广布。生潮湿耕地、荒地或沟边。

相似种：圆果雀稗【*Paspalum scrobiculatum* var. *orbiculare*，禾本科 雀稗属】多年生草本；总状花序长3～8厘米，小穗椭圆形或近圆形，单生于穗轴一侧③。全山广布；生低海拔荒坡、草地、路旁及田间。

稗为一年生，较粗壮，圆锥花序，近尖塔形，小穗卵形；圆果雀稗为多年生，较细弱，总状花序，小穗椭圆形或近圆形。

①
②
③
①
③
②

淡竹叶 禾本科 淡竹叶属

Lophatherum gracile

Common Lophanther | dànzhúyè

多年生草本①；须根中部膨大呈纺锤形小块根②；秆直立，平滑，中空，具5～6节；叶鞘长于节间；叶舌质硬，具缘毛；叶片披针形，先端渐尖，基部收缩成柄状，具横脉；圆锥花序顶生，长12～25厘米①；小穗狭披针形，含多数小花，长7～12毫米，第1小花两性，余为中性③；两颖不相等，顶端钝；颖果长椭圆形。

全山可见。生山坡、林地或林缘。

相似种：竹叶草【*Oplismenus compositus*，禾本科 求米草属】一年生草本；秆基部平卧地面；叶片披针形至卵状披针形④，长3～8厘米；圆锥花序长5～15厘米；小穗含2朵小花，长约3毫米；颖近等长，第1颖具长芒④；第1小花中性，第2小花两性。衡山散见；生境同上。

淡竹叶小穗含多数小花，两颖不相等，顶端钝；竹叶草含2朵小花，颖近等长，第1颖具长芒。

狼尾草 禾本科 狼尾草属

Pennisetum alopecuroides

China Wolftailgrass | lángwěicǎo

多年生草本①；须根较粗壮；秆直立，丛生，在花序下密生柔毛；叶鞘光滑，两侧压扁，长于叶间，主脉呈脊；叶舌具2.5毫米长的纤毛；叶片线形①，先端长渐尖，基部生疣毛；圆锥花序直立，长5～25厘米，宽1.5～3.5厘米，主轴密生柔毛②；刚毛粗糙，长1.5～3厘米；小穗通常单生，线状披针形，长5～8毫米；颖果长圆形。

衡山散见。生田边、荒地、路旁或小山坡上。

相似种：狗尾草【*Setaria viridis*，禾本科 狗尾草属】一年生草本③；叶片线状披针形③，基部圆钝，近无毛；圆锥花序紧密呈圆柱状④，长2～15厘米，刚毛长0.4～1.2厘米；小穗2～5个簇生于主轴上，铅绿色；颖果灰白色。全山可见；生境同上。

狼尾草多年生，圆锥花序相对粗大，刚毛长；狗尾草一年生，圆锥花序相对细短，刚毛短。

1
3
2
4
1
3
2
4

芒 禾本科 芒属

Miscanthus sinensis

Awngrass | máng

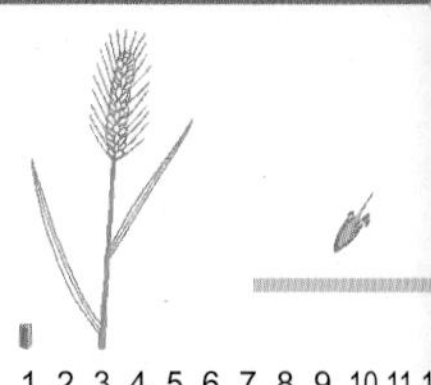

多年生草本；秆粗壮，中空；叶鞘无毛，长于其节间；叶舌膜质，具纤毛；叶片线形，下面疏生柔毛及被白粉，边缘粗糙①；圆锥花序顶生①，直立，长15～40厘米，主轴无毛，延伸至花序的中部以下，节与分枝腋间具柔毛；分枝较粗硬，直立，多不再分枝②；小穗披针形，基盘具等长于小穗的丝状毛；颖果。

全山可见。生山地、丘陵和荒坡原野。

相似种：五节芒【*Miscanthus floridulus*，禾本科 芒属】多年生草本；叶披针状线形③，两面近无毛；圆锥花序大型，稠密③，长30～50厘米，主轴粗壮，延伸达花序的2/3以上，无毛④。全山可见；生境同上。

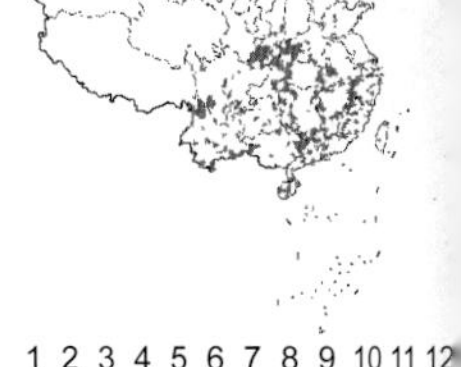

芒的圆锥花序分枝少，主轴延伸至花序中部以下，短于其总状分枝；五节芒的圆锥花序具极多分枝，其主轴延伸达花序的2/3以上，长于其总状花序分枝。

薏苡 菩提子 禾本科 薏苡属

Coix lacryma-jobi

Jobstears | yìyǐ

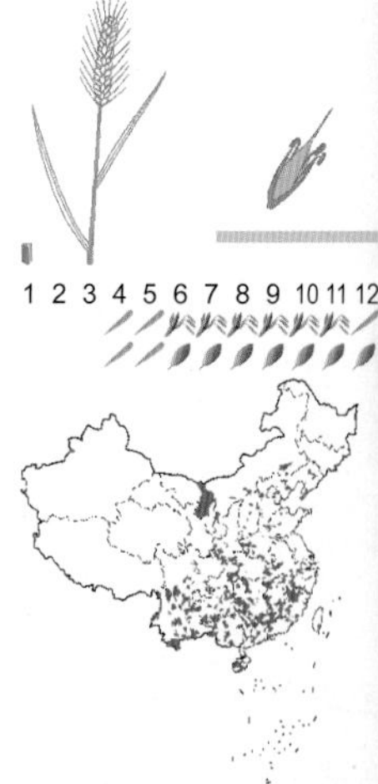

一年生粗壮草本；须根黄白色，海绵质；秆直立丛生，节多分枝①；叶鞘短于节间，无毛；叶舌干膜质，长约1毫米；叶片扁平宽大，长10～40厘米，宽1.5～3厘米，基部圆形或近心形，中脉粗厚，在下面隆起，边缘粗糙，无毛①；总状花序腋生成束②，长4～10厘米，具长梗，花序上部为雄小穗，伸出念珠状总苞外②；花序下部为雌小穗，外包以骨质念珠状总苞，总苞卵圆形，直径6～8毫米，坚硬，有光泽；雌小穗2～3枚生于一节，仅1枚发育，柱头细长，伸出总苞；颖果近圆球形③，小，含淀粉少。

全山可见。生池塘、河沟、山谷或农田等地。

薏苡一年生，秆直立丛生，总状花序腋生成束，具长梗，总苞卵圆形，坚硬，有光泽，颖果近圆球形。

1
3
2
4
1
3
2

短叶水蜈蚣 莎草科 水蜈蚣属

Kyllinga brevifolia

Shortleaf Water-centipede | duǎnyèshuǐwúgōng

多年生草本①；根状茎长而匍匐，外被膜质、褐色的鳞片，每一节上长一秆；秆成列散生，扁三棱形，平滑，基部不膨大，具4～5个圆筒状叶鞘；叶宽2～4毫米，上部边缘和背面中肋上具细刺；叶状苞片3枚，后期向下反折①；穗状花序单个，近球形，具极多密生的小穗②；小穗长圆状披针形或披针形，具1朵花；小坚果。

全山广布。生山坡荒地、路旁草丛中。

相似种：砖子苗【*Mariscus sumatrensis*，莎草科 砖子苗属】根状茎短；秆锐三棱形，基部膨大；叶状苞片5～8枚③；穗状花序多个，辐射状③，圆筒形，花序轴较长，具多数密生的小穗④；小坚果。全山可见；生中低海拔湿润处或溪边。

1 2 3 4 5 6 7 8 9 10 11 12

短叶水蜈蚣苞片3枚，穗状花序单个，近球形；砖子苗苞片5～8枚，穗状花序多个，圆筒形。

中华薹草 莎草科 薹草属

Carex chinensis

China Sedge | zhōnghuátáicǎo

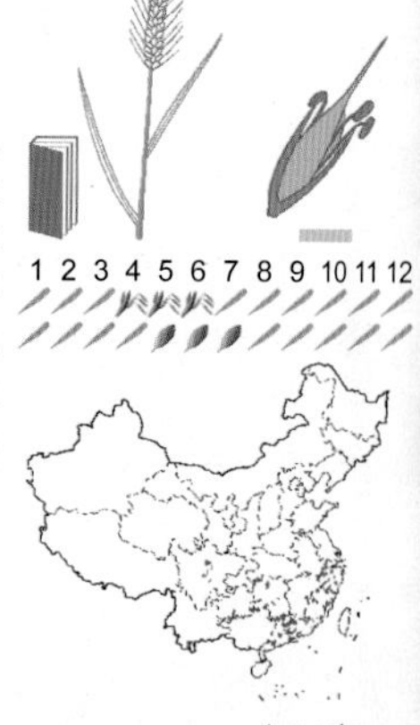

多年生草本①；根状茎短，斜生，木质；秆丛生，纤细，钝三棱形，基部具褐棕色分裂成纤维状的老叶鞘；叶长于秆，宽3～9毫米，边缘粗糙，革质②；苞片短叶状，具长鞘，鞘扩大；穗状花序①；小穗4～5个，远离，顶端1个小穗雄性，侧生小穗雌性；雄花鳞片倒披针形，棕色，雌花鳞片长圆状披针形，淡白色，具长芒；小坚果紧包于果囊中，三棱形。

全山可见。生山谷阴处、溪边石上。

相似种：香附子【*Cyperus rotundus*，莎草科 莎草属】多年生草本；匍匐根状茎细长；叶丛生于茎基部，短于秆，叶鞘闭合包茎上；花序复穗状，3～6个在茎顶排成伞状③；苞片长于花序；小穗宽线形，小穗轴上具宽翅，宿存；小坚果三棱形。全山可见；生境同上。

1 2 3 4 5 6 7 8 9 10 11 12

中华薹草根状茎短，斜生，穗状花序；香附子根状茎细长匍匐，复穗状花序。

①
②
③
④
①
②
③

中文名索引
Index to Chinese Names

学名（拉丁名）索引
Index to Scientific Names